概率论与数理统计教程

（修订版）

张继昌　编著

ZHEJIANG UNIVERSITY PRESS
浙江大学出版社

图书在版编目（CIP）数据

概率论与数理统计教程 / 张继昌编著. —杭州：浙江大学出版社，2003.7（2025.1重印）

ISBN 978-7-308-03369-5

Ⅰ.概… Ⅱ.张… Ⅲ.①概率－高等学校－教材②数理统计－高等学校－教材 Ⅳ.O21

中国版本图书馆 CIP 数据核字（2003）第 052992 号

概率论与数理统计教程

张继昌 编著

责任编辑	徐 霞(xuxia@zju.edu.cn)	
封面设计	俞亚彤	
出版发行	浙江大学出版社	
	（杭州市天目山路 148 号 邮政编码 310007）	
	（网址：http://www.zjupress.com）	
排 版	杭州青翀图文设计有限公司	
印 刷	嘉兴华源印刷厂	
开 本	787mm×960mm 1/16	
印 张	16.5	
字 数	305 千	
版 次	2003 年 7 月第 1 版 2006 年 6 月第 2 版	
印 次	2025 年 1 月第 28 次印刷	
印 数	76001－77000	
书 号	ISBN 978-7-308-03369-5	
定 价	42.00 元	

前　言

　　"概率论与数理统计"是一门十分重要的、具有广泛应用的基础课.与其他数学课程相比,这门课程的思想方法具有明显的特殊性,由此导致的结果是该课程不仅难学,而且还不易教好.30多年来,本人从事于成人教育、自学考试、远程网络教育、专业培训、各类普通高校,直至各种研究生考前复习等不同层次的教学,有成功的经验,也有不尽如人意的体验,还有面对重应用而加强统计和为考试而注重概率这对矛盾时的无奈.如何让学生轻松地学,让教师自如地教,是我一直思考并孜孜不倦探索的问题.也许,解决问题的最佳办法是加强基础、培养学生概率论与数理统计的思想方法.

　　目前,已有很多"概率论与数理统计"的教材.当然,在众多教材中首推盛骤教授等编著、高等教育出版社出版的《概率论与数理统计》这一力作.综观这些教材,各有风格和特色,但在内容安排上,要么太深奥,要么太浅显,通用性强的教材则较少见.针对网络教学,本人曾编写《概率统计四十五讲》讲义,在浙江大学远程教育学院的计算机、工商管理、电子商务和英语等本科专业使用了两届,取得了较好的效果.为满足一般层次教学的需要,本人根据长期教学和科研的积累,并在充分调查了各类普通高等学校的教学要求的基础上,编写了这本通用性颇强的教材.

　　本书的编写体现了以下特色:

　　第一,强调基本概念、基本思想和基本方法,便于教,利于学.在叙述上力求简明扼要,并用大量的例题说明该课程各部分的内容,并配有一定的应用题.每章起首提出"教学内容"、"基本要求"、"关键词和主题";每章结尾给出精练的"小结",概括"内容提要"、"重点"、"难点"和"深层次问题";大多数小节后还加了"说明",指出学习该节时应特别注意的问题及与该节有关的较深层次的内容.这样做的优点是既便于在教的过程中有的放矢,又有利于在学的过程中提纲挈领.

　　第二,浅入深出,通用性强,梯度大.能较广泛地满足多种专业、不同层次的教学要求,让不同需求的学生都能"吃好、吃饱".本书涵盖了本科生"概率论与数理统计"课程教学大纲和全国研究生统考考试大纲的内容,除基本知识外,在内容的叙述、例题和习题的配置上,具有相当的梯度.如全书有160多个例题,420多个习题.各节的习题分为A,B两类,A类习题是基本要求;B类习题是较高要求,大多达到研究生入学统考的要求,供教学要求较高的学校和学有余力或有志于考研的同学选做.

第三,前后概念联系紧密,便于复习巩固,加深理解.每个概念都以直观的例子引入,并不失时机地与前面的知识点紧密结合,以期对各部分内容反复训练,加深理解,并掌握求解综合题的能力.

　　第四,便于按不同要求、不同学时组织教学.每节都是相对完整的一个课时的内容,全书又一气呵成,对教师合理组织、安排教学内容和教学进度带来极大的方便.考虑到不同层次教学的实际需要和学时的限制,本书包括基本概念、随机变量、多维随机变量、数字特征、极限定理、统计基础、参数估计、假设检验、方差分析和回归分析初步9章,共50节.不同院校、不同专业可根据教学大纲要求和学时要求,灵活选用章节,合理组织教学.

　　本人还为此书制作了多媒体网络课件,可供使用该教材的学校选用.

　　本教材适用于普通高等院校理、工、医、农、经、管各专业本科,也适用于二级学院、成教学院、远程教育学院相关专业本科,同时也可作为考研学子的复习用书.

　　本书的出版得到了浙江大学宁波理工学院、浙江工业大学之江学院、浙江大学成人教育学院、浙江大学远程教育学院、浙江大学职业技术教育学院等的大力支持,在此深表感谢.

　　限于水平,书中不当之处,恳请专家和读者指正.

张继昌
2003 年 4 月于浙江大学

修订版说明

　　本书出版后,得到了广大读者的认可和支持,不仅被许多院校选为教材,还被许多单位作为考研学习班的指定辅导书.

　　本书符合 2004 年教育部非数学类专业数学基础课程教学指导分委员会关于概率论与数理统计课程的教学基本要求,以培养应用型人才和创新型人才为宗旨,在强调基础知识、基本思想、基本运算的基础上,突出综合应用能力的培养,这也是全国工科硕士研究生考试大纲的要求和方向.

　　本教材得到了不少同行和读者的肯定,特别是浙江大学宁波理工学院课程教学组对本书进行了全面的研讨,并把本教材列入浙江大学宁波理工学院课程建设项目,对本教材给予了大力的支持,在此表示衷心的感谢!

　　这次修订,在保持原有的内容、构架和特色的基础上,对某些叙述、习题和答案作了修正和完善.

作　者
2006 年 6 月

目　　录

课 程 简 介

客观世界中发生的现象可以分为两类：一类是在一定条件下结果是确定的，例如向上抛出的一枚硬币一定下落，水加热到沸点一定沸腾；而另一类是在一定条件下结果是不确定的，例如丢一枚硬币，可能正面朝上，也可能反面朝上. 我们把第一类现象称为确定性现象，第二类现象称为随机性现象.

随机性现象在个别试验中其结果呈现偶然性，而在大量重复试验中其结果具有统计规律性. "概率论"是研究随机性现象统计规律性的学科，是随机性数学的基础课. 由于随机问题的特殊性，在概率论中分析问题、解决问题的思想和方法有别于其他数学课，关键是理解各种概率思想.

"数理统计"讨论概率论的思想和方法在实际问题中的应用. 数理统计的内容非常丰富，随着科学技术的发展，还在不断地充实和提高. 本书仅介绍最基本也是最重要的几个方面.

概率统计方法在自然科学、社会科学等几乎所有的领域都有广泛的应用. 通过该课程的学习，掌握分析、解决随机问题的基本思想和基本方法，掌握几种具体的数理统计方法，也为学习后继课程打好基础.

学习概率论与数理统计需要具备一定的数学基础知识，包括集合论、排列组合、函数的导数、定积分、变上限积分的导数、偏导数和二重积分等.

第1章 概率论的基本概念

【教学内容】

本章是概率论的基础,首先应明确概率论所研究的对象是随机试验,随机试验的结果用样本空间和随机事件描述.

研究随机事件的目的是求随机事件的概率,本章给出概率的定义和性质,进一步介绍条件概率、乘法公式、全概率公式、贝叶斯公式和独立性.

本章还讨论一类具体的概率问题:等可能概率问题(古典概型).讨论这类问题的目的,一是掌握这类问题的计算,二是通过这类问题的讨论熟悉概率的定义和性质.

本章共分为 8 节,在 8 个课时内完成.

【基本要求】

1.知道随机现象、随机试验、随机事件的概念.

2.理解样本空间的定义,会写出一般随机试验的样本空间,熟练掌握随机事件的关系及运算,会将一些较复杂的事件用简单事件的运算来表示.

3.了解频率的概念,理解随机事件概率的定义和性质,熟练掌握利用概率的性质计算有关的概率.

4.理解"等可能概型"的定义,会求解一些简单的等可能概型问题.

5.理解条件概率的概念,理解实际问题中哪些是条件概率,条件是什么;掌握概率的乘法公式、全概率公式和贝叶斯公式,会用这些公式计算有关的概率.

6.理解"事件独立性"的概念,会利用独立性计算概率.

【关键词和主题】

集合,全集和子集,排列,组合,加法原理,乘法原理;

随机试验,随机事件,样本空间,基本事件,随机事件的运算,和事件,交事件,差事件,逆事件;

频率,概率的统计定义,概率的公理化定义,概率的性质;

等可能概率问题(古典概率问题);

条件概率,乘法公式,完备事件组,全概率公式,贝叶斯公式,随机事件的独立性.

§1.1 随机试验及随机事件

一、随机试验

我们所指的"试验"是一个广义的概念,不仅指各种科学试验,还包括对某个过程的特征的记录,对某一问题的调查等.下面就是几个典型的试验的例子.

例 1 (1)一枚硬币连丢 2 次,考察出现"正"、"反"的情形;

(2)丢一颗骰子,观察出现的点数;

(3)某程控交换机在 1 分钟时间内接到用户呼叫的次数;

(4)测量某一零件(如粉笔,标准长度为 75 毫米)的长度.

以上"试验"具有三个特点:

1. 每次"试验"的可能结果多于一个,且事先能明确试验的所有可能结果;

2. 在"试验"之前,不能确定哪一个结果会发生;

3. 可以在相同条件下重复进行"试验".

这样的"试验"称为随机试验,它是概率论所研究的对象.

二、样本空间

随机试验的研究首先是对它作完整的描述,我们把某随机试验的可能结果的全体构成的集合称为样本空间,常用 S(或 Ω)表示.

如上例中 (1) $S=\{(正,正),(正,反),(反,正),(反,反)\}$;

(2) $S=\{1,2,3,4,5,6\}$;

(3) $S=\{0,1,2,\cdots\}$;

(4) $S=\{L:75-\varepsilon < L <75+\varepsilon\}$($\varepsilon$ 为长度 L 的允许误差).

样本空间的元素,即随机试验的每一个可能结果,称为样本点.

三、随机事件

例 2 甲、乙两人丢一颗均匀的骰子,比点数大小,若甲为 4 点,则乙面临着三种可能:

"输"$=\{1,2,3\}=A$;

"平"$=\{4\}=B$;

"赢"$=\{5,6\}=C.$

这里,"输"、"平"、"赢"是可能发生也可能不发生的事件,我们称这样的"事件"为随机事件,简称为事件,常用大写字母 $A,B,\cdots$ 表示.

把样本空间看做全集 S,则随机事件 A 是 S 的子集,我们可用图 1.1 表示.

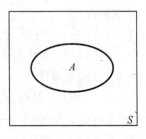

图 1.1

例 3　袋中装有编号为 1,2 的两个白球,和编号为 3 的一个黑球,随机地、不放回地取两次,每次取一个球,考察这两个球的编号,试写出样本空间,并写出下列随机事件.

$S = \{(1,2),(2,1),(1,3),(3,1),(2,3),(3,2)\}$;

A:"第一次取得黑球", $A = \{(3,1),(3,2)\}$;

B:"第一次取得白球", $B = \{(1,3),(2,3),(1,2),(2,1)\}$;

C:"两次都取得白球", $C = \{(1,2),(2,1)\}$;

D:"第一次取得白球,第二次取得黑球", $D = \{(1,3),(2,3)\}$;

E:"没有取得黑球", $E = \{(1,2),(2,1)\}$.

在某一随机试验中,一定发生的事件称为必然事件;一定不发生的事件称为不可能事件,用符号 $\varnothing$ 表示.由一个样本点构成的事件称为基本事件.

说　明

1. 样本空间是指在一定条件下,某随机试验可能结果的全体,不同的随机试验其样本空间一般是不同的,如习题 1.1(A)第 1 题中的(3)和(4);表面上看似相同的随机试验,研究的角度不同,其样本空间也是不同的,如习题 1.1(A)第 1 题中的(1)和(2)、(5)和(6).

2. 样本空间是由样本点组成的,样本点是随机试验的那些"不可再分"的最小结果.如在例 1(1)中,试验是一枚硬币连丢 2 次,(正,正)是试验的一个可能结果,是一个样本点.

3. 随机事件是由样本空间中的某些样本点组成的.所谓随机事件 A 发生,是指在随机试验时, A 中的某一个样本点出现(严格地说,是由这个样本点组成的基本事件发生);反之,若 A 中的某一个样本点出现,就称随机事件 A 发生.

4. 必然事件和不可能事件不是随机事件,因为前者一定发生,后者一定不发生.

习题 1. 1(A)

1. 写出下列随机试验的样本空间:

(1) 将一枚硬币连丢 3 次,观察正面 H,反面 T 出现的情形;

(2) 将一枚硬币连丢 3 次,观察出现正面的次数;

(3) 袋中装有编号为 1,2 和 3 的三个球,随机地取两个,考察这两个球的编号;

(4) 袋中装有编号为 1,2 和 3 的三个球,依次随机地取两次,每次取一个,不放回,考察这两个球的编号;

(5) 丢甲、乙两颗骰子,观察出现的点数之和;

(6) 丢甲、乙两颗骰子,观察它们出现的点数.

2. 写出下列随机试验中所指出的随机事件:

(1) 丢一颗骰子.

A:出现奇数点;B:点数大于 2.

(2) 一枚硬币连丢 2 次.

A:第一次出现正面;B:两次出现同一面;C:至少有一次出现正面.

(3) 从 1,2,3,4 四个数中随机地取一个,放回,再随机地取一个.

A:其中一个数是另一个数的两倍;B:两数的奇偶性相同.

(4) 10 个零件,其中有 2 个次品,随机地取 5 个.

A:正品个数多于次品个数;B:正品个数不多于次品个数.

习题 1. 1(B)

1. 记录某程控交换机在 1 分钟内接到的用户的呼叫次数,写出样本空间和下列随机事件.

A:呼叫次数不超过 10 次;B:呼叫次数为奇数.

2. 对一批产品进行检查,合格的记上"1",不合格的记上"0",如查出 2 个次品或已检查 4 个产品,就停止检查,写出样本空间和下列随机事件.

A:检查不超过 3 个;B:只有一个次品.

3. 在单位圆内取一个点,记录它的坐标(x,y),写出样本空间和下列随机事件.

A:x 和 y 都是正的;B:x 是方程 $x^2-x-6=0$ 的根.

§1.2 随机事件的运算

在上一节例 2 中,$A=$"输"$=\{1,2,3\}$,$B=$"平"$=\{4\}$,$C=$"赢"$=\{5,6\}$.

若设 $D=$"不输",则 D 是 B 与 C 之"和",也是 A 的"反".可见,随机事件之间也必须建立运算.

样本空间 S 看做全集,随机事件是一个集合,是样本空间 S 的子集,因而,随机事件间的关系和运算可按照集合的关系和运算来处理,当然,这种关系和运算需用概率论的语言描述,用概率论的思想理解.

一、随机事件之间的关系

若事件 B 发生必导致事件 A 发生,则称事件 A 包含事件 B,记为:$A \supset B$,如图 1.2.

若 $A \supset B$ 且 $A \subset B$,则 $A=B$,称事件 A 与事件 B 相等.

二、随机事件的运算

随机事件的运算与集合运算相同,主要有:和、交、差、逆.

1. 和:事件 $A \bigcup B=\{x:x \in A$ 或 $x \in B\}$ 称为事件 A 与 B 的和事件,当且仅

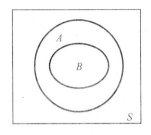

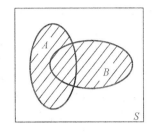

图 1.2　　　　　　　　　　　　图 1.3

当 A 发生或 B 发生(即 A 与 B 至少一个发生)时,事件 $A\bigcup B$ 发生.

事件 $A\bigcup B$ 可用图 1.3 表示,它由三个部分组成,从左到右依次为:A 发生 B 不发生,A 与 B 都发生,B 发生 A 不发生.

2. 交:事件 $A\bigcap B=\{x:x\in A$ 且 $x\in B\}$ 称为事件 A 与 B 的交事件(简写为 AB),当且仅当事件 A 与 B 都发生时,事件 AB 发生,如图 1.4.

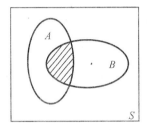

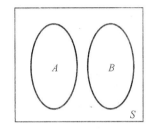

图 1.4　　　　　　　　　　　　图 1.5

交事件的特殊情形是:$AB=\varnothing$,称事件 A 与事件 B 互不相容(互斥),如图 1.5.

3. 差:事件 $A-B=\{x:x\in A$ 且 $x\bar{\in} B\}$ 称为事件 A 与 B 的差事件,当且仅当事件 A 发生而事件 B 不发生时,事件 $A-B$ 发生,如图 1.6.

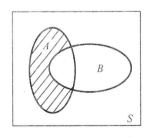

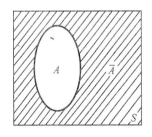

图 1.6　　　　　　　　　　　　图 1.7

4. 逆事件:事件 $\overline{A}=\{x:x\bar{\in} A\}=S-A$ 称为 A 的逆事件,当且仅当事件 A 不发生时,事件 $\overline{A}$ 发生,如图 1.7.

有 $A\bigcup\overline{A}=S$,$A\overline{A}=\varnothing$,称 A 与 $\overline{A}$ 是互为对立事件.

注意:对立事件是互不相容的,而互不相容事件不一定是对立事件.

可以证明：$A-B=A-AB=A\bar{B}$,

$\qquad\qquad B-A=B-AB=B\bar{A}$,

于是　　$A\bigcup B=(A-B)\bigcup(AB)\bigcup(B-A)$

$\qquad\qquad\quad=(A\bar{B})\bigcup(AB)\bigcup(B\bar{A})$.

三、随机事件运算的运算律

随机事件的运算律与集合运算的运算律完全相同,有以下几条.

交换律：$A\bigcup B=B\bigcup A$, $AB=BA$,

$\qquad\quad$ 但 $A-B\neq B-A$.

结合律：$(A\bigcup B)\bigcup C=A\bigcup(B\bigcup C)$, $(AB)C=A(BC)$.

分配律：$A(B\bigcup C)=AB\bigcup AC$, $A\bigcup(BC)=(A\bigcup B)(A\bigcup C)$.

对偶律：$\overline{A\bigcup B}=\bar{A}\ \bar{B}$, $\overline{AB}=\bar{A}\bigcup\bar{B}$.

对偶律在事件的表示、概率的计算中很重要,如例 1. 对偶律可推广到多个事件,如 $\overline{A\bigcup B\bigcup C}=\bar{A}\ \bar{B}\ \bar{C}$, $\overline{ABC}=\bar{A}\bigcup\bar{B}\bigcup\bar{C}$.

例 1　设 A 表示"甲乙都成功",则 $\bar{A}$ 表示什么?

若 B 表示甲成功,C 表示乙成功,则 $A=BC$,于是 $\bar{A}=\overline{BC}=\bar{B}\bigcup\bar{C}$,即 $\bar{A}$ 表示"甲不成功或乙不成功",即"甲、乙至少一个不成功".

例 2　A,B,C 至少一个不发生表示为：$\bar{A}\bigcup\bar{B}\bigcup\bar{C}$;$A,B,C$ 都发生表示为：ABC;而 $AB\bigcup AC\bigcup BC$ 表示 A,B,C 至少两个发生.

事实上,$AB\bigcup AC\bigcup BC=ABC\bigcup AB\bar{C}\bigcup A\bar{B}C\bigcup\bar{A}BC$.

例 3　丢一颗骰子,A 表示奇数点,B 表示点数大于 2,则：

$\qquad A\bigcup B=\{1,3,4,5,6\}$, $AB=\{3,5\}$, $A-B=\{1\}$,

$\qquad B-A=\{4,6\}$, $\bar{A}=\{2,4,6\}$, $\bar{B}=\{1,2\}$.

说　明

随机事件之间的关系和运算属于集合代数的范畴,集合代数也称逻辑代数、命题代数等,它与普通的代数(称为范氏代数)不同,不能把随机事件之间的关系和运算与数值运算规则等同起来.虽然两者有相同之处,如交换律、结合律等,但两者有许多本质上的差异.另外,对随机事件还要特别注意：

(1) $A\bigcup A=A$, $AA=A$, $A-A=\varnothing$; $A\bigcup S=S$, $AS=A$, $A-S=\varnothing$;

(2) 若 $A\supset B$,则 $AB=B$, $A\bigcup B=A$, $B-A=\varnothing$, $\bar{A}\subset\bar{B}$;

(3) $\bar{A}\ \bar{B}$ 与 $\overline{AB}$ 不能等同,$\overline{A\bigcup B}$ 与 $\bar{A}\bigcup\bar{B}$ 不能等同;

(4) 一般,把 $A-B$ 改写为 $A\bar{B}$ 比较方便;

(5) $A=AB\bigcup A\bar{B}$,且 AB 和 $A\bar{B}$ 互不相容;

(6) 当 A 发生时 B 一定发生,这表明 $A\subset B$.

习题 1.2(A)

1. 设 A,B,C 为三个事件,用 A,B,C 的运算表示下列各事件:

(1) A,B,C 都不发生;　　　　　(2) A 与 B 都发生,而 C 不发生;

(3) A 与 B 都不发生,而 C 发生;　(4) A,B,C 中最多两个发生;

(5) A,B,C 中至少两个发生;　　(6) A,B,C 中不多于一个发生.

2. 设 $S=\{x:0\leqslant x\leqslant 5\}$, $A=\{x:1<x\leqslant 3\}$, $B=\{x:2\leqslant x<4\}$,具体写出下列事件:

(1) $A\cup B$; (2) AB; (3) $\overline{A}B$; (4) $\overline{A}\cup B$; (5) $\overline{A\ B}$.

3. 已知当 A 发生或 B 发生时,C 一定发生,则不正确的是:

(1) $C\supset A$; (2) $C\supset AB$; (3) $C\supset A\cup B$; (4) $C\subset A\cup B$.

习题 1.2(B)

1. 指出下列命题哪些正确,哪些不正确?

(1) $A\cup B=A\overline{B}\cup B$;　　　　　(2) $A=A\overline{B}\cup AB$;

(3) $\overline{AB}=A\cup B$;　　　　　　(4) $\overline{(A\cup B)}C=\overline{A}\ \overline{B}\ \overline{C}$;

(5) $(AB)(A\overline{B})=\varnothing$;　　　　(6) 若 $A\subset B$,则 $A=AB$;

(7) 若 $A\subset B$,则 $A\cup B=A$;　　(8) 若 $A\subset B$,则 $\overline{B}\subset\overline{A}$;

(9) 若 $AB=\varnothing$,则 $\overline{A}\ \overline{B}\neq\varnothing$;　(10) 若 $AB=\varnothing$,则 $\overline{A}\ \overline{B}=\varnothing$.

2. 在某校任选一名学生,令 A 表示男生,B 表示一年级,C 表示计算机专业.

(1) 叙述事件 $AB\overline{C}$ 的含义;　　(2) 在什么条件下 $ABC=C$ 成立?

(3) 在什么条件下 $C\subset B$ 是正确的?　(4) 在什么条件下 $\overline{A}=B$ 成立?

§1.3　概率的定义和性质

可能发生、可能不发生的"事件"是随机事件,因此,我们须进一步讨论随机事件在随机试验中发生的可能性大小,即概率.

一、频率

事件 A 在一次试验中,可能发生可能不发生,在相同条件下,进行了 n 次重复试验,在这 n 次试验中,事件 A 发生的次数 k,称为事件 A 发生的频数,称 k/n 为事件 A 发生的频率,记为 $f_n(A)$.

频率反映事件 A 在试验中发生的频繁程度,频率越大,表明事件 A 在一次试验中发生的可能性越大.

例如,多次掷一枚均匀的硬币,考察正面 A 出现的次数,这样的试验在历史上有多人做过,结果有:

$$n=2048,\qquad k=1061;\qquad n=4040,\qquad k=2047;$$

$$n=12000, \quad k=6019; \qquad n=24000, \quad k=12012.$$

于是,它们的频率分别是:

$$\frac{1061}{2048}=0.5181; \qquad \frac{2047}{4040}=0.5067;$$

$$\frac{6019}{12000}=0.5016; \qquad \frac{12012}{24000}=0.5005.$$

当 $n\to\infty$ 时,频率 $f_n(A)\to0.5$,这对于现代的人来说,掷一枚均匀的硬币,正面 A 出现的概率是 0.5,这已经是一般的常识.

人们曾用频率的极限来定义概率 P:

$$P=\lim_{n\to\infty}f_n(A).$$

这个定义称为概率的统计定义. 它表明了频率的稳定性,将在 §5.1 中由大数定理在理论上加以证明.

为了实际应用和理论研究的需要,我们从频率的概念得到启发,给出度量事件发生可能性大小即概率的定义.

二、概率的定义

概率的公理化定义:

随机试验的样本空间为 S,对随机事件 A 赋予一个实数 $P(A)$,若满足下列三个公理,则称 $P(A)$ 为 A 的概率.

(1) $P(A)\geqslant0$;

(2) $P(S)=1$;

(3) A,B 互不相容,则 $P(A\cup B)=P(A)+P(B)$.

所谓公理,是人们在长期的实践中总结出来的完全正确的结论.

对于(1),概率,即可能性大小,总是大于等于零,不可能是负值.

对于(2),S 是样本空间,是随机试验的全体可能结果,其概率肯定是 1.

对于(3),我们注意到概率是一种度量,如面积,是平面区域大小的度量;如长度,是两点之间距离大小的度量;又如电压,是电的一个性质的度量;而概率是可能性大小的度量. 不同的度量有各自的特性,但它们也有许多共性,如两块没有重叠的区域,其总面积是两块区域面积之和,这与概率的公理(3)一样. 有些度量是比较直观的,如面积和距离;而有些是不直观的,如概率和电压. 我们可以用较直观的度量来帮助理解概率,如把概率看做"面积",当然,应注意"总面积"是 1.事实上,在第 2 章的连续型随机变量中就是用面积来度量概率的.

以后,有关概率的所有性质、定理、结论等;都利用公理去证明.

三、概率的性质

由概率的定义,我们可以得到概率的下列性质:

(1) $P(\varnothing)=0$.

证　$S=S\cup\varnothing$,且 $S\varnothing=\varnothing$,即 S 与 $\varnothing$ 互不相容,由公理(2),(3):

$$1=P(S\cup\varnothing)=P(S)+P(\varnothing)=1+P(\varnothing)\Rightarrow P(\varnothing)=0.$$

(2) $P(A)=1-P(\overline{A})$.

证　$A\cup\overline{A}=S$,且 A 与 $\overline{A}$ 互不相容,由公理(2),(3):

$$1=P(S)=P(A\cup\overline{A})=P(A)+P(\overline{A})\Rightarrow P(A)=1-P(\overline{A}).$$

(3)若 $A\supset B$,则 $P(A-B)=P(A)-P(B)$.

证　当 $A\supset B$ 时,$A=B\cup(A-B)$,且 B 与 $A-B$ 互不相容,由公理(3):

$$P(A)=P[B\cup(A-B)]=P(B)+P(A-B)$$
$$\Rightarrow P(A-B)=P(A)-P(B).$$

(4) $P(A)\leqslant 1$.

证　$A\subset S$,由性质(3)及公理(3),(1):

$$P(S-A)=P(S)-P(A)=1-P(A)\geqslant 0\Rightarrow P(A)\leqslant 1.$$

(5)对任意两事件 A,B,有

$$P(A\cup B)=P(A)+P(B)-P(AB).$$

证　$A\cup B=A\cup(B-AB)$,且 A 与 $B-AB$ 互不相容.并注意到 $B\supset AB$,由公理(3)及性质(3):

$$P(A\cup B)=P(A)+P(B-AB)=P(A)+P(B)-P(AB).$$

例 1　丢一颗均匀的骰子:

(1) A——"奇数点"$=\{1,3,5\}$,$P(A)=3/6$,

　　则 $\overline{A}$——"偶数点",$P(\overline{A})=1-P(A)=1-3/6=3/6$;

(2) B——"点数大于 4"$=\{5,6\}$,$P(B)=2/6$,

　　C——"点数小于 4"$=\{1,2,3\}$,$P(C)=3/6$,

　　B,C 互不相容,$P(B\cup C)=P(B)+P(C)=2/6+3/6=5/6$;

(3) AB——"大于 4 的奇数点"$=\{5\}$,$P(AB)=1/6$,

　　$A\cup B$——"大于 4 或奇数点"$=\{1,3,5,6\}$,

　　$P(A\cup B)=P(A)+P(B)-P(AB)=3/6+2/6-1/6=4/6$;

(4) D——"点数大于 1"$=\{2,3,4,5,6\}$,$P(D)=5/6$,

　　$D\supset B$,$P(D-B)=P(D)-P(B)=5/6-2/6=3/6$.

例 2　已知 $P(A)=0.4,P(B)=0.6,P(A\cup B)=0.7$,试求 $P(\overline{A}B)$ 和 $P(\overline{A}\cup B)$.

解　由性质(5),

$$P(AB)=P(A)+P(B)-P(A\cup B)=0.4+0.6-0.7=0.3,$$

又由 $B=AB\cup\overline{A}B$,且 AB 与 $\overline{A}B$ 互不相容,于是

$$P(B)=P(AB)+P(\overline{A}B),$$

得 $P(\overline{A}B)=P(B)-P(AB)=0.6-0.3=0.3,$

再由性质(5),

$$P(\overline{A}\cup B)=P(\overline{A})+P(B)-P(\overline{A}B)$$
$$=1-0.4+0.6-0.3=0.9.$$

例 3 已知 A 与 B 互不相容,当 C 发生时,A 或 B 一定发生,且 $P(AC)=0.3,P(BC)=0.4,$求 $P(C)$.

解 C 发生时,A 或 B 一定发生,即 $C\subset(A\cup B),C(A\cup B)=C$;又 A 与 B 互不相容,则 AC 与 BC 互不相容,有

$$P(C)=P\{C(A\cup B)\}=P(AC\cup BC)=P(AC)+P(BC)$$
$$=0.3+0.4=0.7.$$

说 明

1. 公理(3)是性质(5)的特殊情形.

2. 公理(3)的推广,若 $A_1,A_2,\cdots,A_n,\cdots$是两两互不相容的事件,则
$$P(A_1\cup A_2\cdots\cup A_n\cdots)=P(A_1)+P(A_2)+\cdots+P(A_n)+\cdots.$$

3. 性质(5)推广到三个事件的和:
$$P(A\cup B\cup C)=P(A)+P(B)+P(C)-P(AB)-P(AC)$$
$$-P(BC)+P(ABC).$$

类似地,可以推广到更多个事件的和.

4. 概率的公理和性质在理论上和实际中都非常重要,下面许多概率的公式和结论都由公理和性质来推导,许多实际的概率可由公理和性质来计算.特别是性质(2),是解概率论问题常用的一种方法.当事件 A 比较复杂时,它的概率不易直接计算,而 A 的逆事件 $\overline{A}$ 较简单,概率容易计算,则可通过计算 $\overline{A}$ 的概率来得到 A 的概率.

5. 什么是公理化定义?也许读者并没有意识到或不清楚这一点.事实上,我们对公理并不是第一次接触,如正整数 $1,2,3,\cdots$,$1+1=2,2+1=3$ 等,都是公理.公理是人们在长期的实践中总结出来的完全正确、普遍承认、广泛应用的真理.

6. 需要注意的是 $A=\varnothing$ 和 $P(A)=0$ 两者的关系:$A=\varnothing$ 可推出 $P(A)=0$,而 $P(A)=0$ 不能推出 $A=\varnothing$,$\varnothing$ 与 A 之间就差那么"一点点",具体的例子将在第 2 章中看到.

习题 1.3(A)

1. 已知 $P(A\cup B)=0.8,P(A)=0.5,P(B)=0.6,$则
  (1) $P(AB)=$_____;(2) $P(\overline{A}\ \overline{B})=$_____;(3) $P(\overline{A}\cup \overline{B})=$_____.

2. 已知 $P(A)=0.7$, $P(AB)=0.3$,则 $P(A\overline{B})=$ _____.

3. 已知 $A\subset B$, $P(A)=0.3$, $P(B)=0.5$;则

(1) $P(\overline{A})=$ _____；(2) $P(A\cup B)=$ _____；(3) $P(AB)=$ _____；

(4) $P(\overline{A}B)=$ _____ ；(5) $P(A-B)=$ _____.

4. 若 $A\supset C$, $B\supset C$, $P(A)=0.7$, $P(A-C)=0.4$, $P(AB)=0.5$,求 $P(AB-C)$.

习题 1.3（B）

1. 已知 $P(AB)=P(\overline{A}\,\overline{B})$, $P(A)=r$,求 $P(B)$.

2. 已知 $P(A)=P(B)=P(C)=0.4$, A 与 B 互不相容, $P(AC)=0.1$, $P(BC)=0.2$,求 A, B, C 全不发生的概率.

3. 已知 $P(A)=0.6$, $P(B)=0.7$,求 $P(AB)$ 的最大值和最小值.

4. 已知 $P(A)=0.8$, $P(A-B)=0.7$,求 $P(\overline{A}\cup B)$.

5. 设 A, B 是任意两个事件,求 $P\{(\overline{A}\cup B)(A\cup B)(\overline{A}\cup\overline{B})(A\cup\overline{B})\}$.

6. 某城市发行 A, B, C 三种报纸,订阅 A 报的有 45%,订阅 B 报的有 35%,订阅 C 报的有 30%,同时订阅 A, B 报的有 10%,同时订阅 A, C 报的有 8%,同时订阅 B, C 报的有 5%,同时订阅 A, B, C 报的有 3%,求下列事件的概率:(1) 只订阅 A 报的;(2) 只订阅 A 报和 B 报的;(3) 只订阅一种报的;(4) 正好订阅两种报的;(5) 至少订阅一种报的;(6) 不订阅任何报的;(7) 最多订阅一种报的.

7. 已知 $P(A)=p$, $P(B)=q$, $P(AB)=r$,用 p, q, r 表示下列事件:

(1) $P(\overline{A}\cup B)$; (2) $P(\overline{A}B)$; (3) $P(\overline{A}\cup\overline{B})$; (4) $P(\overline{A}\,\overline{B})$.

8. 已知 $P(A)=x$, $P(B)=2x$, $P(C)=3x$,且 $P(AB)=P(BC)$,求 x 的最大值.

9. 设 $P(AB)=0$,则一定正确的是（　　）.

(1) A 与 B 互不相容　　(2) $\overline{A}$ 与 $\overline{B}$ 互不相容　　(3) $\overline{A}$ 与 $\overline{B}$ 相容　　(4) $P(A-B)=P(A)$

§1.4　等可能概率问题

前面我们已经用到这样的概率:丢一颗均匀的骰子, A 表示奇数点,则 $P(A)=3/6$.

这一概率是如何得到的,它的理论依据是什么,这正是本节要讨论的问题.

满足下列条件的概率问题称为等可能概率问题:

(1) 样本空间中基本事件只有有限多个（ n 个）;

(2) 每一个基本事件发生的可能性相等（ $1/n$ ）.

若随机事件 A 包含 k 个基本事件,则 $P(A)=k/n$.

丢一颗骰子, $S=\{1,2,3,4,5,6\}$, $n=6$,有限,骰子是均匀的,即是等可能的,两个条件都满足,是等可能概率问题,

$A=\{1,3,5\}$, $k=3$,因此, $P(A)=3/6$.

等可能概率问题也称为古典概率问题.

等可能概率问题的计算可归结为 n 和 k 的计算,而 n 和 k 的计算一般用排列、组合,甚至数数的方法.

例 1 丢甲、乙两颗均匀的骰子,求点数之和为 7(设为 A)的概率.

解 $S=\{(1,1),(1,2),(1,3),(1,4),(1,5),(1,6),$
$(2,1),(2,2),(2,3),(2,4),(2,5),(2,6),$
$(3,1),(3,2),(3,3),(3,4),(3,5),(3,6),$
$(4,1),(4,2),(4,3),(4,4),(4,5),(4,6),$
$(5,1),(5,2),(5,3),(5,4),(5,5),(5,6),$
$(6,1),(6,2),(6,3),(6,4),(6,5),(6,6)\}.$

可见,$n=36$,$k=6$,则 $P(A)=6/36$.

若只考虑"和",把样本空间写为:
$$S=\{2,3,4,5,6,7,8\ 9,10,11,12\},$$
则 $n=11$,$k=1$,$P(A)=1/11$.

该结果是错误的,因为这一样本空间不是等可能样本空间.

例 2 100 个零件中有 5 个次品,随机地取 10 个,求 $P(A),P(B),P(C)$,其中:A——正好一个次品;B——最多一个次品;C——至少一个次品.

解 从 100 个中取 10 个,不同的取法有 $n=\mathrm{C}_{100}^{10}$,"随机地取"是为了保证等可能性,

$k_A=\mathrm{C}_5^1\mathrm{C}_{95}^9$,则 $P(A)=\mathrm{C}_5^1\mathrm{C}_{95}^9/\mathrm{C}_{100}^{10}$;

$k_B=\mathrm{C}_5^0\mathrm{C}_{95}^{10}+\mathrm{C}_5^1\mathrm{C}_{95}^9$,则 $P(B)=(\mathrm{C}_5^0\mathrm{C}_{95}^{10}+\mathrm{C}_5^1\mathrm{C}_{95}^9)/\mathrm{C}_{100}^{10}$;

$\overline{C}$——没有次品,$k_{\overline{C}}=\mathrm{C}_5^0\mathrm{C}_{95}^{10}$,$P(\overline{C})=\mathrm{C}_5^0\mathrm{C}_{95}^{10}/\mathrm{C}_{100}^{10}$,则

$$P(C)=1-P(\overline{C})=1-\mathrm{C}_5^0\mathrm{C}_{95}^{10}/\mathrm{C}_{100}^{10}.$$

在这里用到了加法原理、乘法原理和概率的性质.

例 3 从 $0,1,2,3,4,5,6,7,8,9$ 十个数中,随机地有放回地取 4 次,每次取一个数,求能组成没有重复数字的四位数的概率.

解 $n=10^4$,

4 个没有重复数字的排列为:A_{10}^4,

组成四位数,即首位不能是零,扣除 A_9^3,

$k=\mathrm{A}_{10}^4-\mathrm{A}_9^3$,则 $P=(\mathrm{A}_{10}^4-\mathrm{A}_9^3)/10^4=0.4536$.

例 4 一副扑克牌(52 张)随机地等分给四个人,求其中某一人得 13 张黑桃的概率.

解 $n=\mathrm{C}_{52}^{13}\cdot\mathrm{C}_{39}^{13}\cdot\mathrm{C}_{26}^{13}\cdot\mathrm{C}_{13}^{13}$,$k=\mathrm{C}_{39}^{13}\cdot\mathrm{C}_{26}^{13}\cdot\mathrm{C}_{13}^{13}$,

$$P = \frac{k}{n} \approx 6.03 \times 10^{-12}.$$

可见概率很小,是几乎不可能发生的事件.一般,概率较小($\leqslant 0.1$)的事件称为小概率事件.小概率事件具有以下两个特性:

(1)小概率事件在一次试验中几乎不可能发生;

(2)若一次接一次不断地重复试验,则一定会发生.

这称为小概率事件原理,也称为实际推断原理,它是一种非常重要的思想,有着广泛的应用,例如在产品质量检验分析中.

说　明

1.等可能概率问题的计算一般用排列、组合的方法,应正确使用排列和组合,正确使用加法原理和乘法原理.

应正确理解具体的随机试验,如应注意是"放回抽样"还是"不放回抽样";是一次取 k 个,还是每次取一个,连取 k 次等.

一次取 k 个,和每次取一个,不放回地连取 k 次,有时这两者所计算的概率是一样的;而一次取 k 个,和每次取一个,有放回地连取 k 次,这两者是完全不一样的.

应注意"正好"、"至少"、"最多"等问题,特别是"至少"的问题,一般用概率的性质 2.

排列、组合的计算,有时比较复杂,甚至很困难,我们只要求掌握用简单的排列、组合能计算的问题.

2.等可能概率问题还可以延伸到另一类问题,我们称为几何概率问题.请看下面的例子.

例　在平面直角坐标系中 $0 \leqslant x \leqslant 1, 0 \leqslant y \leqslant 1$ 的正方形区域内随机地投一个点,求该点的两个坐标之和小于 $\frac{1}{2}$ (即 $x + y < \frac{1}{2}$)的概率.

解　随机地投一个点,表明这个点落在正方形区域内任一位置上是等可能的,或者说这个点落在正方形内某一子区域中的概率只与子区域的面积大小成正比,而与其位置和形状无关.这与上面讨论的等可能问题的差别是:样本空间中的基本事件不是有限多个,而是无穷多个,因为正方形中的点有无穷多个.

由于点落在某一子区域内的概率只与子区域的面积成正比,正方形面积为 1,而 $x + y < \frac{1}{2}$ 区域的面积是 $\frac{1}{8}$,所以 $x + y < \frac{1}{2}$ 的概率是 $\frac{1/8}{1} = \frac{1}{8}$.

几何概率问题是利用长度、面积、体积等几何量的比来计算的概率问题,如习题 1.4(B)的 11,12 题.几何概率问题实质上是第 2、3 章中讨论的均匀分布随机变量.

习题 1. 4(A)

1. 某班有 30 个同学,其中 8 个女同学,随机地选 10 个,求:

(1) 正好有 2 个女同学的概率;(2) 最多有 2 个女同学的概率;

(3) 至少有 2 个女同学的概率.

2. 一副扑克牌(52 张)随机地等分给 4 个人,求 4 张 A 都在指定的一人手中的概率.

3. 从 1,2,3,4,5,6,7,8,9 这 9 个数中随机地取 3 个数,则至少有一个奇数的概率是:

(1) $C_5^1 C_4^2 / C_9^3$; 　(2) $(C_4^3 + C_5^1 C_4^2) / C_9^3$; 　(3) $C_5^1 C_8^2 / C_9^3$; 　(4) $1 - C_4^3 / C_9^3$.

4. 在 10 个人中至少有 2 个人生日相同的概率是(设一年为 365 天):

(1) $A_{365}^{10} / 365^{10}$; 　(2) $1 - A_{365}^{10} / 365^{10}$; 　(3) $C_{10}^2 C_{365}^1 A_{364}^8 / 365^{10}$; 　(4) $C_{10}^1 C_9^1 C_{365}^1 A_{364}^8 / 365^{10}$.

5. 将 3 个不同的球随机地投入到 4 个盒子中,求有 3 个盒子各一球的概率.

习题 1. 4(B)

1. 将 4 个球(2 个红球,2 个白球)随机地放入 2 个盒中,每盒 2 个球,求盒中球同色的概率.

2. 从 0,1,2,3,4,5,6,7,8,9 这 10 个数中随机地取 4 次,每次取一个,求能排成四位偶数的概率:

(1) 若是不放回地取;(2) 若是放回地取.

3. 从 1,2,3,…,2n 中随机地取 2 个,求其和为偶数的概率.

4. 甲袋中有 3 个一等品,5 个二等品,2 个三等品,乙袋中有 2 个一等品,6 个二等品,2 个三等品,从每袋中各取一个,求两个等级相同的概率.

5. 在标准英语辞典中有 55 个由两个字母组成的单词,从 26 个字母中随机地取 2 个排列,求能排成上述单词的概率.

6. 在房间里有 10 个人,分别有 1 到 10 的编号,从中随机地选取 3 人,求:

(1) 最小号码为 5 的概率;(2) 最大号码为 5 的概率.

7. 将 3 个球随机地投入到 4 个盒子中,求一个盒子中球的最多个数分别为 1,2,3 的概率.

8. 从 1 到 2000 中随机地取一个整数,求:

(1) 能被 6 和 8 整除的概率;(2) 能被 6 或 8 整除的概率.

9. 一颗均匀的骰子,连丢 n 次,求最小点数为 2 的概率.

10. 把 n 个人随机地分配到 m 个房间中($n < m$,一个房间中可有多人),求下列事件的概率.

A:指定的 n 个房中各有一人;B:有 n 个房各有一人;

C:指定的一个房中恰有 k 人($k < n$).

11. 在区间(0,1)上随机地取两个数,求它们的乘积大于 $\frac{1}{4}$ 的概率.

12. 在上半圆:$0 < y < \sqrt{2x - x^2}$ 上随机地取一个点,求该点与原点的连线和 x 轴正向所构成的角小于 $\frac{\pi}{4}$ 的概率.

§1.5　条件概率与乘法公式

前面讨论了概率的公理和性质,并介绍了一类具体问题——等可能概率问题.实际上,概率问题要复杂得多,需要进一步研究一些解题的思想和方法,这在下面几节展开.

一、条件概率

条件概率是概率论中一个重要而实用的概念,通俗地讲,条件概率是事件 A 发生的条件下,事件 B 发生的概率.先看一个例子.

例 1　丢一颗均匀的骰子,B——“奇数点”,A——“大于 1”,则

$$P(B)=3/6,\quad P(A)=5/6.$$

若将这颗骰子丢下后,告诉你一个“点数大于 1”的信息,再考虑是“奇数点”的概率,即“已知 A 发生(大于 1)的条件下,求 B 发生(奇数点)的概率”,这就是条件概率,记为:$P(B|A)$.

定义　设 A,B 是两个事件,且 $P(A)>0$,称

$$P(B|A)=\frac{P(AB)}{P(A)}$$

为在事件 A 发生的条件下事件 B 发生的条件概率.

对于条件概率,一是理解,即在实际问题中,哪些是条件概率,条件是什么;二是如何计算条件概率.下面结合例 1 说明条件概率的计算.

(1) 由定义 $P(B|A)=\dfrac{P(AB)}{P(A)}$ 计算:

例 1 中,AB——“奇数点且大于 1”=$\{3,5\}$,$P(AB)=2/6$,则

$$P(B|A)=\frac{P(AB)}{P(A)}=\frac{2/6}{5/6}=\frac{2}{5}.$$

(2) “改变样本空间”法:

将这颗骰子丢下后,我们想到的样本空间是 $S=\{1,2,3,4,5,6\}$,准备在 S 的基础上计算“奇数点”的概率,当得到一个信息 A——“点数大于 1”时,则转而在“新样本空间”$A=\{2,3,4,5,6\}$ 的基础上计算,在 A 的 5 个元素中,有 2 个奇数,于是 $P(B|A)=2/5$.

我们把这一思想方法称为“改变样本空间”法. 这在简单的场合特别方便.

例 2　盒中有 100 个球,其中 70 个新球(40 个红,30 个白),30 个旧球(20 个红,10 个白),从中随机地取一个,N 表示新,O 表示旧,R 表示红,W 表示白.试求条件概率:$P(R|N)$,$P(N|R)$,$P(O|N)$.

解　100 个球的构成如下:

	N	O	
R	40	20	60
W	30	10	40
	70	30	100

(1) 取到新球的概率是 $P(N)=70/100$,

取到新的红球的概率是 $P(RN)=40/100$,

由条件概率定义

$$P(R|N)=\frac{P(RN)}{P(N)}=\frac{40/100}{70/100}=\frac{4}{7};$$

(2) "改变样本空间"法,在"新样本空间"N 中有 70 个球,其中 40 个是红球,于是 $P(R|N)=40/70$.

同理有 $P(N|R)=40/60$;$P(O|N)=0$.

实际问题有两类:计算条件概率;条件概率已知,利用条件概率计算其他概率.

二、乘法公式

我们把条件概率等式改写为:

$$P(AB)=P(A)\cdot P(B|A),$$

这就是乘法公式.可见乘法公式是利用条件概率 $P(B|A)$ 来计算 $P(AB)$ 的.

例 1 已知 $P(B)=0.6,P(A)=0.5,P(B|A)=0.4$,求 $P(A\bigcup B)$.

解 $P(A\bigcup B)=P(A)+P(B)-P(AB)$

$$=P(A)+P(B)-P(A)P(B|A)$$

$$=0.5+0.6-0.5\times0.4=0.9.$$

例 2 有 10 把钥匙,其中 2 把能开一锁,随机地取一把试开,若不能打开,则放到一边,再随机地取一把……求:

(1) 1 次就打开的概率;(2) 2 次才打开的概率;

(3) 2 次内打开的概率;(4) 3 次才打开的概率.

解 设 A_i 表示第 i 次打开,

(1) $P(A_1)=\dfrac{2}{10}$;

(2) 2 次才打开,表示第一次没有打开且第二次打开,即交事件 $\overline{A}_1 A_2$,于是由乘法公式:

$$P(\overline{A}_1 A_2)=P(\overline{A}_1)P(A_2|\overline{A}_1)=\frac{8}{10}\cdot\frac{2}{9}=\frac{8}{45};$$

(3) 2 次内打开,表示"第一次就打开"或"第一次没有打开且第二次打开"两种情形:

$$P(A_1)+P(\overline{A}_1 A_2)=\frac{2}{10}+\frac{8}{45}=\frac{17}{45};$$

（4）乘法公式可以推广到 A,B,C 三个事件的情形：

$$P(ABC)=P(A)P(B|A)P(C|AB).$$

3 次才打开表示第一次和第二次都没有打开且第三次打开，即交事件 $\overline{A}_1\overline{A}_2 A_3$：

$$P(\overline{A}_1\overline{A}_2 A_3)=P(\overline{A}_1)P(\overline{A}_2|\overline{A}_1)P(A_3|\overline{A}_1\overline{A}_2)=\frac{8}{10}\cdot\frac{7}{9}\cdot\frac{2}{8}=\frac{7}{45}.$$

说　明

1. 条件概率有两种计算方法，简单的条件概率可由第二种方法直接得到，较复杂的条件概率要用公式 $P(B|A)=P(AB)/P(A)$ 计算.

注意：$P(A|B)$ 和 $P(B|A)$ 是两个不同的概念.

2. 乘法公式是利用条件概率计算交事件的概率：

$$P(AB)=P(A)P(B|A)=P(B)P(A|B).$$

乘法公式推广到三个事件：

$$P(ABC)=P(A)P(B|A)P(C|AB).$$

乘法公式推广到 n 个事件：

$$P(A_1 A_2\cdots A_n)=P(A_1)P(A_2|A_1)P(A_3|A_1 A_2)\cdots P(A_n|A_1\cdots A_{n-1}).$$

乘法公式是普遍成立的，只要作为"条件的事件"的概率不等于零即可. 在实际问题中，哪些是条件概率，条件是什么，要根据具体问题去理解，看清具体随机试验的过程、一步一步的先后次序、步与步之间是否有影响. 在初学阶段，尽可能用字母 $A,B,\cdots$ 去表示事件，进而表示概率，这有助于对事件的关系的理解及对概率和条件概率的理解.

3. 对 $P(C|A)$ 和 $P(AC)$ 的区别，要根据具体问题去理解. 如"甲厂产品的次品率"，这要理解为：产品是甲厂生产的条件下的次品率，是条件概率 $P(C|A)$；而"甲厂的次品"的概率，应理解为：产品既是甲厂生产的，又是次品的概率，是交事件的概率 $P(AC)$.

4. 条件概率公式 $P(B|A)=P(AB)/P(A)$ 中"A"和"B"是事件，可以是简单事件，也可以是由几个事件组成的复杂事件. 复杂事件的概率要利用其他方法计算，如概率的性质、等可能概率及第 2 章中随机变量的概率等，如习题 1.5(B) 的 5 和 10.

5. 条件概率是概率，具有概率的一切性质，如：

$$P(A|B)=1-P(\overline{A}|B);$$

在 C 条件下 A 与 B 互不相容时,$P(A\cup B|C)=P(A|C)+P(B|C)$ 等. 关于这一点有很多问题可以深入讨论,请看习题 1.5(B)11.

习题 1.5(A)

1. 盒内有 10 个签,其中 2 个是"中",从盒内随机地取一个签,不放回,再随机地取一个签,A 表示第一次取到"中",B 表示第二次取到"中",则
   (1) $P(B|A)=$ _____; (2) $P(B|\overline{A})=$ _____;
   (3) $P(\overline{B}|A)=$ _____; (4) $P(\overline{B}|\overline{A})=$ _____.

2. 丢甲、乙两颗均匀的骰子,已知点数之和为 7,求其中一颗为 1 的概率.

3. 据统计,某市发行 A,B,C 三种报纸,订阅情况为:$P(C)=0.6,P(B|C)=0.5,P(A|BC)=0.4$,求订阅 B 报和 C 报但不订阅 A 报的概率.

4. 已知 $P(A)=1/4,P(B|A)=1/3,P(A|B)=1/2$,求 $P(A\cup B)$.

5. 习题 1 中,求:
   (1) 两次都是"中"的概率; (2) 两次都不是"中"的概率;
   (3) 一次是"中"一次不是"中"的概率.

习题 1.5(B)

1. 已知 $P(A)=P(B)=1/3,P(A|B)=1/6$,求 $P(\overline{A}|\overline{B})$.

2. 已知事件 A 与 B 互不相容,$P(A)=0.3,P(B)=0.5$,求 $P(A|\overline{B})$.

3. 甲乙两班共有 70 名同学,其中女生 40 名,甲班有 30 名同学,其中女生 15 名,问在遇到甲班同学的条件下,恰好遇到一名女同学的概率.

4. 某人忘了电话号码的最后一位数字,他随机地拨号,求拨号不超过 3 次的概率;若已知最后一位数字是奇数,那么这概率是多少?

5. 一批产品共有 100 件,对产品进行不放回抽样检查 5 件,若至少有一件次品,就判这批产品不合格,设这批产品中有 5% 是次品,求这批产品被判为不合格的概率.

6. 已知 $P(\overline{A})=0.3,P(B)=0.4,P(A\overline{B})=0.5$,求 $P(B|A\cup\overline{B})$.

7. 某种元件使用寿命超过 1 年的概率为 0.8,超过 2 年的概率为 0.4,一个元件已经使用 1 年,求能再使用 1 年的概率.

8. 从 1~100 这 100 个整数中随机地取一个,已知取到的数不大于 50,求它是 2 或 3 的倍数的概率.

9. 盒中有 10 个球,其中 4 个红球,从中随机地取 2 个,已知取到的至少有 1 个红球,试求 2 个都是红球的概率.

10. 甲乙两人进行乒乓球比赛,甲先发球,发球成功的概率是 0.9,甲发球成功后乙回球失误的概率是 0.3,若乙回球成功后甲回球失误的概率是 0.4,甲回球成功后乙再回球失误的概率是 0.5,求这两个回合内甲得分的概率.

11. 设事件 A,B,C 满足 $P(A\cup B|C)=P(A|C)+P(B|C)$,则正确的是( ).
    (1) $P(AB)=0$ (2) $P(AB|C)=0$ (3) $P(AB|\overline{C})=0$ (4) 以上都不对

§1.6　全概率公式

本节介绍计算一类概率问题的方法——全概率公式.我们先看一个例子.

例 1　若有 10 个签,其中 6 个是数学题,4 个是文学题,某人对数学题有 80% 把握,对文学题有 90% 把握,随机抽一个签:

A——"数学",则抽到一个数学签的概率是 $P(A)=\dfrac{6}{10}$;

B——"文学",则抽到一个文学签的概率是 $P(B)=\dfrac{4}{10}$;

C——"回答正确",则 80% 和 90% 是条件概率

$$P(C|A)=80\%, \quad P(C|B)=90\%.$$

由乘法公式,

"抽到数学题且回答正确"的概率是:

$$P(AC)=P(A)P(C|A)=\frac{6}{10}\times80\%=48\%;$$

"抽到文学题且回答正确"的概率是:

$$P(BC)=P(B)P(C|B)=\frac{4}{10}\times90\%=36\%.$$

通常我们要考察的是"回答正确"的概率,它是上面两个概率之和:

$$P(C)=48\%+36\%=84\%.$$

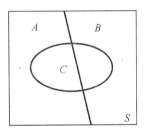

图 1.8

这样做的依据是什么? 事实上,我们把样本空间作完全分割,如图 1.8 所示,$S=A\cup B$,且 A 与 B 互不相容(称 A,B 为样本空间 S 的一个完备事件组).

于是 C 被分割为:$C=AC\cup BC$,且 AC 和 BC 互不相容.

由公理(3)及乘法公式:

$$P(C)=P(AC\cup BC)=P(AC)+P(BC)$$
$$=P(A)P(C|A)+P(B)P(C|B).$$

这就是全概率公式.

例 2　一批零件,其中 $\dfrac{1}{2}$ 从甲厂进货,$\dfrac{1}{3}$ 从乙厂进货,$\dfrac{1}{6}$ 从丙厂进货,已知甲、乙、丙三厂的次品率分别为 2%,6%,3%,求这批混合零件的次品率.

解　用 A_1,A_2,A_3 分别表示甲、乙、丙三厂生产,C 表示次品,则

$$P(A_1)=\frac{1}{2}, \quad P(A_2)=\frac{1}{3}, \quad P(A_3)=\frac{1}{6},$$

题中 $2\%, 6\%, 3\%$ 分别是条件概率：

$$P(C|A_1)=2\%, \quad P(C|A_2)=6\%, \quad P(C|A_3)=3\%.$$

在这里,我们把样本空间作完全分割为 $A_1, A_2,$ A_3 三个部分,如图 1.9 所示,$S=A_1\bigcup A_2\bigcup A_3,$ 且 $A_1,$ A_2, A_3 两两互不相容,即 $A_1A_2=\varnothing, A_1A_3=\varnothing, A_2A_3 =\varnothing, A_1A_2A_3=\varnothing(A_1, A_2, A_3$ 为样本空间 S 的一个完备事件组).

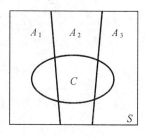

图 1.9

于是 C 被划分割为：$C=A_1C\bigcup A_2C\bigcup A_3C,$ 且 A_1C, A_2C, A_3C 互不相容.

由公理(3)和乘法公式,得到把样本空间 A 分割为三个部分的全概率公式：

$$P(C)=P(A_1C)+P(A_2C)+P(A_3C)$$
$$=P(A_1)P(C|A_1)+P(A_2)P(C|A_2)+P(A_3)P(C|A_3)$$
$$=\frac{1}{2}\times 2\%+\frac{1}{3}\times 6\%+\frac{1}{6}\times 3\%=3.5\%.$$

一般地,S 是某随机试验 E 的样本空间,$A_1, A_2, \cdots, A_n$ 是 E 的一组事件,若

(1) $A_1\bigcup A_2\bigcup\cdots\bigcup A_n=S$;

(2) $A_iA_j=\varnothing, i\neq j, i, j=1, 2, \cdots, n,$

则称为样本空间的一个完备事件组.那么,对每次试验,事件 $A_1, A_2, \cdots, A_n$ 中有且只有一个发生.对随机试验 E 的某一事件 C,全概率公式表示为：

$$P(C)=\sum_{i=1}^{n}P(A_i)P(C|A_i).$$

例 3 有编号为 $1, 2, 3, 4, 5, 6$ 的 6 个盒子,每个盒子中各有 10 个球,其中第 k 号盒内有 k 个红球.现在丢一颗不均匀的骰子,出现 k 点的概率是 $\frac{k}{21}, k=1, 2, \cdots, 6$,若骰子是 k 点,则在第 k 号盒中随机地取一个球,求取到一个红球的概率.

解 用 A_k 表示骰子出现 k 点,$k=1, 2, \cdots, 6, R$ 表示取到一个红球,则

$$P(A_k)=\frac{k}{21}, \quad k=1, 2, \cdots, 6,$$

$$P(R|A_k)=\frac{k}{10}, \quad k=1, 2, \cdots, 6,$$

由全概率公式可得

$$P(R)=\sum_{k=1}^{6}P(A_k)P(R|A_k)=\sum_{k=1}^{6}\frac{k}{21}\cdot\frac{k}{10}$$

$$= \frac{1}{210}(1^2 + 2^2 + \cdots + 6^2) = \frac{91}{210}.$$

说　明

全概率公式是对概率的加权平均,如在例 1 中,"回答正确"的概率既不是 80%,也不是 90%,也不是(80%+90%)/2,而是

$$80\% \times 6/10 + 90\% \times 4/10 = 84\%.$$

80% 和 90% 的权是不相同的,分别是 6/10 和 4/10. 这一思想,我们在实际中经常使用,所以,全概率公式对我们并不是新的理论,而是把这一思想归结到一个公式的高度来认识. 公式本身是简单的,重要的是理解全概率公式的思想.

在实际问题中,我们有时不能直接求某个事件 C 的概率,应根据具体的随机试验分析样本空间是什么,样本空间是否可分割为 A 和 B,即事件 C 的发生分为事件 A 和事件 B 两种条件下发生,有时,样本空间应分割为 3 个,4 个,… 事件的完备事件组.

应注意的是:完备事件组两两互不相容,且概率之和是 1. 要正确理解在实际问题中的条件概率,如"对数学题有 80% 把握"、"甲厂的次品率为 2%"等,应通过例题和练习来掌握.

全概率公式由两类概率组成,一类是完备事件组的概率,另一类是条件概率. 在较复杂的问题中,只有一类概率是已知的,而另一类概率需用其他方法计算得到. 更复杂的问题是两类概率都不是已知的,在后面将经常看到这样的例子.

习题 1.6(A)

1. 有 10 个签,其中 2 个"中",第一人随机地抽一个签,不放回,第二人再随机地抽一个签,说明两人抽"中"的概率相同.

2. 一批小麦种子中一等品、二等品、三等品各占 80%,10%,10%,它们的发芽率分别为 90%,70%,50%,求这批小麦种子的发芽率.

3. 第一盒中有 4 个红球 6 个白球,第二盒中有 5 个红球 5 个白球,随机地取一盒,从中随机地取一个球,求取到红球的概率.

4. 盒中有 4 个红球 6 个白球,从中随机地取一个球,观察颜色,放回,再加入 2 个同色球,然后再从中随机地取一个球,求第二次取到的是红球的概率.

5. 一批零件,合格品占 92%,随机地取一件进行检验,合格品误检为不合格的概率是 0.05,而不合格品误检为合格的概率是 0.1,求检为合格的概率.

6. 某公司从四家厂购进同一产品,数量之比是 9:3:2:1,已知四家厂次品率分别是 1%,2%,3%,1%,随机地取一件产品,求是次品的概率.

习题 1.6(B)

1. 第一盒中有 n 个红球 m 个白球,第二盒中有 N 个红球 M 个白球,从第一盒中随机地取一个球放入第二盒中,再从第二盒中随机地取一个球,求取到红球的概率.

2. 编号为 1,2,3 的盒子,分别装有 3 个红球 2 个白球,2 个红球 3 个白球,1 个红球 4 个白球,丢一颗均匀的骰子,若出现奇数点,则在 1 号盒中随机地取一个球,若出现点数 2,则在 2 号盒中随机地取一个球,否则在 3 号盒中随机地取一个球,求取到一个红球的概率.

3. 某商品整箱出售,每箱 10 个,已知箱中有 0,1,2 个次品的概率分别为 0.8,0.1,0.1,一顾客随机地取一箱,商家允许开箱随机地取 2 个检查,若未发现次品,就买下,求买下的概率.

4. 丢两颗均匀的骰子,求和为 5 出现在和为 7 之前的概率.

5. 丢一枚硬币,第一次出现正面的概率是 c,从第二次开始,每次与前一次相同的概率是 p,连丢 n 次,求:(1) 第 n 次出现正面的概率;(2) 讨论当 $n \to \infty$ 时的结果.

6. 试用全概率公式证明 $P(B) \geqslant P(B|A)$ 的充分必要条件是:$P(B|\overline{A}) \geqslant P(B|A)$.

§1.7　贝叶斯公式

在上一节我们讨论了全概率公式,现在再看一个例子,并提出新的问题.

例 1　一批零件,其中 60% 从甲厂进货,40% 向乙厂采购,已知甲、乙两厂的次品率分别为 2%,6%,求这批混合零件的次品率.

A——"甲厂生产",$P(A) = 60\%$;　B——"乙厂生产",$P(B) = 40\%$;

C——"次品",则 $P(C|A) = 2\%$,$P(C|B) = 6\%$.

由全概率公式,这批混合零件的次品率为:

$$P(C) = P(A)P(C|A) + P(B)P(C|B)$$
$$= 60\% \times 2\% + 40\% \times 6\% = 3.6\%.$$

若随机地取一个零件,发现是次品,求该零件是甲厂生产的概率.

即已知随机地取一个零件是次品的条件下,求是甲厂生产的概率,这是条件概率,可表示为 $P(A|C)$.

我们用条件概率公式

$$P(A|C) = \frac{P(AC)}{P(C)},$$

其中,分子用乘法公式

$$P(AC) = P(A)P(C|A),$$

分母用全概率公式

$$P(C) = P(A)P(C|A) + P(B)\, P(C|B),$$

则　　　　$P(A|C) = \dfrac{P(AC)}{P(C)} = \dfrac{P(A)P(C|A)}{P(A)P(C|A) + P(B)P(C|B)}.$

该公式称为贝叶斯公式.

在例 1 中,$P(A|C) = \dfrac{60\% \times 2\%}{60\% \times 2\% + 40\% \times 6\%} = \dfrac{1}{3}.$

例 2　某地气象(日)预报,在一年中有 1/3 的日子预报下雨,有 2/3 的日子预报不下雨,某先生,若预报下雨则必带伞,若预报不下雨带伞的概率为 1/2,求:(1) 这位先生带伞的概率;(2) 某日发现这位先生带伞,这一天预报下雨的概率.

解　用 A 表示预报下雨,B 表示预报不下雨,C 表示带伞,则

$$P(A) = 1/3, \quad P(B) = 2/3,$$
$$P(C|A) = 1, \quad P(C|B) = 1/2.$$

(1) 由全概率公式:

$$P(C) = P(A)P(C|A) + P(B)P(C|B)$$
$$= \frac{1}{3} \times 1 + \frac{2}{3} \times \frac{1}{2} = \frac{2}{3};$$

(2) 由贝叶斯公式:

$$P(A|C) = \frac{P(AC)}{P(C)} = \frac{P(A)P(C|A)}{P(A)P(C|A) + P(B)P(C|B)}$$
$$= \frac{\frac{1}{3} \times 1}{\frac{2}{3}} = \frac{1}{2}.$$

例 3　某商品整箱出售,每箱 10 个,设箱中有 0,1,2 个次品的概率分别为 0.8,0.1,0.1,一顾客随机地取一箱,商家允许开箱随机地取 2 个检查,若未发现次品,就买下,求买下的一箱确实无次品的概率.

解　用 A_0, A_1, A_2 分别表示箱中有 0,1,2 个次品,C 表示买下,则

$$P(A_0) = 0.8, \ P(A_1) = 0.1, \ P(A_2) = 0.1,$$
$$P(C|A_0) = \frac{C_{10}^2}{C_{10}^2} = 1, \ P(C|A_1) = \frac{C_9^2}{C_{10}^2} = \frac{36}{45}, \ P(C|A_2) = \frac{C_8^2}{C_{10}^2} = \frac{28}{45},$$

由全概率公式:

$$P(C) = P(A_0) \cdot P(C|A_0) + P(A_1) \cdot P(C|A_1) + P(A_2) \cdot P(C|A_2)$$
$$= 0.8 \times 1 + 0.1 \times \frac{36}{45} + 0.1 \times \frac{28}{45} = 0.942,$$

由贝叶斯公式:

$$P(A_0|C) = \frac{P(A_0 C)}{P(C)}$$

$$= \frac{P(A_0) \cdot P(C|A_0)}{P(A_0) \cdot P(C|A_0) + P(A_1)P(C|A_1) + P(A_2)P(C|A_2)}$$

$$= \frac{0.8 \times 1}{0.942} = 0.849,$$

同理可得

$$P(A_1|C) = \frac{P(A_1 C)}{P(C)} = \frac{0.1 \times 36/45}{0.942} = 0.085,$$

$$P(A_2|C) = \frac{P(A_2 C)}{P(C)} = \frac{0.1 \times 28/45}{0.942} = 0.066.$$

应注意到

$$P(A_0|C) + P(A_1|C) + P(A_2|C) = 1.$$

说　明

我们从几个方面来分析贝叶斯公式.

从结构上看,是条件概率、乘法公式、全概率公式的结合,

$$P(A|C) = \frac{P(AC)}{P(C)} = \frac{P(A)P(C|A)}{P(A)P(C|A) + P(B)P(C|B)}.$$

从形式上看,是分子 $P(A)P(C|A)$ 在分母总和 $P(A)P(C|A) + P(B)P(C|B)$

中所占的比例,若设 $P(A)P(C|A) = a$,$P(B)P(C|B) = b$,则 $P(A|C) = \frac{a}{a+b}$.

从内容上看,是由先验概率 $P(C|A)$,$P(C|B)$ 等计算后验概率 $P(A|C)$,$P(B|C)$.

贝叶斯公式总是和全概率公式连在一起的,一个全概率公式下至少可以提出两个贝叶斯问题,且两者之和

$$P(A|C) + P(B|C) = \frac{a}{a+b} + \frac{b}{a+b} = 1.$$

习题 1.7(A)

1. 某厂产品有 70% 不需要调试即可出厂,另 30% 需经过调试,调试后有 80% 能出厂,(1)求该厂产品能出厂的概率;(2)任取一出厂产品,求未经调试的概率.

2. 某人去外地参加会议,乘火车、汽车、飞机的概率分别为 $\frac{3}{10}$,$\frac{1}{5}$,$\frac{1}{2}$,若乘飞机,不会迟到,若乘火车和汽车,则迟到的概率分别是 0.1 和 0.2,已知该人迟到了,试判断乘什么的可能性最大?

3. 将两信息分别编码为 A 和 B 传递出去,接收站收到时,A 被误收为 B 的概率为 0.02,B 被误收为 A 的概率为 0.01,信息 A 与信息 B 传递的频繁程度为 3∶2.若接收站收到的信息是 A,问原发信息是 A 的概率为多少?

4. 已知男性中有 5% 是色盲,女性中有 0.25% 是色盲,现从男女人数相等的人群中随机地选

一个,恰好是色盲,问此人是男性的概率.

5. A 地下雨的概率为 0.3,若 A 地下雨,则 B 地下雨的概率为 0.5,若 A 地不下雨,则 B 地下雨的概率为 0.4,求当 B 地下雨时,A 地也下雨的概率.

6. 有一批零件,80% 是合格品,一只合格品使用寿命超过一年的概率是 0.9,而不合格品使用寿命超过一年的概率只有 0.4,现有一只零件使用寿命不到一年,求是不合格品的概率.

习题 1.7(B)

1. 甲、乙盒中各有 9 个球,红球与黑球之比分别为 2:1 和 1:2,随机选一盒,从中随机取 5 个球,已知是 3 个红球 2 个黑球,求选到的一盒是甲盒的概率与是乙盒的概率之比.

2. 盒中有 4 个白球,6 个黑球,丢一颗均匀的骰子,若是 k 点,则在盒中随机地取 k 个球,(1) 求取出的全是白球的概率;(2) 若取出的全是白球,求是 3 个白球的概率.

3. 有 20 件产品,其中 5 件是次品,15 件是正品,已知已经有人随机地取走了 2 件,现从剩下的 18 件中任取 1 件,(1) 求这一件恰是正品的概率;(2) 已知后一件取到的是正品,求先前取走的 2 件也是正品的概率.

4. 甲小组 10 人(其中女 2 人),乙小组 9 人(其中女 4 人),随机选一组,从中先后不返回地随机选 2 次,每次 1 人,(1) 求先选到的一位是女的概率;(2) 求后选到的一位是女的概率;(3) 已知后选到的一位是女,求先选到的一位是女的概率.

5. 元件 10 个为一盒装,盒中无次品的概率为 0.4,而盒中有 1,2,3 个次品的概率分别为 0.3,0.2,0.1,随机地取一盒,从中随机地取 3 个,发现有一个次品,求该盒中次品至少有 2 个的概率.

§1.8　随机事件的独立性

设 A,B 是随机试验 E 的两个事件,当 $P(A) > 0$ 时,可以定义 $P(B|A)$,一般 A 的发生对 B 发生的概率是有影响的,$P(B|A) \neq P(B)$,只有在这种影响不存在时才会有 $P(B|A) = P(B)$,这时,乘法公式就演变为:

$$P(AB) = P(A)P(B|A) = P(A)P(B).$$

我们来看一个例子.

例 1　从一副扑克牌(52 张)中随机地取一张,用 R 表示取到红桃,用 A 表示取到 A,则

$$P(R) = \frac{13}{52}, \quad P(R|A) = \frac{1}{4} = P(R),$$

$$P(A) = \frac{4}{52}, \quad P(A|R) = \frac{1}{13} = P(A),$$

于是由乘法公式:

$$P(AR) = P(A)P(R|A) = P(A)P(R) = \frac{1}{52}$$

或 $$P(AR)=P(R)P(A|R)=P(R)P(A)=\frac{1}{52},$$

这是取到一张红桃 A 的概率.

定义 设 A,B 是两个事件,$P(A)>0,P(B)>0$,如果满足

$$P(AB)=P(A)P(B),$$

则称 A,B 是互为独立的事件.

独立性问题有两类:一是证明事件的独立性,如例 1;二是利用独立性计算有关的概率.

独立性是一种特殊的性质,它是由随机试验所决定的.如一颗骰子连丢几次,每次出现的点数是互不影响的;又如连续射击几次,是否命中,相互独立.在实际应用中,对于事件的独立性,我们往往不是根据定义来判断,而是根据具体的随机试验来决定的.

例 2 甲乙两人向同一目标各射击一次,命中率分别为 0.4 和 0.5,是否命中,相互独立,求目标至少命中一次的概率.

解 A 表示甲命中,B 表示乙命中,至少命中一次是 $A\cup B$,则

$$
\begin{aligned}
P(A\cup B)&=P(A)+P(B)-P(AB)\\
&=P(A)+P(B)-P(A)P(B)\\
&=0.4+0.5-0.4\times0.5=0.7.
\end{aligned}
$$

事件的独立性可以推广到多个事件.

定义 设 A,B,C 是三个事件,$P(A)>0,P(B)>0,P(C)>0$,如果满足

$$
\left.
\begin{aligned}
P(AB)&=P(A)P(B)\\
P(BC)&=P(B)P(C)\\
P(AC)&=P(A)P(C)\\
P(ABC)&=P(A)P(B)P(C)
\end{aligned}
\right\},
$$

则称 A,B,C 为相互独立的事件.

例 3 电路如图 1.10,其中 A,B,C 为开关.设各开关闭合与否相互独立,且每一开关闭合的概率均为 p,求 L 与 R 为通路(用 D 表示)的概率.

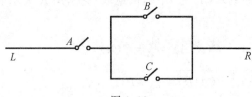

图 1.10

解 用 A,B,C 表示开关闭合,于是 $D=AB\cup AC$,从而,由概率的性质及 A,B,C 的相互独立性,

$$P(D)=P(AB)+P(AC)-P(ABAC)$$
$$=P(AB)+P(AC)-P(ABC)$$
$$=P(A)P(B)+P(A)P(C)-P(A)P(B)P(C)$$
$$=p^2+p^2-p^3=2p^2-p^3.$$

例 4　甲和乙两人投篮,命中率分别为 0.4 和 0.5,每人各投 2 次,各人各次是否投中,相互独立,求甲和乙投中的次数相等的概率.

解　用 $A_k,B_k(k=0,1,2)$ 分别表示甲和乙各投中 k 次,用 C 表示投中次数相等,由独立性,

$$P(A_0)=0.6\times0.6=0.36,\quad P(B_0)=0.5\times0.5=0.25,$$
$$P(A_1)=0.4\times0.6+0.6\times0.4=0.48,$$
$$P(B_1)=0.5\times0.5+0.5\times0.5=0.5,$$
$$P(A_2)=0.4\times0.4=0.16,\quad P(B_2)=0.5\times0.5=0.25,$$

由题意,$C=A_0B_0\bigcup A_1B_1\bigcup A_2B_2$,于是,由互不相容性和独立性,

$$P(C)=P(A_0B_0\bigcup A_1B_1\bigcup A_2B_2)$$
$$=P(A_0B_0)+P(A_1B_1)+P(A_2B_2)$$
$$=P(A_0)P(B_0)+P(A_1)P(B_1)+P(A_2)P(B_2)$$
$$=0.36\times0.25+0.48\times0.5+0.16\times0.25=0.37.$$

说　明

1. 事件 A 与 B 相互独立的充要条件是:
   $$P(A|B)=P(A)\ 或\ P(B|A)=P(B).$$

2. 若事件 A 与 B 相互独立,则 A 与 $\overline{B}$,$\overline{A}$ 与 B,$\overline{A}$ 与 $\overline{B}$ 相互独立.

3. A 与 B 相互独立,A 与 B 互不相容是两个不同的概念,不能混淆. 两者的关系是:若 A 与 B 相互独立,则 A 与 B 互不相容不能成立;反之,若 A 与 B 互不相容,则 A 与 B 相互独立不能成立.

4. 独立性是一种特殊的性质,而乘法公式 $P(AB)=P(A)P(B|A)$ 是普遍成立的,只要 $P(A)>0$.

5. 关于三个事件的独立性的概念,若 A,B,C 具有等式

$$\left.\begin{array}{l}P(AB)=P(A)P(B)\\P(BC)=P(B)P(C)\\P(AC)=P(A)P(C)\end{array}\right\},$$

则称三事件 A,B,C 两两独立.

一般,当事件 A,B,C 两两独立时,等式

$$P(ABC)=P(A)P(B)P(C)$$

不一定成立,即 A,B,C 两两独立不能推出 A,B,C 相互独立.

独立性的概念推广到 n 个事件.

设 $A_1,A_2,\cdots,A_n$ 是 n 个事件,如果对于任意 $k(1<k\leqslant n)$,任意 $1\leqslant i_1<i_2<\cdots<i_k\leqslant n$,具有等式 $P(A_{i_1}A_{i_2}\cdots A_{i_k})=P(A_{i_1})P(A_{i_2})\cdots P(A_{i_k})$,则称 $A_1,A_2,\cdots,A_n$ 为相互独立的事件.

注意:在上式中包含的等式总个数为
$$C_n^2+C_n^3+\cdots+C_n^n=(1+1)^n-C_n^1-C_n^0=2^n-n-1.$$

事件的独立性的概念是非常重要的,后面将推广到随机变量的独立性.独立性还应和概率的性质、全概率公式、贝叶斯公式等相结合,解决一些实际问题.

习题 1.8(A)

1. 抛甲和乙两枚硬币,观察正(H)反(T)面出现的情况.设事件 A 为"甲币出现正面",事件 B 为"乙币出现正面",试说明 A 与 B 相互独立.

2. 设 $P(A)=0.5$,$P(B)=0.4$,若 A 与 B 互不相容,则 $P(A\bigcup B)=$ _____;若 A 与 B 相互独立,则 $P(A\bigcup B)=$ _____;若 $P(B|A)=0.6$,则 $P(A\bigcup B)=$ _____.

3. 电路如图 1.11,其中 A,B,C,D 为开关.设各开关闭合与否相互独立,且每一开关闭合的概率均为 p,求 L 与 R 为通路(用 T 表示)的概率.

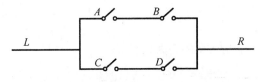

图 1.11

4. 甲,乙,丙三人向同一目标各射击一次,命中率分别为 $0.4,0.5$ 和 0.6,是否命中,相互独立,求下列概率:(1) 恰好命中一次;(2) 至少命中一次.

5. 生产某一零件需经过两道独立的工序,第一道工序的次品率为 p_1,第二道工序的次品率为 p_2,则生产这种零件的次品率是( ).

(1) p_1+p_2 (2) $p_1\cdot p_2$ (3) $(1-p_1)(1-p_2)$ (4) $p_1+p_2-p_1p_2$

习题 1.8(B)

1. 若事件 A 与 B 相互独立,试证明 A 与 $\overline{B}$,$\overline{A}$ 与 B,$\overline{A}$ 与 $\overline{B}$ 也相互独立.

2. $P(A)>0$,$P(B)>0$,A 与 B 互不相容,则正确的是( ).

(1) $P(A|B)>0$ (2) $P(A|B)=P(A)$

(3) $P(A|B)=0$ (4) $P(AB)=P(A)P(B)$

3. 若事件 A 和 B 满足 $P(\overline{A\bigcup B})=\{1-P(A)\}\{1-P(B)\}$,则正确的是( ).

(1) A 与 B 互不相容 (2) $\overline{A}$ 与 $\overline{B}$ 互不相容

　　(3) $A \supset B$　　　　　　　　　　(4) A 与 B 互为独立

4. 若 $P(A) + P(B) > 1$,则正确的是(　　).

　　(1) A 与 B 不独立　　(2) A 与 B 独立　　(3) A 与 B 互不相容　　(4) A 与 B 相容

5. 若 $P(A) > 0, P(B) > 0, P(A|B) + P(\overline{A}|\overline{B}) = 1$,则 A 与 B 是否独立? 说明理由.

6. 设 $P(A) = P(B) = P(C) = 0.3$,A 与 B 相互独立,A 与 C 互不相容,$P(B|C) = 0.5$,求 A,B,C 全不发生的概率.

7. 甲,乙两人向同一目标各射击一次,命中率分别为 0.5 和 0.4,是否命中,相互独立,已知目标被命中,求甲命中的概率.

8. 甲,乙,丙三人向同一目标各射击一次,命中率分别为 0.4,0.5 和 0.6,是否命中,相互独立,若目标命中一次,被破坏的概率为 0.2,若目标命中两次,被破坏的概率为 0.5,若目标命中三次,被破坏的概率为 0.8,(1)求目标被破坏的概率;(2)若已知目标被破坏,求恰好命中一次的概率.

9. 要验收一批(10 件)产品. 验收方案如下:从该批产品中随机取 3 件测试(设 3 件产品的测试是互为独立的),如果 3 件中至少有一件在测试中被认为不合格,则这批产品就被拒绝接收.设一件不合格的产品经测试误认为合格的概率为 0.05;而一件合格的产品经测试被误认为不合格的概率为 0.01.如果已知这 10 件产品中恰有 4 件是不合格的.试问这批产品被接收的概率是多少?

10. 有四张卡片,其中三张分别写上数字 1,2,3,还有一张写有 1,2,3 三个数字,随机取一张,用 A,B,C 分别表示取到的卡片上有数字 1,2,3,试说明 A,B,C 两两独立,但不是相互独立.

小　　结

【内容提要】

1. 随机试验,样本空间 S,随机事件.

　随机事件的关系.

　　　相等: $A = B$;　　包含: $A \supset B$;　　互不相容(互斥): $AB = \varnothing$.

　随机事件的运算.

　　　和: $A \cup B$;　　交: AB;　　差: $A - B$;　　逆: $\overline{A} = S - A$.

　随机事件的运算律.

　　　交换律: $A \cup B = B \cup A, AB = BA$;

　　　结合律: $(A \cup B) \cup C = A \cup (B \cup C), (AB)C = A(BC)$;

　　　分配律: $A(B \cup C) = AB \cup AC, A \cup (BC) = (A \cup B)(A \cup C)$;

　　　对偶律: $\overline{A \cup B} = \overline{A}\ \overline{B}, \overline{AB} = \overline{A} \cup \overline{B}$.

　2. 概率的三个公理:

　　　$P(A) \geqslant 0$;

$P(S)=1$；

若 $AB=\varnothing,P(A\cup B)=P(A)+P(B)$.

3. 概率的性质：

$P(\varnothing)=0$；

$P(A)=1-P(\bar{A})$；

若 $A\supset B$，$P(A-B)=P(A)-P(B)$；

$P(A)\leqslant 1$；

$P(A\cup B)=P(A)+P(B)-P(AB)$.

可推广到 3 个,4 个,…事件之和.

4. 条件概率：$P(A|B)=P(AB)/P(B)$.

5. 乘法公式：$P(AB)=P(A)P(B|A)$,推广到 3 个,4 个,…事件之交.

6. 全概率公式:若 $A\cup B=S$，$AB=\varnothing$，

$P(C)=P(A)P(C|A)+P(B)P(C|B)$.

7. 贝叶斯公式：$P(A|C)=\dfrac{P(AC)}{P(C)}=\dfrac{P(A)P(C|A)}{P(A)P(C|A)+P(B)P(C|B)}$.

8. 独立性：$P(AB)=P(A)P(B)$.

注意三个事件的相互独立性和两两独立性.

9. 等可能概率问题(古典概型)及其概率计算.

【重点】

1. 随机事件的表示和运算；

2. 概率的性质：$P(A)=1-P(\bar{A})$，$P(A\cup B)=P(A)+P(B)-P(AB)$；

3. 条件概率,乘法公式,全概率公式,贝叶斯公式,独立性.

【难点】

1. 将一些较复杂的事件用事件的运算来表示,特别是：$A=AB\cup A\bar{B}$；

2. 某些较难的古典概型问题；

3. 理解实际问题中哪些是条件概率,条件是什么；

4. 什么样的实际问题能用全概率公式或贝叶斯公式计算.

【深层次问题】

1. 几何概率.

2. 互不相容($AB=\varnothing$)与概率为 0($P(AB)=0$)的关系.

3. 条件概率是概率,具有概率的一切性质,如 $P(A|B)=1-P(\bar{A}|B)$ 等.

第2章　随机变量及其分布

【教学内容】

本章是概率论的重点,讨论随机变量及其分布,随机变量分为离散型和连续型两类.对离散型随机变量用分布律描述,对连续型随机变量用密度函数描述,无论是离散型还是连续型都可用分布函数描述.

本章还将着重讨论常见的三种离散型随机变量:0-1 分布,二项分布,泊松分布;三种常见的连续型随机变量:均匀分布,指数分布,正态分布.这些分布非常重要,一定要掌握它们的背景和概率的计算.

本章最后还将讨论随机变量函数的分布问题.

本章共分为 8 节,在 8 个课时内完成.

【基本要求】

1. 了解随机变量的概念,理解离散型随机变量的定义、概率分布律的概念.

2. 了解 n 重贝努里试验,掌握 0-1 分布,二项分布,泊松分布.

3. 理解随机变量的概率分布函数的定义和了解其性质.

4. 理解连续型随机变量的定义和概率密度函数的概念,掌握概率密度函数的性质.掌握均匀分布,正态分布,指数分布.

5. 掌握求随机变量函数的概率分布的基本方法.

【关键词和主题】

随机变量,离散型随机变量,概率分布律,0-1 分布,泊松分布,泊松分布的客观背景,泊松分布表,独立重复试验,贝努里试验,贝努里分布(二项分布),二项分布客观背景,泊松定理;

分布函数的定义,分布函数的性质;

连续型随机变量,密度函数,密度函数性质,均匀分布,指数分布,正态分布,标准正态分布,标准正态分布表,一般正态分布概率计算,正态分布密度函数的性质,标准正态分布密度函数的对称性;

随机变量函数的分布.

§2.1 随机变量的概念与离散型随机变量

一、随机变量

考察下列随机试验：

(1) 丢两颗骰子，用 Y 表示点数之和；

(2) 某程控交换机在一分钟时间间隔内接到用户的呼叫次数，用 Z 表示；

(3) 随机取一零件，测量其长度，用 L 表示；

(4) 丢一枚硬币.

对于(1),(2),(3)，试验的结果是一个数值，而对于(4)，试验的结果不是一个数值，我们把试验的结果数量化，设：

$$X = \begin{cases} 1 & \text{当出现正面时} \\ 0 & \text{当出现反面时} \end{cases}.$$

事实上，以上变量都是函数(因变量)，其自变量是随机试验的可能结果，定义域是样本空间，值域分别如下.

X: $\{0, 1\}$

Y: $\{2, 3, 4, 5, 6, 7, 8, 9, 10, 11, 12\}$

Z: $\{0, 1, 2, 3, \cdots\}$

对于 L，若设零件的标准长度是 75 毫米，实际上会有误差，若允许有 1 毫米的误差，则随机地取一个零件，其长度 L 的值域是区间 $(74,76)$.

因为试验的结果是随机的，所以，这些变量的取值是随机的，我们称为随机变量，用字母 $X, Y, \cdots$(或 $\xi, \eta, \cdots$)表示.

对随机变量，我们不仅要考虑他们的取值，更重要的是研究他们取不同的值的概率.

为便于研究，我们把随机变量分为两类：离散型随机变量和连续型随机变量.

二、离散型随机变量

定义 若随机变量只取有限多个值，或可列无穷多个值，则称为离散型随机变量.

如上面的 X, Y(取有限多个值)是离散型随机变量，Z 取无穷多个值，这无穷多个值可以按一定的规律(如从小到大的次序)——列举出来，这是可列无穷，Z 也是离散型随机变量. 对于 L，它的可能取值充满了区间 $(74,76)$，区间中有无穷多个值，这无穷多个值无法按一定的规律——列举出来，所以 L 不是离散型随机变量，它是连续型随机变量，将在后面讨论.

例 1 盒中有 5 个球，其中 3 个是红球，从中随机地取 2 个，用 X 表示取到

红球的个数,则 X 是一个离散型随机变量,它的可能取值是:0,1,2,对应的概率分别为:

$$P(X=0)=\frac{C_2^2}{C_5^2}=0.1, \quad P(X=1)=\frac{C_3^1C_2^1}{C_5^2}=0.6,$$

$$P(X=2)=\frac{C_3^2}{C_5^2}=0.3.$$

我们简单地表示如下:

X	0	1	2
p_i	0.1	0.6	0.3

这称为 X 的概率分布律.

一般地,离散型随机变量 X 的分布律是:

X	x_1	x_2	$\cdots$	x_k	$\cdots$
p_i	p_1	p_2	$\cdots$	p_k	$\cdots$

上一行是 X 的所有可能取值,下一行是各个取值对应的概率. 显然,分布律有以下性质:

(1) $0 \leqslant p_k \leqslant 1, k=1,2,\cdots;$ (2) $\sum_k p_k = 1.$

离散型随机变量的分布律也可以用图形来表示,如上例的分布律可表示为图 2.1.

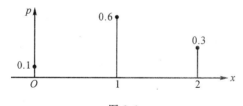

图 2.1

例 2 设随机变量 X 的分布律是:

$$P(X=k)=\frac{b}{k(k+1)}, \quad k=1,2,\cdots,求常数 b 的值.$$

解 这里,离散型随机变量 X 取可列无穷多个值,由分布律的性质:

$$\sum_{k=1}^{+\infty} P(X=k)=1,$$

即

$$\sum_{k=1}^{+\infty} \frac{b}{k(k+1)}=1,$$

由

$$\frac{1}{k(k+1)}=\frac{1}{k}-\frac{1}{k+1},$$

得

$$\sum_{k=1}^{+\infty} \frac{b}{k(k+1)}=b\sum_{k=1}^{+\infty}\left(\frac{1}{k}-\frac{1}{k+1}\right)$$

$$= b\left(1 - \frac{1}{2} + \frac{1}{2} - \frac{1}{3} + \frac{1}{3} - \cdots\right) = b,$$

因此　　$b=1.$

例 3　某人向同一目标独立射击,每次命中率为 p,不中的概率为 $q=1-p$,他共有 5 发子弹,一次接一次射击,直到命中一次为止,或直至 5 发子弹用完为止.用 X 表示命中一次时已射击的次数,试写出 X 的分布律.

解　易知 X 的取值为:1,2,3,4,5,

"$X=1$",即一次就打中,故 $P(X=1)=p,$

"$X=2$",即第一次没有打中,第二次打中,因此 $P(X=2)=qp,$

"$X=3$",是第一、第二两次都没有打中,第三次打中,$P(X=3)=q^2p,$

同理,$P(X=4)=q^3p,$

"$X=5$"包含两种情形:前四次没有打中,最后一次打中,或五次都没有打中,则 $P(X=5)=q^4p+q^5,$

得 X 的分布律为:

X	1	2	3	4	5
p_i	p	qp	q^2p	q^3p	q^4p+q^5

说　明

我们引入随机变量概念的目的是为了更方便地深入地研究随机试验,揭示客观存在的统计规律性.我们将随机试验的结果数量化,以便利用已经掌握的其他数学工具来研究随机试验.

所谓"可列无穷多",一是无穷多,如 $\{1,2,3,\cdots\}$ 和区间 $(74,76)$ 中的值都是无穷多个;二是可列,在 $\{1,2,3,\cdots\}$ 中的值可以按一定的规律把它们一个一个地列出来,而区间 $(74,76)$ 中的值是不可列的,事实上 L 是一个连续型随机变量.

分布律是离散型随机变量的取值和对应概率的一种描述方法,它简明地反映了离散型随机变量的取值和对应概率的分布规律.

对于实际问题中引进的随机变量,首先要明确它是否是离散型,若是,则分析它的全体可能取值,再用适当的方法求各个值对应的概率.

在第一章讨论的等可能概率问题,实际上是离散型随机变量的特殊情形,分布律中 $p_i(i=1,2,\cdots)$ 都是相等的.如丢一颗均匀的骰子,用 X 表示点数,其分布律为:

X	1	2	3	4	5	6
p_i	$\frac{1}{6}$	$\frac{1}{6}$	$\frac{1}{6}$	$\frac{1}{6}$	$\frac{1}{6}$	$\frac{1}{6}$

　　对随机变量的讨论中,应注意与第一章的知识(如概率的性质、等可能概率、条件概率、全概率公式等)相结合,去解决一些较复杂的问题.

习题 2.1(A)

1. 试写出下列离散型随机变量的分布律:

   (1) 从一副扑克牌(52 张)中随机地取 4 张,用 X 表示取到的红桃的张数;

   (2) 一盒中有编号为 $1,2,3,4,5$ 的 5 个球,从中随机地取 3 个,用 X 表示取出的 3 个球中的最大号码;

   (3) 某射手有 5 发子弹,每次命中率是 0.4,一次接一次地独立射击,直到命中为止或子弹用尽为止,用 X 表示射击的次数;

   (4) 一颗均匀的骰子,一次接一次地丢,直到出现一次 6 点为止,用 X 表示丢的次数;若是直到出现两次 6 点为止呢?

2. 离散型随机变量 X 的分布律为:$P(X=k)=\dfrac{a}{n}$,$k=1,2,3,\cdots,n$,确定常数 a.

3. 设随机变量 X 的分布律为:

X	0	1
p_i	$9c^2-c$	$3-8c$

,试定常数 c.

4. 离散型随机变量 X 的分布律为:$P(X=k)=\dfrac{k}{15}$,$k=1,2,3,4,5$,试求:

   (1) $P(X=1\bigcup X=2)$;　(2) $P(0.5<X<3.5\,)$;　(3) $P(1\leqslant X<2)$;

   (4) $P(X\leqslant 0)$;　(5) $P(X\leqslant 2)$;　(6) $P(X\leqslant 6)$.

习题 2.1(B)

1. 一均匀的骰子掷两次,用 X 表示两次中最大的点数,试求 X 的分布律.

2. 盒中有四个标号分别为 $1,2,3,4$ 的球,从中随机地取两次,每次取一个球,用 X 表示两球标号之和,分别写出下列两种情况下 X 的分布律:(1) 不放回;(2) 放回.

3. 3 个不同的球,随机地丢入编号为 $1,2,3,4$ 的盒中,X 表示有球的盒的最小号码,求 X 的分布律.

4. 在汽车经过的路上有 4 个交叉路口,在每个交叉路口遇上红灯的概率都是 p,设各路口红绿灯是相互独立的,求当汽车停止前进时,已通过的路口数 X 的分布律.

5. 离散型随机变量 X 的分布律为:$P(X=k)=a\dfrac{\lambda^k}{k!}$,$k=0,1,2,\cdots,\lambda>0$ 为常数,求 a 的值.

6. 随机变量 X 的分布律为:

X	1	2	3	4
p_i	0.1	0.2	0.3	0.4

,已知 $X<4$ 的条件下求 $X>1$ 的概率.

7. 盒中有 5 个球,其中有 X 个红球,X 的分布律为 $P(X=k)=\dfrac{k}{15}$,$k=0,1,2,3,4,5$,从盒中随机地取 3 个球,(1) 求正好取到一个红球的概率;(2) 若已知正好取到一个红球,求盒中有 3 个红球的概率.

§2.2 0-1 分布和泊松分布

上一节,我们提出了离散型随机变量的概念.离散型随机变量很多,在实际问题中,有几种常见的重要的离散型,它们是 0-1 分布、泊松分布和贝努里分布.本节讨论前两种.

一、0-1 分布(二点分布)

只取两个值的随机变量,称为二点分布,一般取 0 和 1,称为 0-1 分布,其分布律为:

X	0	1
p_i	q	p

其中 $p \geqslant 0, q \geqslant 0, p + q = 1$.

在实际问题中,0-1 分布是最基本的离散型随机变量.如某种试验,"成功"的概率为 p,"不成功"的概率为 q,设:

$$X = \begin{cases} 1 & \text{当试验成功时} \\ 0 & \text{当试验不成功时} \end{cases},$$

则 X 是 0-1 分布.

例如,丢一颗均匀的骰子,设:

$$X = \begin{cases} 1 & \text{若出现 6 点} \\ 0 & \text{若不是 6 点} \end{cases},$$

则有

X	0	1
p_i	5/6	1/6

二、泊松分布

随机变量 X 服从分布参数为 λ 的泊松分布,表示为 $X \sim \pi(\lambda)$,其分布律为:

$$P(X = k) = \frac{\lambda^k}{k!} e^{-\lambda}, \ k = 0, 1, 2, \cdots.$$

产生泊松分布的客观背景是:

单位"时间"内需要"服务"的"顾客"数,并假设在不相重叠的"时间"区间内需要"服务"的"顾客"数相互独立.这里所指的"时间"、"服务"、"顾客"都是广义的概念.如:单位时间内,某种商品的销售量;单位时间内,访问某个网站的人数;单位长度内,某棉纱的疵点数.所以,泊松分布在经济、管理、自然科学领域都是十分重要的.

由"微积分"课程中函数 $f(x) = e^x$ 的幂级数展开式

$$e^x = \sum_{k=0}^{+\infty} \frac{x^k}{k!}$$

可知：
$$\sum_{k=0}^{+\infty} P(X=k) = \sum_{k=0}^{+\infty} \frac{\lambda^k}{k!} e^{-\lambda} = e^{-\lambda} \sum_{k=0}^{+\infty} \frac{\lambda^k}{k!} = e^{-\lambda} e^{\lambda} = 1,$$
即泊松分布概率之和为 1.

例 1　商店某种商品日销售量 $X \sim \pi(5)$（单位：件），试求下列事件的概率：
(1) 日销至少 1 件；(2) 日销超过 1 件；(3) 日销正好 1 件.

解　(1)"日销至少 1 件"的概率为：
$$P(X \geqslant 1) = \sum_{k=1}^{+\infty} \frac{5^k}{k!} e^{-5} = 0.993262,$$
或　　$P(X \geqslant 1) = 1 - P(X=0) = 1 - e^{-5}.$

(2)"日销超过 1 件"的概率为：
$$P(X > 1) = P(X \geqslant 2) = \sum_{k=2}^{+\infty} \frac{5^k}{k!} e^{-5} = 0.959572.$$

(3)"日销正好 1 件"的概率为：
$$P(X=1) = P(X \geqslant 1) - P(X \geqslant 2)$$
$$= 0.993262 - 0.959572 = 0.03369,$$
或　　$P(X=1) = 5e^{-5}.$

$P(X \geqslant 1)$ 和 $P(X \geqslant 2)$ 的值可从附表 2 中查得. 附表 2 中列出了分布参数 $\lambda = 0.1$ 到 $\lambda = 5.0$ 之间的 21 个值，左列是 k 值，表中是对应的 λ 下概率 $P(X \geqslant k)$ 的值（注意是"$\geqslant$"）. 更详细的表格可查有关的资料，也可以由计算机软件直接计算.

例 2　设 $X \sim \pi(\lambda)$，已知 $P(X=1) = P(X=2)$，求 $P(X=3)$.

解　λ 未知，需先求 λ.
$$P(X=1) = \frac{\lambda}{1!} e^{-\lambda} = \lambda e^{-\lambda},$$
$$P(X=2) = \frac{\lambda^2}{2!} e^{-\lambda} = \frac{1}{2} \lambda^2 e^{-\lambda},$$
$$P(X=1) = P(X=2), \quad 即 \quad \lambda e^{-\lambda} = \frac{1}{2} \lambda^2 e^{-\lambda} \Rightarrow \lambda = 2,$$
则　　$P(X=3) = \frac{2^3}{3!} e^{-2} = \frac{4}{3} e^{-2}.$

例 3　设随机变量 X 有分布律：$\begin{array}{c|cc} X & 1 & 2 \\ \hline p_i & 0.5 & 0.5 \end{array}$，当 $X=x$ 时，随机变量 $Y \sim \pi(x)$，(1) 试求 $P(Y \geqslant 1)$；(2) 若已知 $Y \geqslant 1$，试求 $X=1$ 的概率.

解　由题意，
当 $X=1$ 时，$Y \sim \pi(1)$，
$$P(Y \geqslant 1 | X=1) = 1 - P(Y=0 | X=1) = 1 - e^{-1};$$
当 $X=2$ 时，$Y \sim \pi(2)$，

$$P(Y \geqslant 1 | X=2)=1-P(Y=0 | X=2)=1-e^{-2}.$$

（1）由全概率公式：

$$P(Y \geqslant 1)=P(X=1) \cdot P(Y \geqslant 1 | X=1)+P(X=2) \cdot P(Y \geqslant 1 | X=2)$$
$$=0.5 \times(1-e^{-1})+0.5 \times(1-e^{-2})$$
$$=1-0.5(e^{-1}+e^{-2});$$

（2）由贝叶斯公式：

$$P(X=1 | Y \geqslant 1)=\frac{P(X=1, Y \geqslant 1)}{P(Y \geqslant 1)}=\frac{0.5(1-e^{-1})}{1-0.5(e^{-1}+e^{-2})}.$$

例 4 $X \sim \pi(\lambda), Y \sim \pi(\lambda)$，设 $A=(X \geqslant 1), B=(Y \geqslant 1), A$ 与 B 相互独立，已知 $P(A \bigcup B)=1-e^{-4}$，求 λ 的值.

解 由泊松分布：$P(A)=P(B)=1-e^{-\lambda}$.

由概率的性质和独立性：

$$1-e^{-4}=P(A \bigcup B)=P(A)+P(B)-P(A)P(B)$$
$$=1-e^{-\lambda}+1-e^{-\lambda}-(1-e^{-\lambda})(1-e^{-\lambda})=1-e^{-2\lambda},$$

得 $\lambda=2$.

说　明

0-1 分布比较简单，但十分重要，以后会经常用到.

对泊松分布，我们既要掌握其概率的计算方法，更要理解其客观背景，这样，才能正确识别实际问题是否服从泊松分布，分布参数 λ 是什么.

很重要的一点是把随机变量的取值，如"$X=1$"和"$X \geqslant 1$"等，看成是随机事件 A, B 等，这样，在第 1 章讨论的随机事件的运算、概率的性质、条件概率、乘法公式、全概率公式、贝叶斯公式等，都可以用来研究随机变量. 如 $P(X \geqslant 1)=1-P(X<1)$ 就是概率的性质的应用.

习题 2.2（A）

1. 某程控交换机在一分钟内接到用户的呼叫次数 X 服从 $\lambda=4$ 的泊松分布，求：
   （1）每分钟恰有 1 次呼叫的概率；（2）每分钟至少有 1 次呼叫的概率；
   （3）每分钟最多有 1 次呼叫的概率.

2. 每年袭击某地的台风次数 X 服从 $\lambda=5$ 的泊松分布，求：
   （1）该地一年中受台风袭击的次数是 5 的概率；
   （2）该地一年中受台风袭击的次数在 5 到 7 之间的概率.

3. 某地"110"在 t 小时中接到报警的次数 X 服从 $\lambda=t/8$ 的泊松分布，求：
   （1）该地在 8 小时内正好接到 1 次报警的概率；
   （2）该地在 24 小时内至少接到 1 次报警的概率.

习题 2. 2(B)

1. 设某商店某种商品每月的销售量 X 服从 $\lambda=3$(单位)的泊松分布,问在月初必须进货多少单位,才能保证当月不脱销的概率为 0.9989.

2. 设某商店某种商品每月的销售量 X 服从 $\lambda=1$(单位)的泊松分布,未到月底,销售量已有 1 个单位,问到月底销售量能超过 2 个单位的概率.

3. 设随机变量 X 有分布律:$\begin{array}{c|cc} X & 2 & 3 \\ \hline p_i & 0.4 & 0.6 \end{array}$,当 $X=x$ 时,$Y\sim\pi(x)$,(1) 求 $P(X=2,Y\leqslant 2)$;(2) 求 $P(Y\leqslant 2)$;(3) 已知 $Y\leqslant 2$,求 $X=2$ 的概率.

4. 设一个人在一年中患感冒的次数服从 $\lambda=5$ 的泊松分布,一种旨在提高免疫力的抗感冒新药,经临床试验,对 75% 的人可将上述参数减小为 $\lambda=3$,而对另 25% 的人是无效的,若某人服用该药后,一年中只患了 2 次感冒,问此药对他有效的概率.

§2.3　贝努里分布

在上一节,我们讨论了两种常见的离散型随机变量:0-1 分布和泊松分布.本节讨论第三种常见的离散型随机变量:贝努里分布.

首先说明两种随机试验:

独立重复试验——某随机试验独立地重复进行 n 次;

贝努里试验——两种可能结果的随机试验,独立重复进行 n 次(称为 n 重贝努里试验).

贝努里分布的随机变量是在贝努里试验中产生的随机变量.

例 1　一枚硬币出现正面的概率为 p,出现反面的概率为 $q=1-p$,连丢 5 次,用 X 表示 5 次中正面的次数,求 $P(X=2)$.

解　$X=2$ 即 5 次中有 2 次正面,具体地说,包含下面各种可能结果,分别用 $A_1,A_2,\cdots$ 表示:

$$\begin{array}{ccccc} 正 & 正 & 反 & 反 & 反——A_1 \\ 正 & 反 & 正 & 反 & 反——A_2 \\ 正 & 反 & 反 & 正 & 反——A_3 \end{array}$$

……

易知这样的 A_i 共有 C_5^2 个,于是由 $A_1,A_2,A_3,\cdots$ 的互不相容性:

$$P(X=2)=P(A_1\bigcup A_2\bigcup A_3\bigcup\cdots)$$
$$=P(A_1)+P(A_2)+P(A_3)+\cdots,$$

由独立性

$$P(A_1)=P(正,正,反,反,反)$$

$$=P(\text{正})\cdot P(\text{正})\cdot P(\text{反})\cdot P(\text{反})\cdot P(\text{反})=p^2q^3,$$

同理　　　$P(A_2)=(\text{正},\text{反},\text{正},\text{反},\text{反})$

$$=P(\text{正})\cdot P(\text{反})\cdot P(\text{正})\cdot P(\text{反})\cdot P(\text{反})=p^2q^3,$$

$$P(A_3)=P(A_4)=\cdots=p^2q^3,$$

则　　　$P(X=2)=P(A_1)+P(A_2)+\cdots=C_5^2p^2q^3.$

类似地　$P(X=3)=C_5^3p^3q^{5-3}=C_5^3p^3q^2.$

X 的分布律为

X	0	1	2	3	4	5
p_i	$C_5^0p^0q^5$	$C_5^1pq^4$	$C_5^2p^2q^3$	$C_5^3p^3q^2$	$C_5^4p^4q$	$C_5^5p^5q^0$

或简写为：$P(X=k)=C_5^kp^kq^{5-k}$, 　$k=0,1,2,3,4,5$,

称 X 服从贝努里分布,记为 $X\sim B(5,p)$.

　　一般地,设某试验"成功"的概率是 p,"不成功"的概率是 $q=1-p$,独立重复进行 n 次,用 X 表示 n 次中"成功"的次数,则称 X 服从贝努里分布,记为：

$$X\sim B(n,p)　　(n,\ p\ \text{为分布参数}).$$

　　其概率分布律为

X	0	1	$\cdots$	k	$\cdots$	n
p_i	$C_n^0p^0q^n$	$C_n^1p^1q^{n-1}$	$\cdots$	$C_n^kp^kq^{n-k}$	$\cdots$	$C_n^np^nq^0$

或简写为：$P(X=k)=C_n^kp^kq^{n-k}$, 　$k=0,1,2,\cdots,n$.

　　考虑二项式定理：

$$(p+q)^n=C_n^0p^0q^n+C_n^1pq^{n-1}+\cdots+C_n^np^nq^0=1,$$

故贝努里分布的概率之和为 1,其中每一项正好是二项式定理展开式的项,所以,贝努里分布也称为二项分布.

　　例 2　某人打靶"中"的概率为 0.8,连打 10 次,求：(1) 正好命中 5 次的概率；(2) 至少命中 1 次的概率；(3) 最多命中 9 次的概率.

　　解　设 X 表示"中"的次数,由二项分布的意义,$X\sim B(10,0.8)$,则

(1) $P(X=5)=C_{10}^5\times 0.8^5\times(1-0.8)^5\approx 0.0264$；

(2) $P(X\geqslant 1)=1-P(X=0)=1-C_{10}^0\times 0.8^0\times(1-0.8)^{10}$

$$=1-(1-0.8)^{10}\approx 1；$$

(3) $P(X\leqslant 9)=1-P(X=10)=1-C_{10}^{10}\times 0.8^0\times(1-0.8)^0$

$$=1-0.8^{10}\approx 0.8926.$$

　　　　说　明

二项分布是最重要的离散型随机变量,应用时一定要注意它的客观背景：在

一次试验中,随机事件 A 发生的概率是 p,A 不发生的概率是 $q=1-p$,独立重复试验 n 次,A 发生的次数 X 就是二项分布:$X\sim B(n,p)$.

例如,一颗均匀的骰子,连丢 10 次,求出现 2 次 6 点的概率.虽然,丢一颗均匀的骰子,有 6 种可能结果,但我们关心的是"6 点",还是"非 6 点",所以每次试验是两种可能结果,用 X 表示 10 次中"6 点"发生的次数,则

$$X\sim B(10,1/6),$$

$$P(X=2)=C_{10}^{2}\left(\frac{1}{6}\right)^{2}\left(\frac{5}{6}\right)^{8}.$$

二项分布概率的计算也很重要,应注意实际问题中分布参数 n 和 p 的值,还应注意"正好"、"至少"、"最多"等用语的意思.特别是"发生次数为 0"的概率是 $C_{n}^{0}p^{0}q^{n}$,即 q^{n};而"n 次全发生"的概率是 $C_{n}^{n}p^{n}q^{0}$,即 p^{n}.

在例 2 中,"正好命中 5 次"的概率是 0.026,也许我们会想:这个人的命中率是 0.8,水平不低,为什么这个概率这样小?事实上,正因为这个人的水平高,"打 10 次而只中 5 次"的可能性就小,进一步计算可知,

$$P(X=6)=0.088;\quad P(X=7)=0.20;$$

$$P(X=8)=0.30;\quad P(X=9)=0.27.$$

可见,在 $k=8$ 时,概率最大.这是他的水平的正常发挥,如图 2.2 所示.一般地,在 k 等于与 np 最接近的整数时,概率最大.

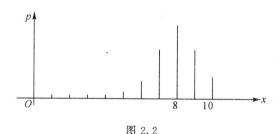

图 2.2

二项分布概率的计算是比较复杂的,在实际计算中,当 $n\geqslant20,p\leqslant0.05$ 时,可用泊松定理作近似计算.

泊松定理:$P(X=k)=C_{n}^{k}p^{k}q^{n-k}\approx\dfrac{\lambda^{k}}{k!}e^{-\lambda}$,其中 $\lambda=nk$.

定理的证明可看有关的教材.

当 n 较大时,也可以用中心极限定理作近似计算,这将在第 5 章中讨论.

习题 2.3(A)

1. 一办公室内有 5 台计算机,调查表明在任一时刻每台计算机被使用的概率为 0.6,计算机是否被使用相互独立,问在同一时刻:

(1) 恰好有 2 台计算机被使用的概率是多少?

(2) 至少有 3 台计算机被使用的概率是多少?

(3) 最多有 4 台计算机被使用的概率是多少?

(4) 至少有 1 台计算机被使用的概率是多少?

2. 一箱子中有 24 个白球和 6 个红球,采用有放回抽样方式,从箱中随机地取 4 次,每次取 1 个球,求 4 次中有 2 次取到红球的概率.

3. 某人向某一目标独立射击 3 次,已知至少命中 1 次的概率为 0.973,求正好命中 1 次的概率.

4. 设每次射击命中率为 0.2,问至少必须进行多少次独立射击,才能使至少击中一次的概率不小于 0.9?

5. 假设一台设备在一天内发生故障的概率为 0.2,若发生故障,则全天停止工作,每一天中是否发生故障相互独立.在一周 5 个工作日中若都无故障,可获利 10 万元,若有一天发生故障,仍可获利 5 万元,若有两天发生故障,则不获利,若有 3 天及 3 天以上发生故障,则亏损 2 万元,求一周内获利 Y 万元的分布律.

习题 2.3(B)

1. 甲乙两人独立地投篮,每次命中率分别为 0.6 和 0.7,现各投 3 次,求:

(1) 两人投中次数相同的概率; (2) 甲比乙投中次数多的概率.

2. 一均匀硬币,连丢 20 次,求正面次数比反面次数多的概率.

3. 设 $X \sim \pi(\lambda)$,$Y \sim B(3, 0.6)$,已知 $P(X=0) = P(Y=1)$,则 $\lambda = $ _____.

4. 每个发动机正常的概率是 p,发动机是否正常相互独立,若至少有一半发动机正常,则飞机就能正常飞行,p 为多大时,4 个发动机比 2 个发动机更可取?

5. 一房间内有 5 人,求:(1) 恰有 2 人生日在 12 月份的概率;(2) 5 个人生日都在下半年的概率.

6. 丢 3 颗均匀的骰子,求:(1) 至少有 1 颗点数为 1 的概率; (2) 当已知至少有 1 颗点数为 1 时,恰有 1 颗点数为 1 的概率.

7. 某人对飞机独立射击 3 次,每次命中率为 0.4,已知若飞机被命中 1 次,则飞机被击落的概率为 0.2,若飞机被命中 2 次,则飞机被击落的概率为 0.5,若飞机被命中 3 次,则飞机被击落的概率为 0.8,求飞机被击落的概率;若已知飞机被击落,求飞机被命中 1 次的概率.

8. 设 $X \sim \pi(3)$,对 X 进行 4 次独立观察,求最多有一次是 $X \geqslant 1$ 的概率.

§2.4 随机变量的分布函数

在前几节我们讨论了离散型随机变量,离散型随机变量用分布律描述.对离散型随机变量除求其取某个值的概率外,大多是求它在某个区间中的概率,如 $P(X \leqslant 1)$,$P(X > 2)$,$P(1 < X \leqslant 2)$ 等,它们都归结为形如 $P(X \leqslant a)$ 的计算.

对非离散型随机变量,由于其取值是不可列的,因而不能像离散型随机变量那样用分布律描述,我们通常也是考察其在某个区间内取值的概率,如 $P(X \leqslant b)$,$P(X > a)$,$P(a < X \leqslant b)$ 等,它们也都归结为形如 $P(X \leqslant a)$ 的计算.

本节讨论的随机变量的分布函数,就是根据这一点提出的.分布函数也可用来描述离散型随机变量,并为讨论非离散型随机变量(即连续型随机变量)奠定基础.

我们先看一个例子.

例 1 随机变量 X 有分布律:

X	-1	1	2
p_i	0.2	0.5	0.3

显然 $P(X \leqslant -2) = 0$,

事实上,只要 $a < -1$,就有 $P(X \leqslant a) = 0$,如图 2.3 所示;

$$P(X \leqslant 0.5) = P(X = -1) = 0.2,$$

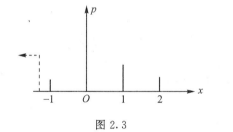

图 2.3   图 2.4

事实上,只要 $-1 \leqslant a < 1$,就有 $P(X \leqslant a) = 0.2$,如图 2.4 所示;

$$P(X \leqslant 1.5) = P(X = -1) + P(X = 1)$$
$$= 0.2 + 0.5 = 0.7,$$

事实上,只要 $1 \leqslant a < 2$,就有 $P(X \leqslant a) = 0.7$,如图 2.5 所示;

$$P(X \leqslant 3) = P(X = -1) + P(X = 1) + P(X = 2)$$
$$= 0.2 + 0.5 + 0.3 = 1,$$

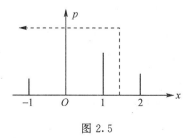 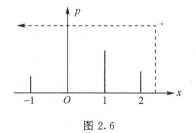

图 2.5   图 2.6

事实上,只要 $a \geqslant 2$,就有 $P(X \leqslant a) = 1$,如图 2.6 所示.

我们把上述结果综合地表示如下：

$$P(X \leqslant a) = \begin{cases} 0 & \text{当 } a < -1 \text{ 时} \\ 0.2 & \text{当 } -1 \leqslant a < 1 \text{ 时} \\ 0.7 & \text{当 } 1 \leqslant a < 2 \text{ 时} \\ 1 & \text{当 } a \geqslant 2 \text{ 时} \end{cases},$$

这就是随机变量 X 的分布函数.

一、分布函数的定义

设随机变量 X，任意实数 x，函数：

$$F(x) = P(X \leqslant x), \quad -\infty < x < +\infty$$

称为随机变量 X 的分布函数.

对上例，

$$F(x) = \begin{cases} 0 & \text{当 } x < -1 \text{ 时} \\ 0.2 & \text{当 } -1 \leqslant x < 1 \text{ 时} \\ 0.7 & \text{当 } 1 \leqslant x < 2 \text{ 时} \\ 1 & \text{当 } x \geqslant 2 \text{ 时} \end{cases},$$

由定义可知，分布函数 $F(x)$ 是随机变量 X 落在区间 $(-\infty, x]$ 上的概率：

$$F(x) = P(-\infty < X \leqslant x).$$

对任意实数 a, b，可用分布函数表示下述概率：

$$P(a < X \leqslant b) = P(X \leqslant b) - P(X \leqslant a) = F(b) - F(a);$$

$$P(X > b) = 1 - P(X \leqslant b) = 1 - F(b);$$

$$P(X \geqslant b) = 1 - F(b) + P(X = b);$$

$$P(X < a) = P(X \leqslant a) - P(X = a) = F(a) - P(X = a).$$

因此，分布函数完整地描述了随机变量的概率分布. 对离散型随机变量，它完全可以替代分布律的作用.

上例中的分布函数的图形如图 2.7 所示.

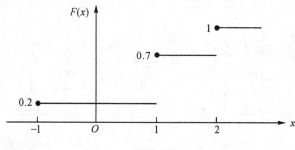

图 2.7

这是一个阶梯函数，在 $x = -1, 1$ 和 2 上分别是跳跃间断点，跳跃量分别为 0.2,0.5 和 0.3,这与分布律相对应.

二、分布函数的性质

由分布函数的定义,容易证明下列性质:

1. $F(x)$ 关于 x 单调不减,即若 $x_2 > x_1$,则 $F(x_2) \geqslant F(x_1)$.

事实上,由分布函数的定义,$F(x_2) - F(x_1) = P(x_1 < X \leqslant x_2) \geqslant 0$.

2. $0 \leqslant F(x) \leqslant 1$,且 $\lim\limits_{x \to -\infty} F(x) = 0$,$\lim\limits_{x \to +\infty} F(x) = 1$.

因为 $F(x)$ 是概率,所以 $F(x)$ 的值在区间 $[0,1]$ 内,

当 $x \to -\infty$ 时,$(-\infty < X \leqslant x)$ 是不可能事件,故 $\lim\limits_{x \to -\infty} F(x) = 0$;

当 $x \to +\infty$ 时,$(-\infty < X \leqslant x)$ 是必然事件,故 $\lim\limits_{x \to +\infty} F(x) = 1$.

3. $P(a < X \leqslant b) = P(X \leqslant b) - P(X \leqslant a) = F(b) - F(a)$.

由分布函数的定义,这一性质是显然的.

4. $F(x)$ 关于 x 是右连续函数.

所谓右连续,即 $F(x)$ 在 x_0 点的右极限:$F(x_0 + 0) = \lim\limits_{x \to x_0^+} F(x) = F(x_0)$.

例 2　随机变量 X 的分布函数是:

$$F(x) = \begin{cases} 0 & x < 1 \\ 0.4 & 1 \leqslant x < 3 \\ 1 & x \geqslant 3 \end{cases},$$

(1) 求 $P(X \leqslant 1)$,$P(2 < X \leqslant 3)$,$P(X \geqslant 3)$;　(2) 写出 X 的分布律.

解　(1) $P(X \leqslant 1) = F(1) = 0.4$,

$P(2 < X \leqslant 3) = F(3) - F(2) = 1 - 0.4 = 0.6$,

$P(X \geqslant 3) = 1 - P(X \leqslant 3) + P(X = 3) = 1 - 1 + 0.6 = 0.6$;

(2) 由分布律和分布函数的关系,得 X 的分布律为:

X	1	3
p_i	0.4	0.6

.

> **说　明**

　　分布函数是一个重要的概念,它和分布律的作用一样,可用来描述离散型随机变量.它也是定义和描述连续型随机变量的基础,后面有很多问题要用到分布函数.

　　分布函数的概念看起来很抽象,实际上具有明确的概率意义.它是一种概率:对任意一个实数 x,"$X \leqslant x$"是一个随机事件,而 $F(x)$ 就是这一事件的概率.请读者务必牢记这一点,它对我们理解和应用分布函数都很重要.

　　所谓分布,我们应该不陌生,如人口的分布:5 岁及 5 岁以下的占 10%,

10 岁及 10 岁以下的占 16%，等等，这就是人口的分布函数．我们利用这一例子就容易理解分布函数的概念和性质．

分布函数是一个难点，关键是分布函数中实数 x 的取值范围和随机变量 X 在某范围内取值的概率两者容易混淆．如在例 2 中，当 $x \geqslant 3$ 时，$F(x) = 1$，而 $P(X \geqslant 3) = 0.6$，前者是 $x \geqslant 3$，x 是小写，是一个实数，而后者是 $X \geqslant 3$，X 是大写，是一个随机变量．

分布函数是一类函数，具有性质 1 和 2 的函数是分布函数，是某个随机变量的分布函数．

在有些早期的教材或资料中，分布函数定义为：$F(x) = P(X < x)$，是"$<$"，而不是"$\leqslant$"，于是分布函数的性质 4 不是右连续，而是左连续．

习题 2.4（A）

1. 设 X 服从 0-1 分布，$P(X=1) = p$，$P(X=0) = 1 - p = q$，写出 X 的分布函数，并画出其图形．

2. 设随机变量 X 的分布函数是：$F(x) = \begin{cases} 0 & x < -1 \\ 0.5 & -1 \leqslant x < 1 \\ 1 & x \geqslant 1 \end{cases}$，

   (1) 求 $P(X \leqslant 0)$，$P(0 < X \leqslant 1)$，$P(X \geqslant 1)$；　(2) 写出 X 的分布律．

3. 盒中有 5 个球，其中 2 个红球，随机地取 2 个，用 X 表示取到的红球个数，试求 X 的分布律和分布函数．

4. 丢一颗不均匀的骰子，用 X 表示出现的点数，$P(X=k) = \dfrac{k}{21}$，$k = 1, 2, \cdots, 6$，试写出 X 的分布函数．

习题 2.4（B）

1. 设随机变量 X 的分布函数是：$F(x) = \begin{cases} \dfrac{Ax}{1+x} & x > 0 \\ 0 & x \leqslant 0 \end{cases}$，

   求 (1) 常数 A；　(2) $P(1 < X \leqslant 2)$．

2. 设随机变量 X 的分布函数是：$F(x) = \begin{cases} A + Be^{-x} & x > 0 \\ 0 & x \leqslant 0 \end{cases}$，

   求 (1) 常数 A 和 B；　(2) $P(-1 < X \leqslant 1)$．

3. 设 $F_1(x)$ 和 $F_2(x)$ 是两个随机变量的分布函数，为使 $F(x) = aF_1(x) + bF_2(x)$ 也是分布函数，则常数 a, b 满足（　　）．

   (1) $a + b = 1$　　　　　　　　(2) $a > 0, b > 0$

   (3) $a > 0, b > 0$，且 $a + b = 1$　　(4) a, b 是任意实数

§2.5 连续型随机变量

在上一节,我们讨论了随机变量的分布函数:
$$F(x)=P(X\leqslant x).$$

我们注意到,分布函数是随机变量的取值小于等于实数 x 的概率. 现在再看一个例子.

例 1 如图 2.8 所示,圆周上有 0 到 1 的均匀的刻度,指针转动后,停止的位置是等可能的. 用 X 表示指针停止时所指的刻度,容易理解以下概率:

$$P\left(X\leqslant-\frac{1}{2}\right)=0,$$

事实上,只要 $a<0$,就有 $P(X\leqslant a)=0$;

$$P(X\leqslant 2)=1,$$

事实上,只要 $a\geqslant 1$,就有 $P(X\leqslant a)=1$;

$$P(X\leqslant 0.2)=0.2,\quad P(X\leqslant 0.5)=0.5,$$

事实上,只要 $0<a\leqslant 1$,就有 $P(X\leqslant a)=a$.

于是,我们得到 X 的分布函数为:

$$F(x)=P(X\leqslant x)=\begin{cases}0 & x<0\\ x & 0\leqslant x<1\\ 1 & x\geqslant 1\end{cases},$$

对这一分布函数,有函数 $f(t)=\begin{cases}1 & \text{当 } 0<t<1 \text{ 时}\\ 0 & \text{其他}\end{cases}$,使

$$F(x)=\int_{-\infty}^{x}f(t)\mathrm{d}t.$$

我们来验证上面的结果.

当 $x<0$ 时,如图 2.9 所示,

$$F(x)=P(X\leqslant x)=\int_{-\infty}^{x}0\mathrm{d}t=0;$$

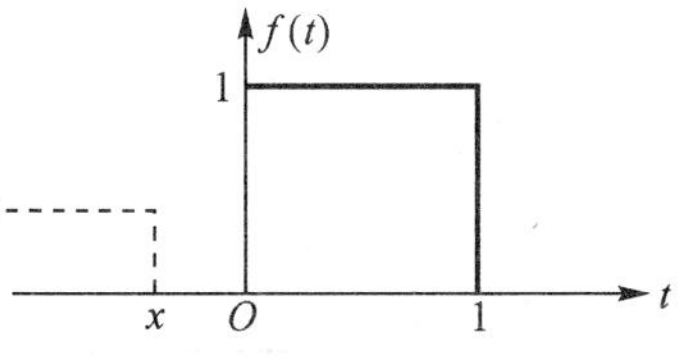

当 $0\leqslant x<1$ 时,如图 2.10 所示,

$$F(x)=P(X\leqslant x)$$

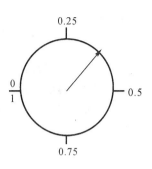

图 2.8

$$=\int_{-\infty}^{0}0\mathrm{d}t+\int_{0}^{x}1\mathrm{d}t=x;(\text{注意:这是分段函数积分})$$

当 $x\geqslant 1$ 时,如图 2.11 所示,

$$F(x)=P(X\leqslant x)=\int_{-\infty}^{0}0\mathrm{d}t+\int_{0}^{1}1\mathrm{d}t+\int_{1}^{x}0\mathrm{d}t=1.$$

图 2.9

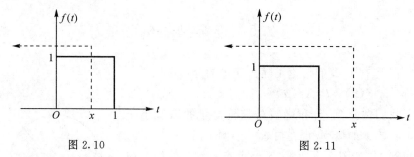

图 2.10   图 2.11

一、连续型随机变量的定义

设随机变量 X 的分布函数为 $F(x)$,若有非负可积函数 $f(t)$,使对一切实数 x 均有

$$F(x) = \int_{-\infty}^{x} f(t)\mathrm{d}t,$$

则称 X 为连续型随机变量,称 $f(x)$ 为连续型随机变量 X 的密度函数.

可见,一个连续型随机变量的分布由它的密度函数所决定,密度函数的一般图形如图 2.12 所示,而分布函数 $F(x)$ 的值是 $f(t)$ 下、$t = x$ 左边的面积,如图 2.13 所示.

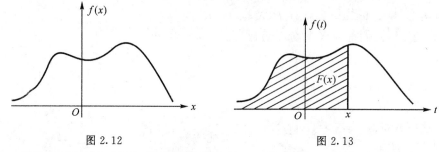

图 2.12   图 2.13

可以证明,连续型随机变量的分布函数是连续函数.

由该定义可知,在例 1 中的随机变量 X 是连续型随机变量,其密度函数的图形如图 2.9 所示,分布函数图形如图 2.14 所示.

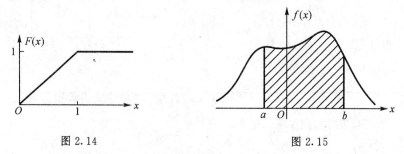

图 2.14   图 2.15

二、密度函数的性质

由连续型随机变量的定义,可以得到密度函数有如下的性质:

1. $f(x) \geqslant 0$.

2. $\int_{-\infty}^{+\infty} f(x)\mathrm{d}x = 1$.

由分布函数的概念,

$$\int_{-\infty}^{+\infty} f(x)\mathrm{d}x = \lim_{x \to +\infty} F(x) = F(+\infty) = 1.$$

3. $P(a < X \leqslant b) = \int_a^b f(x)\mathrm{d}x$.

由分布函数的概念,

$$P(a < X \leqslant b) = F(b) - F(a)$$
$$= \int_{-\infty}^{b} f(x)\mathrm{d}x - \int_{-\infty}^{a} f(x)\mathrm{d}x = \int_a^b f(x)\mathrm{d}x.$$

可见,连续型随机变量的概率是密度函数在区间 (a, b) 上的定积分,如图 2.15 所示,即用面积来衡量.

需要特别指出的是: $P(a < X \leqslant b)$ 与 $P(a \leqslant X \leqslant b)$ 只差一个"="号,其大小都是: $\int_a^b f(x)\mathrm{d}x$ (一条线的面积为 0). 由此,对连续型随机变量而言,取一个实数的概率恒等于 0,即对于连续型随机变量 X 和任意实数 a,恒有: $P(X = a) = 0$. 这是与离散型随机变量截然不同的.

4. $F'(x) = f(x)$.

由连续型随机变量的定义及"微积分"课程中关于变上限积分对上限的导数的运算,

$$F'(x) = \left[\int_{-\infty}^{x} f(t)\mathrm{d}t \right]_x' = f(x).$$

例 2　设随机变量 X 有密度函数: $f(x) = \begin{cases} \alpha \mathrm{e}^{-2x} & x \geqslant 0 \\ 0 & x < 0 \end{cases}$,求: (1) 常数 α; (2) $P(X > 1)$; (3) 分布函数 $F(x)$.

解　(1) $1 = \int_0^{+\infty} \alpha \mathrm{e}^{-2x}\mathrm{d}x = \alpha \cdot \dfrac{-1}{2}\mathrm{e}^{-2x}\Big|_0^{+\infty} = \dfrac{\alpha}{2}$,得 $\alpha = 2$;

(2) $P(X > 1) = \int_1^{+\infty} 2\mathrm{e}^{-2x}\mathrm{d}x = \mathrm{e}^{-2}$,

或　　$P(X > 1) = 1 - P(X \leqslant 1) = 1 - \int_0^1 2\mathrm{e}^{-2x}\mathrm{d}x = \mathrm{e}^{-2}$;

(3) 当 $x < 0$ 时,$F(x) = P(X \leqslant x) = \int_{-\infty}^{x} 0\mathrm{d}x = 0$,

当 $x \geqslant 0$ 时,$F(x) = P(X \leqslant x) = \int_{-\infty}^{0} 0\mathrm{d}x + \int_0^x 2\mathrm{e}^{-2t}\mathrm{d}t = 1 - \mathrm{e}^{-2x}$,

综合　　$F(x) = \begin{cases} 1 - e^{-2x} & x \geqslant 0 \\ 0 & x < 0 \end{cases}$.

例 3　设 X 的分布函数为: $F(x) = \begin{cases} 0 & x < 0 \\ \dfrac{1}{4}x^2 & 0 \leqslant x < 2 \\ 1 & x \geqslant 2 \end{cases}$, 求: (1) X 的密度函数

$f(x)$; (2) $P(-1 \leqslant X \leqslant 1)$.

解　(1) $f(x) = F'(x) = \begin{cases} \dfrac{1}{2}x & 0 \leqslant x < 2 \\ 0 & \text{其他} \end{cases}$;

(2) $P(-1 \leqslant X \leqslant 1) = \displaystyle\int_{-1}^{0} 0 \, dx + \int_{0}^{1} \frac{1}{2} x \, dx = \frac{1}{4}$,

或　　　　$P(-1 \leqslant X \leqslant 1) = F(1) - F(-1) = \dfrac{1}{4} \times 1^2 - 0 = \dfrac{1}{4}$.

说　明

读者对连续型随机变量的定义方式也许不很习惯,重要的是连续型随机变量的概率分布可以用分布函数或密度函数描述.应注意分布函数和密度函数之间的关系.

连续型随机变量的"连续",可以理解为随机变量在某一区间上连续地取值,且它的分布函数是连续函数(不仅是右连续,也是左连续).

连续型随机变量的概率可以用分布函数计算,也可以用密度函数计算,密度函数大多是分段函数,因此,利用密度函数积分求概率,大多是分段函数积分.

分布函数的导数是密度函数,而分布函数大多也是分段函数,分段函数在分段点上的导数是一个较复杂的问题,但对于连续型随机变量,取一个点的概率是 0.一般来说,密度函数的分段点的值并不十分重要,如例 3 中的密度函数也可以写为:

$$f(x) = \begin{cases} \dfrac{1}{2}x & 0 < x < 2 \\ 0 & \text{其他} \end{cases}.$$

考察连续型随机变量在区间 $(x, x + \Delta x)$ 上的概率:

$$P(x < X \leqslant x + \Delta x) = F(x + \Delta x) - F(x) = \int_{x}^{x + \Delta x} f(t) \, dt$$
$$= f(x_0) \Delta x, \quad x \leqslant x_0 \leqslant x + \Delta x.$$

最后一式由积分中值定理得到.

这反映了密度函数的概率意义,即连续型随机变量的密度函数 $f(x)$ 的值反

映了随机变量取 x 邻近值的概率大小. 可见, 密度函数与离散型随机变量分布律的作用相似.

对连续型随机变量 X 和实数 a, $P(X=a)=0$, 但事件 "$X=a$" 并不是不可能事件, 这一点必须注意.

例　若 $P(A-B)=0$, 则正确的是(　　).

(1) $A=B$　(2) $A \supset B$　(3) $A \subset B$　(4) 以上都可能.

应选(4), 有可能是 $A=B$, 也可能是 $A \supset B$ 或 $A \subset B$.

如连续型随机变量 X 在 $(0,1)$ 区间上取值,

设 $A=B=(0<X<\dfrac{1}{2})$, 则 $P(A-B)=P(\varnothing)=0$;

若设 $A=(0<X<\dfrac{1}{2})$, $B=(0<X\leqslant\dfrac{1}{2})$, 则

$$A \subset B, P(A-B)=P(\varnothing)=0;$$

若设 $A=(0<X\leqslant\dfrac{1}{2})$, $B=(0<X<\dfrac{1}{2})$, 则

$$A \supset B, P(A-B)=P(X=\dfrac{1}{2})=0.$$

密度函数是一类函数, 只要满足 $f(x) \geqslant 0$ 和 $\displaystyle\int_{-\infty}^{+\infty} f(x)\mathrm{d}x = 1$ 两个条件的函数 $f(x)$, 都是某连续型随机变量的密度函数, 如:

$$f(x)=\frac{1}{\pi(1+x^2)}, \quad -\infty<x<+\infty;$$

$$f(x)=\frac{1}{2}\mathrm{e}^{-|x|}, \quad -\infty<x<+\infty.$$

连续型随机变量的取值, 如 "$x \geqslant a$" 等, 都是随机事件, 因此要注意概率的定义和性质、条件概率与乘法公式、全概率公式、贝叶斯公式、独立性等在讨论连续型随机变量时的应用.

习题 2.5 (A)

1. 设连续型随机变量 X 的密度函数为: $f(x)=\begin{cases} kx & 0<x<1 \\ 0 & \text{其他} \end{cases}$,

　(1) 求常数 k 的值;　(2) 求 X 的分布函数 $F(x)$, 画出 $F(x)$ 的图形;

　(3) 用两种方法计算 $P(-0.5<X<0.5)$.

2. 设连续型随机变量 X 的密度函数为: $f(x)=\begin{cases} x & 0 \leqslant x<1 \\ 2-x & 1 \leqslant x<2 \\ 0 & \text{其他} \end{cases}$,

　(1) 求 X 的分布函数 $F(x)$, 画出 $F(x)$ 的图形;

　(2) 用两种方法计算 $P(0.5<X<1.5)$.

3. 设连续型随机变量 X 的分布函数为：$F(x)=\begin{cases}0 & x<1 \\ \ln x & 1\leqslant x<\mathrm{e} \\ 1 & x\geqslant\mathrm{e}\end{cases}$，

（1）求 X 的密度函数 $f(x)$，画出 $f(x)$ 的图形；

（2）用两种方法计算 $P(X>2)$.

4. 某城市每天的用电量（单位：百万千瓦小时）是随机变量 X，其密度函数是：

$$f(x)=\begin{cases}12x(1-x)^2 & 0<x<1 \\ 0 & \text{其他}\end{cases},$$

如果该城市的日供电量是 80 万千瓦小时，则一天供电量不能满足需要的概率是多大？若日供电量提高到 90 万千瓦小时，这一概率又是多大？

5. 设 X 的密度函数为 $f(x)=\begin{cases}\sin x & a<x<b \\ 0 & \text{其他}\end{cases}$，

则区间 (a,b) 可取为：(1) $(0,\dfrac{\pi}{4})$；　(2) $(0,\dfrac{\pi}{2})$；　(3) $(0,\pi)$；　(4) $(0,\dfrac{3\pi}{2})$.

6. 设随机变量 X 的分布函数为：$F(x)=A+B\arctan x$，$-\infty<x<+\infty$，求

（1）常数 A 和 B；（2）X 落在区间 $(-1,1)$ 内的概率；（3）X 的密度函数.

习题 2.5（B）

1. 设 X 的分布函数为：

$$F(x)=\begin{cases}0 & x<0 \\ A\sin x & 0\leqslant x<\dfrac{\pi}{2} \\ 1 & x\geqslant\dfrac{\pi}{2}\end{cases},$$

则 $A=$ _____，$P(|X|<\dfrac{\pi}{6})=$ _____.

2. 设 X 的密度函数是 $f(x)$，有 $f(-x)=f(x)$，$F(x)$ 为分布函数，对任意实数 a，正确的是（　　）.

(1) $F(-a)=F(a)$　　　　　　　(2) $F(-a)=2F(a)-1$

(3) $F(-a)=1-\displaystyle\int_0^a f(x)\mathrm{d}x$　　(4) $F(-a)=\dfrac{1}{2}-\displaystyle\int_0^a f(x)\mathrm{d}x$

3. 设 X 的密度函数为：$f(x)=\begin{cases}2x & 0<x<1 \\ 0 & \text{其他}\end{cases}$，

对随机变量 X 进行 3 次独立观察，求至少有一次是"$X>0.5$"的概率.

4. 随机变量 X 与 Y 有相同的密度函数：$f(x)=\begin{cases}\dfrac{3}{8}x^2 & 0<x<2 \\ 0 & \text{其他}\end{cases}$，

设 $A=(X\geqslant a)$，$B=(Y\geqslant a)$，且 A,B 相互独立，$P(A\cup B)=\dfrac{3}{4}$，求 a 的值.

5. 设某种元件的寿命 X（以小时计）具有密度函数：$f(x)=\begin{cases}\dfrac{1000}{x^2} & x>1000 \\ 0 & \text{其他}\end{cases}$，

(1) 任取 1 个元件,求其寿命大于 1500 小时的概率;

(2) 任取 3 个元件,求正好有 1 个元件寿命大于 1500 小时的概率;

(3) 已知 1 个元件使用到 1500 小时时,还未损坏,求能再使用 500 小时的概率.

6. 设 $f_1(x)$ 和 $f_2(x)$ 是两个随机变量的密度函数,为使 $f(x)=af_1(x)+bf_2(x)$ 也是密度函数,则常数 a,b 满足(　　).

(1) $a+b=1$　　　　　　　　(2) $a>0,b>0$

(3) $a>0,b>0$,且 $a+b=1$　　　(4) a,b 可以是任意实数

§2.6　均匀分布和指数分布

在上一节,我们讨论了连续型随机变量.连续型随机变量可用分布函数或密度函数描述.连续型随机变量的种类很多,下面将介绍几种常见的重要的连续型随机变量,主要有:均匀分布、指数分布和正态分布.

一、均匀分布

例 1　某汽车站到某地的长途班车是每整点发车,某人事先并不知道发车的时刻表,他在 8:00 到 9:00 之间随机地到达车站,试问他候车的时间超过 15 分钟的概率.

在这里,"8:00 到 9:00 之间随机地到达车站"具有下述意义的等可能性:他在区间 $(0,60)$ 中任意等长度的子区间内到达的可能性是相同的,也即他在某个子区间内到达的概率与子区间的长度成正比,而与子区间的位置无关.

"候车的时间超过 15 分钟"即他是在 $(0,45)$ 内到达,因此,候车的时间超过 15 分钟的概率为: $\dfrac{45-0}{60-0}=\dfrac{3}{4}$.

定义　设连续型随机变量 X 具有密度函数

$$f(x)=\begin{cases}\dfrac{1}{b-a} & a<x<b \\ 0 & 其他\end{cases},$$

则称 X 在区间 (a,b) 上服从均匀分布,记为: $X\sim U(a,b)$.

在例 1 中,设到达车站的时刻为 X,则 X 在区间 $(0,60)$ 上服从均匀分布,即 $X\sim U(0,60)$,其密度函数为

$$f(x)=\begin{cases}\dfrac{1}{60} & 0<x<60 \\ 0 & 其他\end{cases},$$

则候车的时间超过 15 分钟的概率为:

$$P(0<X<45)=\int_0^{45}\frac{1}{60}\mathrm{d}x=\frac{3}{4}.$$

由分布函数的定义,在区间(a,b)上服从均匀分布的随机变量X的分布函数是:

$$F(x)=\begin{cases} 0 & x<a \\ \dfrac{x-a}{b-a} & a\leqslant x<b, \\ 1 & x\geqslant b \end{cases}$$

密度函数和分布函数的图形分别如图 2.16 和图 2.17 所示.

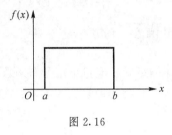

图 2.16

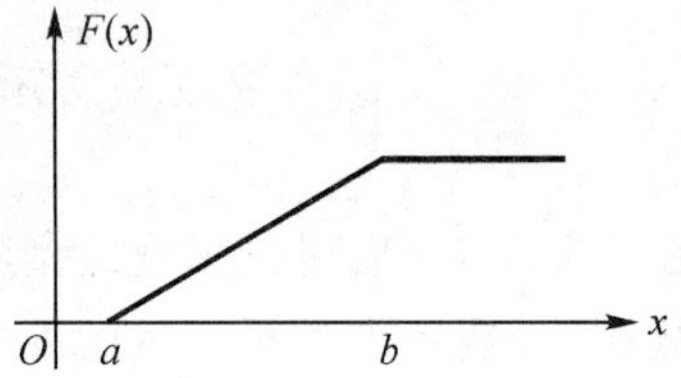

图 2.17

二、指数分布

设连续型随机变量 X 具有密度函数

$$f(x)=\begin{cases} \alpha e^{-\alpha x} & x\geqslant 0, \\ 0 & x<0 \end{cases}$$

则称 X 服从参数为 α 的指数分布,其分布函数为:

$$F(x)=\begin{cases} 1-e^{-\alpha x} & x\geqslant 0 \\ 0 & x<0 \end{cases}.$$

$f(x)$ 和 $F(x)$ 的图形分别如图 2.18 和图 2.19 所示.

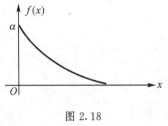

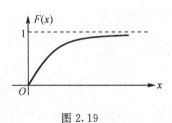

图 2.18

图 2.19

指数分布在实际中有广泛的应用,有许多种"寿命",如电子元件的寿命,动物的寿命,以及电话的通话时间,服务系统的服务时间等,都是指数分布.

例 2 设某电子元件的寿命 X 服从参数为 $\alpha=0.01$ 的指数分布,试求:(1)寿命小于 100 小时的概率;(2)寿命超过 200 小时的概率;(3)寿命在 100 到200小时之间的概率.

解 X 的密度函数为:

$$f(x)=\begin{cases}0.01\mathrm{e}^{-0.01x} & x\geqslant0,\\0 & x<0\end{cases},$$

(1) $P(X<100)=\displaystyle\int_{0}^{100}0.01\mathrm{e}^{-0.01x}\mathrm{d}x=1-\mathrm{e}^{-1}$;

(2) $P(X>200)=\displaystyle\int_{200}^{+\infty}0.01\mathrm{e}^{-0.01x}\mathrm{d}x=\mathrm{e}^{-2}$;

(3) $P(100<X<200)=\displaystyle\int_{100}^{200}0.01\mathrm{e}^{-0.01x}\mathrm{d}x=\mathrm{e}^{-1}-\mathrm{e}^{-2}$.

也可用分布函数计算如下.

X 的分布函数为:

$$F(x)=\begin{cases}1-\mathrm{e}^{-0.01x} & x\geqslant0,\\0 & x<0\end{cases},$$

(1) $P(X<100)=F(100)=1-\mathrm{e}^{-1}$;

(2) $P(X>200)=1-F(200)=\mathrm{e}^{-2}$;

(3) $P(100<X<200)=F(200)-F(100)=\mathrm{e}^{-1}-\mathrm{e}^{-2}$.

例 3　设某电子元件的寿命 X 服从参数为 $\alpha=0.01$ 的指数分布,随机地取一个元件作寿命试验,已知到 100 小时时,元件还未损坏,求再过 100 小时元件仍未损坏的概率.

解　由题意,需要求的是条件概率. 由条件概率公式:

$$P(A|B)=\frac{P(AB)}{P(B)}.$$

$$P(X\geqslant200|X\geqslant100)=\frac{P(X\geqslant200,X\geqslant100)}{P(X\geqslant100)}$$

$$=\frac{P(X\geqslant200)}{P(X\geqslant100)}=\frac{\mathrm{e}^{-2}}{\mathrm{e}^{-1}}=\mathrm{e}^{-1}.$$

说　明

均匀分布和指数分布是很重要的随机变量,应掌握它们的密度函数和分布函数,以及概率的计算.

事实上,均匀分布是等可能概率问题推广到样本空间有无穷多个样本点的情形,是一类称为"几何概率"的概率问题.

均匀分布有广泛的应用,特别是区间$(0,1)$上的均匀分布. 由计算机通过程序产生的随机数,其理论基础是$(0,1)$上的均匀分布,一般用乘同余方法产生,但由于计算机的有效位数的限制,由计算机通过程序产生的随机数,并不是理论上的$(0,1)$区间上的均匀分布,因而称为伪随机数. 从伪随机数出发,利用不同的方法,又可以产生诸如(a,b)区间上的均匀分布、二项分布、泊松分布等各种随机变量,因此,由计算机通过程序产生的(0,1)区间上的随机数在随机模拟、仿真、人工智能,甚至彩票、游戏等方面都十分重要.顺便指出,目前由各种计算机语言给出的随机函数产生的随机数,在随机性、均匀性、周期性等方面均不能令人满意,在要求较高的场合,必须自行编写程序,产生随机数.

习题 2.6(A)

1. 设随机变量 $X \sim U(0,1)$,试写出 X 的密度函数和分布函数.

2. 设随机变量 K 在区间 $(0,5)$ 上服从均匀分布,求关于 x 的二次方程:
$$4x^2 + 4Kx + K + 2 = 0$$
有实根的概率.

3. 在区间 $(0,2)$ 上等可能地取一个实数,该实数以第一位小数四舍五入取整,用 Y 表示取整后的值,求 Y 的分布律.

4. 假设打一次电话所用时间(单位:分钟)X 服从参数为 $\alpha = 0.2$ 的指数分布,如某人刚好在你前面走进电话亭,试求你等待:(1)超过 10 分钟的概率;(2)10 分钟到 20 分钟的概率.

5. 设某电子元件的寿命 X(单位:小时)服从参数为 $\alpha = 0.001$ 的指数分布,(1)求寿命小于 1000 小时的概率;(2)求寿命超过 2000 小时的概率;(3)若随机地取两个,求第一个寿命小于 1000 小时,第二个超过 2000 小时的概率;(4)若随机地取两个,求有一个寿命小于 1000 小时,另一个超过 2000 小时的概率.

习题 2.6(B)

1. 设某种电子元件的寿命(以小时计)X 服从参数为 $\alpha = 0.1$ 的指数分布,(1)任取 1 个元件,求其寿命大于 10 小时的概率;(2)任取 3 个元件,求正好有 1 个元件寿命大于 10 小时的概率;(3)已知 1 个元件使用到 10 小时时,还未损坏,求它能再使用 10 小时的概率.

2. 设随机变量 X 服从参数为 $\alpha = 1$ 的指数分布,又设随机变量 Y 为:$Y = \begin{cases} 1 & \text{若 } X \geqslant 1 \\ 0 & \text{若 } X < 1 \end{cases}$,试求 Y 的分布律.

3. 设 $X \sim U(a,b)$,$0 < a < b$,已知 $P(X>4) = \dfrac{1}{2}$,$P(3<X<4) = \dfrac{1}{4}$,求 (1) X 的密度函数 $f(x)$;(2) $P(0<X<3)$.

4. 设随机变量 X 的分布律为:

X	1	2	3
p_i	$\dfrac{1}{6}$	$\dfrac{1}{3}$	$\dfrac{1}{2}$

当 $X=x$ 时,随机变量 $Y \sim U(0,x)$,(1)试求 Y 小于 0.5 的概率;(2)若已知 Y 小于 0.5,求 X 等于 1 的概率.

5. 一设备在 t 时间间隔内发生故障的次数 $N(t)$ 服从 λt 的泊松分布,(1)求两次故障间间隔时间 T 的分布;(2)求已知无故障运行 8 小时的条件下,再无故障运行 8 小时的概率.

§2.7　正态分布

在上一节,我们讨论了两种常见的连续型随机变量:均匀分布和指数分布.这一节将讨论正态分布.正态分布是所有分布中最重要的一种分布,正态分布在理论上有特殊的地位,它具有许多优良的性质;在实际中,正态分布是最常见的随机变量,如考试成绩,人的身高、体重,误差,及零件的长度等绝大多数指标都服从正态分布.即使有些非正态分布,也可以用正态分布去近似.在以后的内容中,大部分与正态分布有关,特别是在数理统计部分,将以讨论正态分布为主.

一、一般正态分布

设连续型随机变量 X 的密度函数为

$$f(x)=\frac{1}{\sqrt{2\pi}\sigma}\mathrm{e}^{-\frac{(x-\mu)^2}{2\sigma^2}}, \quad -\infty<x<+\infty,$$

其中 $\mu,\sigma(\sigma>0)$ 为常数,则称 X 服从参数为 μ,σ 的正态分布(高斯分布),记为:$X\sim N(\mu,\sigma^2)$.

图 2.20 是相同的 μ,不同的 σ^2 时,$f(x)$ 的图形,参数 μ,σ 的意义将在第 4 章中说明.

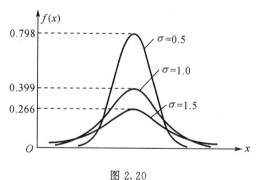

图 2.20

二、标准正态分布

当 $\mu=0,\sigma=1$,即 $X\sim N(0,1)$,称为标准正态分布,其密度函数由专用符号表示为:

$$\varphi(x)=\frac{1}{\sqrt{2\pi}}\mathrm{e}^{-\frac{x^2}{2}}, \quad -\infty<x+\infty,$$

其分布函数为 $\varPhi(x)=\displaystyle\int_{-\infty}^{x}\frac{1}{\sqrt{2\pi}}\mathrm{e}^{-\frac{t^2}{2}}\mathrm{d}t$,

即图 2.21 中阴影部分的面积.

注意到密度函数 $\varphi(x)$ 关于 y 轴是对称的,如图 2.22 所示,于是

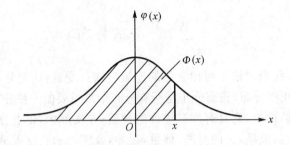

图 2.21

$$\Phi(-a)=P(X\leqslant-a)=1-P(X\leqslant a)=1-\Phi(a),$$
$$P(|X|\leqslant a)=P(-a\leqslant X\leqslant a)=P(X\leqslant a)-P(X\leqslant-a)$$
$$=\Phi(a)-[1-\Phi(a)]=2\Phi(a)-1.$$

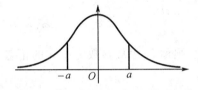

图 2.22

由于积分 $\int_{-\infty}^{x}\dfrac{1}{\sqrt{2\pi}}e^{-\frac{t^2}{2}}dt$ 不能用常规的方法计算,我们把分布函数 $\Phi(z)$ 的值编制成表格(见附表 1),标准正态分布的概率由查表得到. 如 $\Phi(1)=0.8413$, $\Phi(1.645)=0.95$ 等. 又如 $\Phi(?)=0.9750$,反过来查标准正态分布表,可得? $=$ 1.96.

三、一般正态分布概率的计算

设 $X\sim N(\mu,\sigma^2)$,密度函数为

$$f(x)=\frac{1}{\sqrt{2\pi}\sigma}e^{-\frac{(x-\mu)^2}{2\sigma^2}},$$

分布函数为 $F(x)=P(X\leqslant x)=\int_{-\infty}^{x}\dfrac{1}{\sqrt{2\pi}\sigma}e^{-\frac{(t-\mu)^2}{2\sigma^2}}dt$,

令 $\dfrac{t-\mu}{\sigma}=s$, 有 $\dfrac{1}{\sigma}dt=ds$,

$t=-\infty$ 时, $s=\dfrac{t-\mu}{\sigma}=-\infty$,

$t=x$ 时, $s=\dfrac{x-\mu}{\sigma}$,

于是　　　$F(x)=\int_{-\infty}^{\frac{x-\mu}{\sigma}}\dfrac{1}{\sqrt{2\pi}}e^{-\frac{s^2}{2}}ds$,

即　　　　$F(x) = \Phi\left(\dfrac{x-\mu}{\sigma}\right)$.

这样,就把一般正态分布概率的计算转化为标准正态分布概率的计算,由查表解决.

例 1　设 $X \sim N(3,4)$,

$$P(X \leqslant 5) = \Phi\left(\dfrac{5-3}{2}\right) = \Phi(1) = 0.8413,$$

$$P(X \leqslant 1) = \Phi\left(\dfrac{1-3}{2}\right) = \Phi(-1) = 1 - 0.8413 = 0.1587,$$

$$P(1 < X \leqslant 5) = P(X \leqslant 5) - P(X \leqslant 1)$$

$$= \Phi\left(\dfrac{5-3}{2}\right) - \Phi\left(\dfrac{1-3}{2}\right) = \Phi(1) - \Phi(-1)$$

$$= \Phi(1) - [1 - \Phi(1)] = 2\Phi(1) - 1 = 0.6826.$$

例 2　某课程考试成绩:$X \sim N(72, \sigma^2)$,已知 96 分以上占 2.28%,求成绩在 60 分到 84 分所占的比例.

解　$P(X > 96) = 1 - P(X \leqslant 96) = 1 - \Phi\left(\dfrac{96-72}{\sigma}\right)$

$$= 1 - \Phi\left(\dfrac{24}{\sigma}\right) = 0.0228,$$

得　　　　$\Phi\left(\dfrac{24}{\sigma}\right) = 0.9772.$

从标准正态分布表内找到 0.9772,它对应的 x 值是 2.0,即 $\dfrac{24}{\sigma} = 2$,得 $\sigma = 12$.

于是 $P(60 \leqslant X \leqslant 84) = \Phi\left(\dfrac{84-72}{12}\right) - \Phi\left(\dfrac{60-72}{12}\right)$

$$= \Phi(1) - \Phi(-1) = 2\Phi(1) - 1 = 0.6826.$$

说　明

正态分布是最重要的分布,可以毫不夸张地说:没有正态分布就没有概率论与数理统计这一课程.

首先,要掌握标准正态分布,它的密度函数和分布函数由专用符号 $\varphi(x)$ 和 $\Phi(x)$ 表示.

由密度函数的性质,应有:$\displaystyle\int_{-\infty}^{+\infty} \dfrac{1}{\sqrt{2\pi}} e^{-\frac{x^2}{2}} dx = 1$,左边积分不能用常规的方法计算.我们考察 $\displaystyle\int_{-\infty}^{+\infty} \dfrac{1}{\sqrt{2\pi}} e^{-\frac{x^2}{2}} dx$ 和 $\displaystyle\int_{-\infty}^{+\infty} \dfrac{1}{\sqrt{2\pi}} e^{-\frac{y^2}{2}} dy$,这两个积分是相等的,现在用二重积分的极坐标方法计算这两个积分的乘积:

$$\int_{-\infty}^{+\infty} \frac{1}{\sqrt{2\pi}} e^{-\frac{x^2}{2}} dx \int_{-\infty}^{+\infty} \frac{1}{\sqrt{2\pi}} e^{-\frac{y^2}{2}} dy = \int_{-\infty}^{+\infty}\int_{-\infty}^{+\infty} \frac{1}{2\pi} e^{-\frac{1}{2}(x^2+y^2)} dx dy$$

$$= \frac{1}{2\pi}\int_0^{2\pi} d\theta \int_0^{+\infty} re^{-\frac{1}{2}r^2} dr$$

$$= \frac{1}{2\pi}\int_0^{2\pi} d\theta \left(-e^{-\frac{1}{2}r^2}\right)_0^{+\infty}$$

$$= \frac{1}{2\pi}\int_0^{2\pi} d\theta = 1,$$

于是 $\qquad \int_{-\infty}^{+\infty} \frac{1}{\sqrt{2\pi}} e^{-\frac{x^2}{2}} dx = 1.$

这一结果应该记住,以后可以引用. 对非标准正态分布的密度函数,只需设 $t = \frac{x-\mu}{\sigma}$,同理可证.

要掌握标准正态分布的密度函数图形、对称性及查表方法,有

$$\Phi(-a) = 1 - \Phi(a),$$

$$P(|X| \leqslant a) = 2\Phi(a) - 1, \ \mbox{及} \ \Phi(0) = \frac{1}{2}.$$

标准正态分布表中,第一列是 z 的个位数和第一位小数,第一行是 z 的第二位小数,表内的值是对应于 z 的分布函数的值 $\Phi(z)$,即密度函数下,z 左边的阴影部分的面积. 最后一行例外,如 $\Phi(3.1) = 0.9990$.

对一般正态分布 $X \sim N(\mu, \sigma^2)$,$\mu \neq 0$ 和(或)$\sigma \neq 1$,其密度函数有如下性质:

(1) 曲线 $f(x)$ 关于 $x = \mu$ 对称,即对任意的 $h > 0$,有

$$P(\mu - h < X < \mu) = P(\mu < X < \mu + h).$$

(2) 当 $x = \mu$ 时,$f(x)$ 取到极大值,

$$f(\mu) = \frac{1}{\sqrt{2\pi}\sigma}.$$

x 离 μ 越远,$f(x)$ 的值越小. 这表明对于同样长度的区间,当区间离 μ 越远,X 落在这个区间上的概率越小.

(3) 在 $x = \mu \pm \sigma$ 处,曲线有拐点,曲线以 OX 轴为水平渐近线.

(4) 如果固定 σ,改变 μ 的值,则曲线沿 OX 轴平移. 若固定 μ,改变 σ 的大小,由于 $f(x)$ 的最大值与 σ 成反比,故当 σ 变小时,曲线的峰提高,为保持曲线下的面积为 1,曲线两头缩小,变得陡峭;反之,则曲线的峰降低,曲线两头增大,变得平坦.

(5) 无论 μ 和 σ 取什么值,都有

$$P(\mu - \sigma < X < \mu + \sigma) = F(\mu + \sigma) - F(\mu - \sigma)$$

$$= \Phi(1) - \Phi(-1) = 2\Phi(1) - 1 = 0.6826.$$

$$P(\mu - 2\sigma < X < \mu + 2\sigma) = F(\mu + 2\sigma) - F(\mu - 2\sigma)$$

$$=\Phi(2)-\Phi(-2)=2\Phi(2)-1=0.9544.$$

$$P(\mu-3\sigma<X<\mu+3\sigma)=F(\mu+3\sigma)-F(\mu-3\sigma)$$

$$=\Phi(3)-\Phi(-3)=2\Phi(3)-1=0.9974.$$

即 X 落在以 μ 为中心,1 倍 σ 区间、2 倍 σ 区间和 3 倍 σ 区间中的概率分别为 68.26%、95.44% 和 99.74%,见图 2.23.

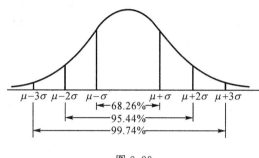

图 2.23

习题 2.7(A)

1. 设随机变量 $X\sim N(0,1)$,求:(1) $P(0.02<X<2.33)$;　(2) $P(-1.85<X<0.04)$;
(3) $P(-2.80<X<-1.21)$.

2. 设随机变量 $X\sim N(3,4)$,(1) 求 $P(2<X\leqslant5)$,$P(-4<X\leqslant10)$,$P(|X|>2)$,$P(X>3)$;
(2) 确定 c,使得 $P(X>c)=P(X<c)$.

3. 设某种电池的寿命 X 服从正态分布,$\mu=300$ 小时,$\sigma=35$ 小时,
(1) 求电池的寿命在 250 小时以上的概率;
(2) 求 x,使电池的寿命在 $\mu-x$ 与 $\mu+x$ 之间的概率不小于 0.9.

4. 某产品的质量指标 X 服从正态分布,$\mu=160$,若要求 $P(120<X<200)\geqslant0.80$,试问 σ 最多取多大?

5. 设 $X\sim N(135,100)$,则最大的是(　　).
(1) $P(125<X<135)$　　　　　　(2) $P(130<X<140)$
(3) $P(135<X<145)$　　　　　　(4) $P(140<X<150)$

6. 设 $X\sim N(2,\sigma^2)$,已知 $P(2<X<4)=0.3$,则 $P(X<0)=$ _____.

习题 2.7(B)

1. 设随机变量 X 的密度函数如下,分别求常数 k 的值.
(1) $f(x)=\begin{cases}ke^{-\frac{1}{2}x^2} & x\geqslant0\\0 & x<0\end{cases}$;　(2) $f(x)=ke^{-\frac{1}{2}(x^2-2x)}$,　$-\infty<x<+\infty$.

2. 设 $X\sim N(\mu,16)$,$Y\sim N(\mu,25)$,$p_1=P(X\leqslant\mu-4)$,$p_2=P(Y\geqslant\mu+5)$,则对任意的 μ,p_1 与 p_2 的关系是(　　).

(1) $p_1 = p_2$　(2) $p_1 < p_2$　(3) $p_1 > p_2$　(4) 不能确定

3. 设 $X \sim N(\mu, \sigma^2)$，对 $k > 0$，概率 $P(|X - \mu| \leqslant k\sigma)$ 是（　　）.

(1) 只与 k 有关　(2) 只与 μ 有关　(3) 只与 σ 有关　(4) 与 k, μ, σ 都有关

4. 某设备供电电压 $V \sim N(220, 25)$（单位：伏），当 $210 \leqslant V \leqslant 230$ 时，生产的产品次品率为 2%，否则次品率为 10%，求：

(1) 该设备生产的产品的次品率；　(2) 检查一只产品发现为次品，求电压正常的概率；

(3) 从该设备生产的一大批产品中，随机地取 5 只，则至少一只合格的概率.

5. 某校男同学的身高（单位：厘米）X 服从 $\mu = 160, \sigma^2 = 5.3^2$ 的正态分布，从该校中随机地找 5 位男同学测量身高，求：

(1) 这 5 人身高都大于 160 厘米的概率；　(2) 这 5 人中恰有 2 人身高大于 165 厘米的概率；　(3) 这 5 人中至少有 1 人身高在 $(155, 165)$ 上的概率.

6. 某元件的质量指标 $X \sim N(10, 1)$，当 $8 < X < 12$ 时为合格品，其中 $9 < X < 11$ 时为一等品，已知随机地取一个是合格品，求它是一等品的概率.

§2.8　随机变量函数的分布

前面我们讨论了随机变量（离散型和连续型）的分布. 在实际中，有时不能直接得到某个随机变量的分布，而只能得到与它有关的另一个随机变量的分布，例如，我们需要分析一批零件的圆截面面积 S 的分布，但不能直接测量圆面积，只能通过测量圆的直径 d 得到 d 的分布，这里 S 是 d 的函数：$S = \dfrac{1}{4}\pi d^2$，需要根据 d 的分布去探讨 S 的分布.

一般地，随机变量 X 的分布已知，Y 是 X 的函数：$Y = g(X)$，需要求 Y 的分布. 下面我们通过例子来说明这一类问题的解决办法.

若随机变量是离散型，其分布律已知，设 $Y = g(X)$，一般来说 Y 也是离散型随机变量，需要求 Y 的分布律.

例 1　设 X 有分布律：

X	-1	0	1	2
p_i	0.1	0.2	0.3	0.4

$Y = X^2 + 1$，求 Y 的分布律.

解　易知，Y 的可能取值（即概率不为 0 的值）是：1，2，5.

$P(Y = 1) = P(X^2 + 1 = 1) = P(X = 0) = 0.2$,

$P(Y = 2) = P(X^2 + 1 = 2) = P(X = 1) + P(X = -1) = 0.4$,

$P(Y = 5) = P(X^2 + 1 = 5) = P(X = 2) = 0.4$.

综合得 Y 的分布律为：

Y	1	2	5
p_i	0.2	0.4	0.4

当随机变量 X 是连续型时，X 的密度函数 $f_X(x)$ 已知，$Y=g(X)$，一般来说，Y 也是连续型随机变量，需要求 Y 的密度函数 $f_Y(y)$.

例 2　设 $X \sim U(0,1)$，又 $Y=\mathrm{e}^X$，求 Y 的密度函数 $f_Y(y)$.

解　易知 Y 的取值范围（Y 的密度函数 $f_Y(y)$ 不为 0 的 y 的范围）是：$1 \leqslant y < \mathrm{e}$，先考虑 Y 的分布函数 $F_Y(y)$.

当 $y<1$ 时，$F_Y(y)=P(Y \leqslant y)=0$；

当 $y \geqslant \mathrm{e}$ 时，$F_Y(y)=P(Y \leqslant y)=1$；

当 $1<y<\mathrm{e}$ 时，

$$F_Y(y)=P(Y \leqslant y)=P(\mathrm{e}^X \leqslant y)=P(X \leqslant \ln y)=\int_0^{\ln y} 1 \mathrm{d}x = \ln y.$$

于是，Y 的分布函数是：$F_Y(y)=\begin{cases} 0 & y<1 \\ \ln y & 1 \leqslant y < \mathrm{e} \\ 1 & y \geqslant \mathrm{e} \end{cases}$.

Y 的密度函数为：$f_Y(y)=F_Y{}'(y)=\begin{cases} (\ln y)'=\dfrac{1}{y} & 1 \leqslant y < \mathrm{e} \\ 0 & \text{其他} \end{cases}$.

例 3　设 $X \sim N(0,1)$，$Y=aX+b$，a,b 为常数（$a \neq 0$），求 Y 的密度函数.

解　X 的密度函数为 $\varphi(x)=\dfrac{1}{\sqrt{2\pi}}\mathrm{e}^{-x^2/2}$，$Y$ 的取值范围是 $-\infty < y < +\infty$.

当 $a>0$ 时，

$$F_Y(y)=P(Y \leqslant y)=P(aX+b \leqslant y)=P\left[X \leqslant \frac{1}{a}(y-b)\right]$$

$$=\int_{-\infty}^{\frac{1}{a}(y-b)} \frac{1}{\sqrt{2\pi}}\mathrm{e}^{-\frac{x^2}{2}}\mathrm{d}x,$$

则　　　　$$f_Y(y)=F_Y{}'(y)=\left[\int_{-\infty}^{\frac{1}{a}(y-b)} \frac{1}{\sqrt{2\pi}}\mathrm{e}^{-\frac{x^2}{2}}\mathrm{d}x\right]_y'$$

$$=\frac{1}{\sqrt{2\pi}}\mathrm{e}^{-\frac{1}{2}\left[\frac{1}{a}(y-b)\right]^2} \cdot \left[\frac{1}{a}(y-b)\right]_y'$$

$$=\frac{1}{\sqrt{2\pi}a}\mathrm{e}^{-\frac{(y-b)^2}{2a^2}};$$

当 $a<0$ 时，

$$F_Y(y)=P(Y \leqslant y)=P(aX+b \leqslant y)=P\left[X \geqslant \frac{1}{a}(y-b)\right]$$

$$=1-P\left[X<\frac{1}{a}(y-b)\right]=1-\int_{-\infty}^{\frac{1}{a}(y-b)} \frac{1}{\sqrt{2\pi}}\mathrm{e}^{-\frac{x^2}{2}}\mathrm{d}x,$$

则　　　　$$f_Y(y)=F_Y{}'(y)=-\frac{1}{\sqrt{2\pi}a}\mathrm{e}^{-\frac{(y-b)^2}{2a^2}}=\frac{1}{\sqrt{2\pi}|a|}\mathrm{e}^{-\frac{(y-b)^2}{2a^2}}.$$

可见,无论 $a>0$ 或 $a<0$,都有 $Y\sim N(b,a^2)$,即正态变量的线性函数 $Y=aX+b$ 仍然是正态变量. 这是正态分布的一个优良性质.

例 4　设 X 有 $f_X(x)=\begin{cases}\dfrac{1}{8}(x+2) & -2<x<2\\ 0 & \text{其他}\end{cases}$,$Y=X^2$,求 $f_Y(y)$.

解　易知 Y 的取值范围为:$0\leqslant y<4$,

当 $y<0$ 时,$F_Y(y)=0$;

当 $y\geqslant4$ 时,$F_Y(y)=1$;

当 $0\leqslant y<4$ 时,

$$F_Y(y)=P(Y\leqslant y)=P(X^2\leqslant y)=P(-\sqrt{y}\leqslant X\leqslant\sqrt{y})$$

$$=\int_{-\sqrt{y}}^{\sqrt{y}}\frac{1}{8}(x+2)\mathrm{d}x=\frac{1}{8}\left(\frac{1}{2}x^2+2x\right)\Big|_{-\sqrt{y}}^{\sqrt{y}}$$

$$=\frac{1}{8}\left(\frac{1}{2}y+2\sqrt{y}\right)-\frac{1}{8}\left(\frac{1}{2}y-2\sqrt{y}\right)=\frac{1}{2}\sqrt{y}.$$

于是 $f_Y(y)=F_{y}{}'(y)=\left(\dfrac{1}{2}\sqrt{y}\right)'=\dfrac{1}{4\sqrt{y}}$.

综合,$f_Y(y)=\begin{cases}\dfrac{1}{4\sqrt{y}} & 0<y<4\\ 0 & \text{其他}\end{cases}$.

说　明

由例 1 可见,求离散型随机变量的函数的分布律问题是比较简单的. 而求连续型随机变量 X 的函数 $Y=g(X)$ 的分布问题有一定的规律,分为三步:一是由 X 的取值范围(X 的密度函数不为 0 的 x 的范围)和 Y 与 X 的函数关系,确定 Y 的取值范围(Y 的密度函数不为 0 的 y 的范围);二是求出 Y 的分布函数;三是对 Y 的分布函数求导数得到 Y 的密度函数.

应注意的是:

(1) 用 X 的概率来表示 Y 的概率 $P(Y\leqslant y)$ 时,需要解不等式 $g(X)\leqslant y$.应正确地解这个不等式为 X 的取值范围,这是最关键的一步.

(2) 在由对 X 的密度函数积分求 Y 的分布函数时,若积分的计算比较容易,如例 1 和例 3,则先完成积分计算,再对分布函数求导数得到密度函数;若积分不能计算或计算较困难时,则是一个变上限积分,通过变上限积分对上限求导数的方法得到密度函数,如例 2.

(3) 像例 3 那样,起初,Y 的取值范围是 $0\leqslant y<4$,到最后,当 $y=0$ 时,使 Y 的密度函数的分母为无意义. 注意到连续型随机变量的密度函数一个点的值,不

影响概率分布,故可去掉"$0{\leqslant}y{<}4$"中的等号,改为"$0<y<4$",把"$y=0$"归结到"其他"中.

（4）在有些教材中,关于连续型随机变量 X 的函数 $Y=g(X)$ 的分布问题给出如下定理.

定理　设连续型随机变量 X 具有密度函数:$f_X(x),-\infty<x<+\infty$,又设函数 $g(x)$ 处处可导,且恒有 $g'(x)>0$(或 $g'(x)<0$),则 $Y=g(X)$ 是连续型随机变量,其密度函数为:

$$f_Y(y)=\begin{cases}f_X[h(y)]\cdot|h'(y)| & \alpha<y<\beta \\ 0 & 其他\end{cases},$$

其中 $h(y)$ 是 $g(x)$ 的反函数,

$$\alpha=\min\{g(-\infty),g(+\infty)\},\qquad \beta=\max\{g(-\infty),g(+\infty)\}.$$

应特别强调的是,定理的条件是 $g(x)$ 单调.若理解了这一点,有时使用定理解题还是方便的.当 $g(x)$ 是分段单调时,也可用定理求解.一般来说,建议用如例题中的三步方法求解.

习题 2.8（A）

1. 设随机变量 X 的分布律为:

X	0	1	2
p_i	0.3	0.4	0.3

　$Y=2X-1$,求随机变量 Y 的分布律.

2. 设随机变量 X 的密度函数为 $f(x)=\begin{cases}2(1-x) & 0<x<1 \\ 0 & 其他\end{cases}$,

　求随机变量 Y 的密度函数:(1) $Y=3X$;(2) $Y=3-X$;(3) $Y=X^2$.

3. 设随机变量 X 服从 $(0,1)$ 上的均匀分布,求随机变量 Y 的密度函数:

　(1) $Y=\dfrac{X}{1+X}$;(2) $Y=-2\ln X$.

4. 设随机变量 $X\sim N(0,1)$,求随机变量 $Y=X^2$ 的密度函数.

5. 设随机变量 $X\sim N(\mu,\sigma^2)$,求随机变量 $Y=\dfrac{X-\mu}{\sigma}$ 的密度函数.

习题 2.8（B）

1. 设随机变量 X 服从 $(-\pi/4,\pi/4)$ 上的均匀分布,$Y=\tan X$,求 Y 的分布函数和密度函数.

2. 设随机变量 X 的密度函数为:$f(x)=\dfrac{1}{\pi(1+x^2)}$,$-\infty<x<+\infty$,求 Y 的密度函数:

　(1) $Y=\arctan X$；(2) $Y=1-\sqrt[3]{X}$.

3. 设 $X\sim U(-1,2)$,$Y=|X|$,求 Y 的密度函数.

4. 设随机变量 X 的密度函数为:$f(x)=\begin{cases}\dfrac{2}{\pi(x^2+1)} & x>0 \\ 0 & x\leqslant 0\end{cases}$,求 $Y=\ln X$ 的密度函数.

5. (1) 设随机变量 X 服从参数 $\alpha=1$ 的指数分布,$Y=1-e^{-X}$,求 Y 的分布;

(2) 设随机变量 X 的分布函数为 $F(x)$,试证明随机变量 $Y=F(X)$ 服从 $(0,1)$ 上的均匀分布.

小　　结

【内容提要】

1. 随机变量分为离散型和连续型两类.对离散型随机变量,用分布律描述:

X	x_1	x_2	$\cdots$	x_k	$\cdots$
p_i	p_1	p_2	$\cdots$	p_k	$\cdots$

满足 $0 \leqslant p_k \leqslant 1$, $k=1,2,\cdots$, $\sum\limits_k p_k = 1$.

2. 常见的三种离散型随机变量是:0-1 分布,二项分布,泊松分布.

0-1 分布的分布律是: $\begin{array}{c|cc} X & 0 & 1 \\ \hline p_i & q & p \end{array}$, $p \geqslant 0$, $q \geqslant 0$, $p+q=1$;

二项分布 $X \sim B(n, p)$ 的分布律是:

$$P(X=k)=C_n^k p^k q^{n-k}, \quad k=0,1,2,\cdots,n;$$

泊松分布 $X \sim \pi(\lambda)$ 的分布律是:

$$P(X=k)=\frac{\lambda^k}{k!}e^{-\lambda}, \quad k=0,1,2,\cdots.$$

注意:应掌握二项分布和泊松分布的客观背景.

3. 连续型随机变量用密度函数 $f(x)$ 描述.密度函数有如下性质:

(1) $f(x) \geqslant 0$; (2) $\int_{-\infty}^{+\infty} f(x)\mathrm{d}x = 1$; (3) $P(a \leqslant X \leqslant b) = \int_a^b f(x)\mathrm{d}x$.

注意:对连续型随机变量,取一个点的概率为 0,故(3)中"$\leqslant$"与"$<$"一样.

4. 常见的连续型随机变量是:均匀分布,指数分布,正态分布.

均匀分布 $X \sim U(a, b)$,其密度函数和分布函数是:

$$f(x)=\begin{cases} \dfrac{1}{b-a} & a<x<b \\ 0 & \text{其他} \end{cases}; \quad F(x)=\begin{cases} 0 & x<a \\ \dfrac{x-a}{b-a} & a \leqslant x<b. \\ 1 & x \geqslant b \end{cases}$$

指数分布的密度函数和分布函数是:

$$f(x)=\begin{cases} \alpha e^{-\alpha x} & x \geqslant 0 \\ 0 & \text{其他} \end{cases}; \quad F(x)=\begin{cases} 1-e^{-\alpha x} & x \geqslant 0 \\ 0 & x<0 \end{cases}.$$

正态分布 $X \sim N(\mu,\sigma^2)$,其密度函数是:

$$f(x)=\frac{1}{\sqrt{2\pi}\sigma}e^{-(x-\mu)^2/2\sigma^2}, \quad -\infty<x<+\infty.$$

特别,对标准正态分布 $X \sim N(0,1)$,其密度函数和分布函数是:

$$\varphi(x) = \frac{1}{\sqrt{2\pi}} e^{-x^2/2}, \quad -\infty < x < +\infty; \quad \Phi(x) = \int_{-\infty}^{x} \varphi(t)\mathrm{d}t.$$

注意:$\Phi(x)$ 的值由查表得到,对一般正态分布 $X \sim N(\mu, \sigma^2)$,其概率

$$P(X \leqslant a) = \Phi\left(\frac{a-\mu}{\sigma}\right).$$

5. 分布函数的定义是:$F(x) = P(X \leqslant x)$.

对离散型,$F(x) = \sum_{x \leqslant x_i} p_i$;对连续型,$F(x) = \int_{-\infty}^{x} f(x)\mathrm{d}x.$

分布函数有如下性质:

(1) 单调不减;

(2) $0 \leqslant F(x) \leqslant 1$,$\lim\limits_{x \to -\infty} F(x) = 0$,$\lim\limits_{x \to +\infty} F(x) = 1$;

(3) $P(a < X \leqslant b) = F(b) - F(a)$;

(4) 对连续型,$F'(x) = f(x)$.

6. 随机变量函数的分布问题:X 的分布(分布律或密度函数或分布函数)已知,$Y = g(X)$,求 Y 的分布.对离散型,较简单;对连续型,用三步法.

本章是概率论的重点,讨论随机变量及其分布.对离散型随机变量,用分布律描述;对连续型随机变量用密度函数描述.无论是离散型还是连续型都可用分布函数描述.

【重点】

本章的知识几乎都是基本而重要的.

【难点】

分布函数的概念.

【深层次问题】

随机变量的取值,如 "$X \leqslant a$","$X > a$" 等都是随机事件,因此,在第 1 章给出的概率的性质、条件概率、乘法公式、全概率公式、贝叶斯公式等可以与随机变量结合,解决一些综合性的问题.

第 3 章　多维随机变量

【教学内容】

前面我们讨论了一个随机变量及其分布. 在实际问题中, 有些随机试验需用两个或两个以上的随机变量来描述. 例如, 为了分析某厂的月生产情况, 既要考察其月产量, 又要考察其合格率, 这是两个随机变量. 在研究地震时, 要记录地震发生的位置, 即经度、纬度、深度, 以及描述地震强度的指标: 裂度, 这就需要同时研究四个随机变量.

一般地, 某随机试验的样本空间是 S, X 和 Y 是定义在 S 上的两个随机变量, 我们称 (X, Y) 是二维随机变量, 或二维随机向量. 本章以讨论二维随机变量为主.

二维随机变量分为: 二维离散型和二维连续型. 二维随机变量的分布的描述方法与一维随机变量的描述方法基本相似. 当然, 二维随机变量还有一些特殊的问题需要讨论.

关于三维及三维以上的随机变量问题可类似地处理.

本章共分为 6 节, 在 6 个课时内完成.

【基本要求】

1. 了解二维随机变量的概念.

2. 了解二维离散型随机变量的联合分布律的概念, 会求边缘分布律.

3. 了解联合分布函数的概念.

4. 掌握二维连续随机变量的联合概率密度函数的概念和性质, 会利用二重积分计算简单的概率, 会求边缘概率密度函数.

5. 掌握随机变量独立性的概念, 会判定随机变量的独立性.

6. 会求一些简单的多维随机变量函数的概率分布.

【关键词和主题】

二维离散型随机变量, 联合分布律, 边缘分布律;

联合分布函数定义, 联合分布函数性质;

二维连续型随机变量, 联合密度函数定义, 联合密度函数性质, 边缘分布函数, 边缘密度函数, 二维正态分布, 二维均匀分布, 二维指数分布, 条件分布函数,

条件密度函数,

随机变量的独立性,二维正态分布的独立性;

多个随机变量的函数的分布,相互独立的正态随机变量的线性组合,独立和,$\max(X,Y)$,$\min(X,Y)$.

§3.1　二维离散型随机变量

二维随机变量分为:二维离散型和二维连续型.本节讨论二维离散型的有关内容.

一、二维离散型与联合分布律

若 X,Y 分别取有限多个值或可列无穷多个值,则称 (X,Y) 是二维离散型随机变量.

例 1　从 $1,2,3,4$ 四个整数中随机地取一个,用 X 表示,再从 $1,\cdots,X$ 中随机地取一个,用 Y 表示,试求 $P(X=3,Y=1)$.

解　回忆乘法公式:$P(AB)=P(A)\cdot P(B|A)$.

把"$X=3$"和"$Y=1$"看做是两个随机事件,则有:

$$P(X=3,Y=1)=P(X=3)\cdot P(Y=1|X=3).$$

由于 X 是从 $1,2,3,4$ 中随机地取一个,故 $P(X=3)=\dfrac{1}{4}$,

当 $X=3$ 时,由题意 Y 是从 $1,2,3$ 中随机地取一个,故 $P(Y=1|X=3)=\dfrac{1}{3}$,

于是　　$P(X=3,Y=1)=\dfrac{1}{4}\cdot\dfrac{1}{3}=\dfrac{1}{12}.$

同理可得 $P(X=3,Y=2)=\dfrac{1}{12},\quad P(X=3,Y=3)=\dfrac{1}{12},$

而　　　$P(X=3,Y=4)=P(X=3)\cdot P(Y=4|X=3)=\dfrac{1}{4}\cdot 0=0,$

又　　　$P(X=1,Y=1)=P(X=1)P(Y=1|X=1)=\dfrac{1}{4}\cdot 1=\dfrac{1}{4},$

$$P(X=1,Y=2)=P(X=1,Y=3)=P(X=1,Y=4)=0,$$

$$P(X=2,Y=1)=P(X=2)\cdot P(Y=1|X=2)=\dfrac{1}{4}\cdot\dfrac{1}{2}=\dfrac{1}{8},$$

$$P(X=2,Y=2)=\dfrac{1}{8},\quad P(X=2,Y=3)=P(X=2,Y=4)=0,$$

$$P(X=4,Y=1)=P(X=4)P(Y=1|X=4)=\dfrac{1}{4}\cdot\dfrac{1}{4}=\dfrac{1}{16},$$

$$P(X=4,Y=2)=P(X=4,Y=3)=P(X=4,Y=4)=\dfrac{1}{16}.$$

我们把上述结果写成表格的形式：

X＼Y	1	2	3	4
1	$\frac{1}{4}$	0	0	0
2	$\frac{1}{8}$	$\frac{1}{8}$	0	0
3	$\frac{1}{12}$	$\frac{1}{12}$	$\frac{1}{12}$	0
4	$\frac{1}{16}$	$\frac{1}{16}$	$\frac{1}{16}$	$\frac{1}{16}$

这称为(X,Y)的联合分布律.

一般地,二维离散型随机变量(X,Y)的联合分布律为：

X＼Y	y_1	y_2	…	y_j	…
x_1	p_{11}	p_{12}	…	p_{1j}	…
x_2	p_{21}	p_{22}	…	p_{2j}	…
⋮	⋮	⋮	⋮	⋮	⋮
x_i	p_{i1}	p_{i2}	…	p_{ij}	…
⋮	⋮	⋮	⋮	⋮	⋮

该分布律有性质：$0 \leqslant p_{ij} \leqslant 1$, $i,j=1,2,\cdots$; $\sum_i \sum_j p_{ij} = 1$.

二、边缘分布律

二维离散型随机变量(X,Y)的联合分布律为 p_{ij}, $i,j=1,2,\cdots$. 它把(X,Y)作为一个整体,描述了(X,Y)的分布,但是 X 和 Y 都是随机变量,它们应该有各自的分布.我们来考察例 1 中随机变量 Y 的分布律.

首先,Y 的取值是:$1,2,3,4$.

$$P(Y=1)=P(Y=1,-\infty<X<+\infty)$$
$$=P(Y=1,X=1)+P(Y=1,X=2)+P(Y=1,X=3)$$
$$+P(Y=1,X=4)=\frac{25}{48},$$

即是联合分布律中"$Y=1$"这一列的概率之和.同理,

$$P(Y=2)=\frac{13}{48}, \quad P(Y=3)=\frac{7}{48}, \quad P(Y=4)=\frac{3}{48}.$$

于是,得 Y 的分布律为：

Y	1	2	3	4
p_i	$\dfrac{25}{48}$	$\dfrac{13}{48}$	$\dfrac{7}{48}$	$\dfrac{3}{48}$

这称为 Y 的边缘分布律(或边际分布律).

需要强调的是, Y 的边缘分布律就是 Y 的分布律,这里加上"边缘"两个字,只是表明该分布律是从联合分布律中得到的,所以,边缘分布律描述了单个随机变量 Y 的分布,它具有分布律的性质.

类似地, X 的边缘分布律可以从联合分布律中按行相加得到:

X	1	2	3	4
p_i	$\dfrac{1}{4}$	$\dfrac{1}{4}$	$\dfrac{1}{4}$	$\dfrac{1}{4}$

一般地,可由 (X,Y) 的联合分布律计算 X 的边缘分布律,并表示为:

$$p_{i\cdot} = P(X=x_i) = \sum_j p_{ij}, \quad i=1,2,\cdots$$

Y 的边缘分布律为:

$$p_{\cdot j} = P(Y=y_j) = \sum_i p_{ij}, \quad j=1,2,\cdots$$

说　明

1. 一维离散型随机变量 X 的分布律是把 X 的取值 $X=x_i$ 与其概率 p_i 对应起来,而二维离散型随机变量 (X,Y) 的联合分布律是把 X 和 Y 的联合取值 $(X=x_i,Y=y_j)$ 与其概率 p_{ij} 对应起来.要正确理解具体的随机试验中 X 和 Y 所表示的量,从而用等可能概率方法、乘法公式等各种方法写出 (X,Y) 的联合分布律.

2. 关于边缘分布律,直观地看,是联合分布律按行、按列相加.事实上,它是全概率公式的应用.如在例 1 中,我们把"$Y=1$","$X=1$","$X=2$"等看成为随机事件,则由全概率公式:

$$P(Y=1)=P(X=1)P(Y=1|X=1)+P(X=2)P(Y=1|X=2)$$
$$+P(X=3)P(Y=1|X=3)+P(X=4)P(Y=1|X=4)$$
$$=\frac{1}{4}\cdot 1+\frac{1}{4}\cdot\frac{1}{2}+\frac{1}{4}\cdot\frac{1}{3}+\frac{1}{4}\cdot\frac{1}{4}$$
$$=\frac{1}{4}+\frac{1}{8}+\frac{1}{12}+\frac{1}{16}=\frac{25}{48}.$$

3. 既然边缘分布律可由全概率公式得到,那么,进一步由贝叶斯公式可得:

$$P(X=1|Y=1)=\frac{P(X=1,Y=1)}{P(Y=1)}=\frac{1/4}{25/48}=\frac{12}{25},$$

$$P(X=2 \,|\, Y=1)=\frac{P(X=2,Y=1)}{P(Y=1)}=\frac{1/8}{25/48}=\frac{6}{25},$$

$$P(X=3 \,|\, Y=1)=\frac{P(X=3,Y=1)}{P(Y=1)}=\frac{1/12}{25/48}=\frac{4}{25},$$

$$P(X=4 \,|\, Y=1)=\frac{P(X=4,Y=1)}{P(Y=1)}=\frac{1/16}{25/48}=\frac{3}{25}.$$

这就是在 $Y=1$ 的条件下, X 的条件分布律, 可表示如下:

$X=k$	1	2	3	4	
$P(X=k \,|\, Y=1)$	$\frac{12}{25}$	$\frac{6}{25}$	$\frac{4}{25}$	$\frac{3}{25}$	1

应该注意, 这是随机变量 X (在 $Y=1$ 的条件下)的分布律, $1,2,3,4$ 是 X 的取值. 当然, 它与 X 的边缘分布律不同, 边缘分布律是 X 的(无条件)分布律.

条件分布律也是分布律, 它具有分布律的一切性质, 如 X (在 $Y=1$ 的条件下)的概率和为 1, 等等.

进一步, 我们也可以引进条件分布函数的概念.

定义 在 $Y=y$ 的条件下, X 的条件分布函数是:

$$F_{X|Y}(x \,|\, y)=P(X \leqslant x \,|\, Y=y).$$

如上例中, 在 $Y=1$ 的条件下, X 的条件分布函数是:

$$F_{X|Y}(x \,|\, 1)=\begin{cases} 0 & x<1 \\ 12/25 & 1 \leqslant x<2 \\ 18/25 & 2 \leqslant x<3 \\ 22/25 & 3 \leqslant x<4 \\ 1 & x \geqslant 4 \end{cases}.$$

一般地, 二维离散型随机变量 (X,Y) 有联合分布律 p_{ij}, $i,j=1,2,\cdots$, X 有边缘分布律 $p_{i\cdot}$, $i=1,2,\cdots$, Y 有边缘分布律 $p_{\cdot j}$, $j=1,2,\cdots$, 则在 $Y=y_j$ 的条件下, X 的条件分布律为:

$$P(X=x_i \,|\, Y=y_j)=\frac{P(X=x_i,Y=y_j)}{P(Y=y_j)}=\frac{p_{ij}}{p_{\cdot j}};$$

在 $X=x_i$ 的条件下, Y 的条件分布律为:

$$P(Y=y_j \,|\, X=x_i)=\frac{P(X=x_i,Y=y_j)}{P(X=x_i)}=\frac{p_{ij}}{p_{i\cdot}};$$

在 $Y=y_j$ 的条件下, X 的条件分布函数为:

$$F_{X|Y}(x \,|\, y_j)=\sum_{x_i \leqslant x}\frac{p_{ij}}{p_{\cdot j}};$$

在 $X=x_i$ 的条件下, Y 的条件分布函数为:

$$F_{Y|X}(y \,|\, x_i)=\sum_{y_j \leqslant y}\frac{p_{ij}}{p_{i\cdot}}.$$

习题 3.1(A)

1. 二维离散型随机变量(X,Y)只能取下列各数组的值:$(0,0),(0,1),(1,0),(0,2),(1,2)$,
它们的概率分别是:$0.1,0.2,0.3,0.1,0.3$,试用联合分布律的表格形式表示(X,Y)的分
布,并分别求X和Y的边缘分布律.

2. 盒中有 6 个红球,4 个白球,从中随机地取两次,每次取一个,设

$$X=\begin{cases}1 & \text{若第 1 次取到红球}\\ 0 & \text{若第 1 次取到白球}\end{cases}, \quad Y=\begin{cases}1 & \text{若第 2 次取到红球}\\ 0 & \text{若第 2 次取到白球}\end{cases}$$

试按下列两种情形写出(X,Y)的联合分布律,并分别求出边缘分布律:(1) 有放回地取;
(2) 不放回地取.

3. 设二维离散型随机变量(X,Y)的联合分布律为:

X\Y	0	1	2
0	0.1	0.2	a
1	0.1	b	0.2

试分别根据下列条件求a和b的值.

(1) $P(X=1)=0.6$; (2) $P(X=1|Y=2)=0.5$;

(3) 设$F(y)$是Y的分布函数,且$F(1.5)=0.5$.

习题 3.1(B)

1. 设盒子中有 2 个红球、2 个白球、1 个黑球,从中随机地取 3 个,用X表示取到的红球个数,
用Y表示取到的白球个数,写出(X,Y)的联合分布律及边缘分布律.

2. 把一枚硬币连丢三次,用X表示三次中正面的次数,用Y表示三次中正面次数与反面次
数差的绝对值,(1) 写出(X,Y)的联合分布律及边缘分布律;(2) 求$P(Y=1|X\leqslant 2)$;
(3) 求$Y=1$的条件下X的条件分布律.

3. 设(X,Y)的联合分布律如下,求X和Y至少有一个小于 2 的概率.

X\Y	0	1	2
0	0.1	0.3	0.1
2	0.3	0	0.2

4. 随机变量X服从参数为$\alpha=1$的指数分布,设随机变量:

$$Y=\begin{cases}0 & \text{若 } X<1\\ 1 & \text{若 } X\geqslant 1\end{cases}, \quad Z=\begin{cases}0 & \text{若 } X<2\\ 1 & \text{若 } X\geqslant 2\end{cases}$$

(1) 写出(Y,Z)的联合分布律及边缘分布律;(2) 求$Y=1$的条件下,Z的条件分布律;
(3) 求$Y=1$的条件下,Z的条件分布函数.

§3.2 二维连续型随机变量

一、联合分布函数

在第1章,我们讨论了一个随机变量 X 的分布函数: $F_X(x) = P(X \leqslant x)$. 引进分布函数的概念,它既可以描述离散型和连续型随机变量的分布,也定义了连续型随机变量. 对二维随机变量,我们也引进联合分布函数的概念.

定义 设二维随机变量 (X,Y),对于任意实数 x,y,二元函数
$$F(x,y) = P(X \leqslant x, Y \leqslant y)$$
称为 (X,Y) 的联合分布函数.

若把二维随机变量 (X,Y) 的取值看做平面上随机点的坐标,那么联合分布函数在 (x,y) 处的值 $F(x,y)$,就是随机点 (X,Y) 落在点 (x,y) 左下方区域(包括区域边界)上的概率,如图 3.1 所示.

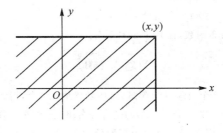

图 3.1

例 1 试求上一节的例 1 中 (X,Y) 的联合分布函数 $F(x,y)$ 在点 $(2.5,1.5)$ 处的值 $F(2.5,1.5)$.

解 二维离散型随机变量 (X,Y) 的联合分布律可以用图形表示,上节例 1 中 (X,Y) 取值的点对 $(1,1),\cdots,(4,4)$ 在 xOy 平面上描出,他们对应的概率 $\frac{1}{4}$, $\cdots,\frac{1}{16}$ 在对应点上用垂直于 xOy 平面的线段表示,如图 3.2 所示.

由联合分布函数的定义,$F(2.5,1.5)$ 是 (X,Y) 落在 xOy 平面中点 $(2.5,1.5)$ 左下方区域中的概率之和.

于是 $F(2.5,1.5) = P(X \leqslant 2.5, Y \leqslant 1.5) = \frac{1}{4} + \frac{1}{8} = \frac{3}{8}$.

一般地,若二维离散型随机变量 (X,Y) 的联合分布律为: p_{ij}, $i,j = 1,2,\cdots$,则 (X,Y) 的联合分布函数是:
$$F(x,y) = P(X \leqslant x, Y \leqslant y) = \sum_{x_i \leqslant x} \sum_{y_j \leqslant y} p_{ij}.$$

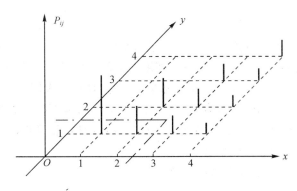

图 3.2

从例 1 不难理解,依 x 和 y 不同的取值范围,$F(x,y)$ 是一个分段函数,且比一维离散型的分布函数要复杂得多.

由联合分布函数的定义,$F(x,y)$ 有与一个随机变量的分布函数 $F(x)$ 类似的性质:

1. $F(x,y)$ 关于 x 单调不减,关于 y 单调不减;

2. $0 \leqslant F(x,y) \leqslant 1$,且

$$\lim_{x \to -\infty} F(x,y) = 0, \quad \lim_{y \to -\infty} F(x,y) = 0, \quad \lim_{\substack{x \to +\infty \\ y \to +\infty}} F(x,y) = 1.$$

以上性质参照一维随机变量的分布函数 $F(x)$ 的定义和性质,并由二维随机变量联合分布函数的定义,不难证明.

二、二维连续型随机变量

现在,我们仿照一维连续型随机变量的定义,来定义二维连续型随机变量.

定义　(X,Y) 的联合分布函数为 $F(x,y)$,若存在函数 $f(x,y)$,使

$$F(x,y) = \int_{-\infty}^{x} \int_{-\infty}^{y} f(u,v) \mathrm{d}u \mathrm{d}v,$$

则称 (X,Y) 为二维连续型随机变量,称 $f(x,y)$ 为 (X,Y) 的联合密度函数.

$F(x,y)$ 的表达式是二重广义积分,是二重变上限积分,它的理论比较复杂,我们仅考虑类似于高等数学中一元广义积分的收敛性,和一元变上限积分对上限求导数的运算.

联合密度函数 $f(x,y)$ 是一个空间曲面,容易证明有如下的性质:

1. $f(x,y) \geqslant 0$;

2. $\int_{-\infty}^{+\infty} \int_{-\infty}^{+\infty} f(x,y) \mathrm{d}x \mathrm{d}y = 1$;

3. $P[(X,Y) \in D] = \iint\limits_{D} f(x,y) \mathrm{d}x \mathrm{d}y$;

4. $\dfrac{\partial^2 F(x,y)}{\partial x \partial y} = f(x,y)$.

　　以上性质参照一维连续型随机变量的密度函数 $f(x)$ 的性质,并由二维连续型随机变量的定义可以证明.联合密度函数的这些性质非常重要,必须掌握.性质 1 表明:曲面 $f(x,y)$ 在 xOy 坐标平面上方;性质 2 表明:$f(x,y)$ 以下,xOy 平面以上的体积为 1;性质 3 表明:二维连续型随机变量 (X,Y) 在平面区域 D 中取值的概率是以 $f(x,y)$ 为顶,D 为底的曲顶柱体的体积.因此,二维连续型随机变量的概率要用二重积分来计算.

　　例 2　设 (X,Y) 有联合密度函数:

$$f(x,y) = \begin{cases} k\mathrm{e}^{-(x+y)} & x \geqslant 0 \quad y \geqslant 0 \\ 0 & \text{其他} \end{cases},$$

求:(1) 常数 k;(2) (X,Y) 的联合分布函数;(3) $P(X \leqslant 1, Y \leqslant 1)$;(4) $P(X+Y \leqslant 1)$;(5) $P(X > Y)$.

　　解　由性质 2

　　(1) $1 = \displaystyle\int_{-\infty}^{+\infty} \int_{-\infty}^{+\infty} f(x,y)\mathrm{d}x\mathrm{d}y = \int_{0}^{+\infty} \int_{0}^{+\infty} k\mathrm{e}^{-(x+y)}\mathrm{d}x\mathrm{d}y$

$\qquad\quad = k \cdot \displaystyle\int_{0}^{+\infty} \mathrm{e}^{-x}\mathrm{d}x \cdot \int_{0}^{+\infty} \mathrm{e}^{-y}\mathrm{d}y = k,\ 得\ k = 1;$

　　(2) 当 $x < 0$ 或 $y < 0$ 时,$F(x,y) = 0$,

　　当 $x \geqslant 0$ 且 $y \geqslant 0$ 时,

$$F(x,y) = \int_{0}^{x} \int_{0}^{y} \mathrm{e}^{-(u+v)}\mathrm{d}u\mathrm{d}v = (1 - \mathrm{e}^{-x})(1 - \mathrm{e}^{-y}),$$

即　　$F(x,y) = \begin{cases} (1-\mathrm{e}^{-x})(1-\mathrm{e}^{-y}) & x \geqslant 0, y \geqslant 0 \\ 0 & \text{其他} \end{cases};$

　　(3) 随机变量 (X,Y) 满足 $X \leqslant 1$ 和 $Y \leqslant 1$,即 (X,Y) 在如图 3.3 所示的正方形区域 $0 \leqslant x \leqslant 1, 0 \leqslant y \leqslant 1$ 中取值,$P(X \leqslant 1, Y \leqslant 1)$ 是 $f(x,y)$ 在该区域上的二重积分:

$$P(X \leqslant 1, Y \leqslant 1) = \int_{0}^{1} \int_{0}^{1} \mathrm{e}^{-(x+y)}\mathrm{d}x\mathrm{d}y$$

$$= \int_{0}^{1} \mathrm{e}^{-x}\mathrm{d}x \cdot \int_{0}^{1} \mathrm{e}^{-y}\mathrm{d}y = (1 - \mathrm{e}^{-1})^2,$$

事实上,由联合分布函数的定义,

$$P(X \leqslant 1, Y \leqslant 1) = F(1,1) = (1 - \mathrm{e}^{-1})^2;$$

　　(4) 随机变量 X, Y 满足 $X+Y \leqslant 1$,即 (X,Y) 在如图 3.4 所示三角形区域 $x > 0, y > 0, x+y \leqslant 1$ 上取值,由性质 3,$P(X+Y \leqslant 1)$ 是 $f(x,y)$ 在上述三角形区域上的二重积分:

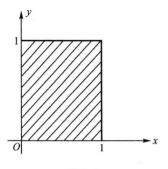

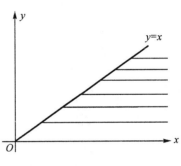

图 3.3　　　　　　　　　　　　　　　　　　图 3.4

$$P(X + Y \leqslant 1) = \iint\limits_{x+y \leqslant 1} \mathrm{e}^{-(x+y)} \mathrm{d}x \mathrm{d}y = \int_0^1 \left(\int_{x=0}^{x=1-y} \mathrm{e}^{-(x+y)} \mathrm{d}x \right) \mathrm{d}y$$

$$= \int_0^1 (-\mathrm{e}^{-(x+y)})_0^{1-y} \mathrm{d}y = \int_0^1 (\mathrm{e}^{-y} - \mathrm{e}^{-1}) \mathrm{d}y$$

$$= (-\mathrm{e}^{-y} - \mathrm{e}^{-1} y)_0^1 = 1 - 2\mathrm{e}^{-1};$$

（5）满足"$X > Y$"的区域是图 3.5 中的
阴影部分，

$$P(X > Y) = \int_0^{+\infty} \mathrm{d}x \int_0^x \mathrm{e}^{-(x+y)} \mathrm{d}y$$

$$= \int_0^{+\infty} \mathrm{e}^{-x}(1 - \mathrm{e}^{-x}) \mathrm{d}x$$

$$= \frac{1}{2}.$$

上例中的 (X, Y) 称为二维指数分布，是
常见的二维连续型.二维指数分布的联合密
度函数的一般形式为：

图 3.5

$$f(x, y) = \begin{cases} \alpha\beta\mathrm{e}^{-(\alpha x + \beta y)} & x \geqslant 0, y \geqslant 0 \\ 0 & \text{其他} \end{cases}$$

说　明

二维随机变量的联合分布函数 $F(x, y)$ 是比较复杂的，我们要尽可能地予
以理解.

主要应掌握二维离散型随机变量的联合分布律，和二维连续型随机变量的
联合密度函数.

习题 3.2(A)

1. 设 $F(x, y)$ 是 (X, Y) 的联合分布函数，(1) 对习题 3.1(A)1，求 $F(0, 1)$ 的值；(2) 对习题

3.1(B)1,求 $F(2.5,1.5)$ 的值.

2. 二维连续型随机变量 (X,Y) 的联合密度函数为:

$$f(x,y)=\begin{cases} k(x+y) & 0<x<1,0<y<1 \\ 0 & 其他 \end{cases},$$

求:(1) 常数 k;(2) $P(X<1/2,Y<1/2)$;(3) $P(X+Y<1)$;(4) $P(X<1/2)$.

3. 设 (X,Y) 的联合密度函数为:

$$f(x,y)=\begin{cases} kxy & 0<x<1,0<y<x \\ 0 & 其他 \end{cases},$$

求:(1) 常数 k;(2) $P(X+Y<1)$;(3) $P(X<1/2)$.

4. 设 (X,Y) 的联合密度函数为:

$$f(x,y)=\begin{cases} e^{-y} & 0<x<y \\ 0 & 其他 \end{cases},$$

求 $P(X+Y>1)$.

5. 设 (X,Y) 的联合密度函数为:

$$f(x,y)=\begin{cases} \dfrac{2}{\pi}e^{-\frac{1}{2}(x^2+y^2)} & x\geqslant 0,y\geqslant 0 \\ 0 & 其他 \end{cases},$$

求 $P(X^2+Y^2\leqslant 1)$.

习题 3.2(B)

1. 设 (X,Y) 的联合密度函数为:

$$f(x,y)=\frac{k}{(1+x^2)(1+y^2)}, \quad -\infty<x<+\infty,-\infty<y<+\infty,$$

(1) 求常数 k;

(2) 求 (X,Y) 落在以 $(0,0),(0,1),(1,0),(1,1)$ 为顶点的正方形区域内的概率;

(3) 求 (X,Y) 的联合分布函数.

2. 设 (X,Y) 的联合密度函数为: $f(x,y)=\begin{cases} kxy & 0<x<1,0<y<1 \\ 0 & 其他 \end{cases}$,

求 (1) 常数 k;(2) $P(X+Y>1)$;(3) (X,Y) 的联合分布函数.

3. 设 (X,Y) 的联合分布函数为:

$$F(x,y)=\begin{cases} A\arctan x \cdot \arctan y & x\geqslant 0,y\geqslant 0 \\ 0 & 其他 \end{cases},$$

(1) 确定常数 A;(2) 求 (X,Y) 的联合密度函数;(3) 用两种方法求 $P(X\leqslant 1,Y\leqslant 1)$.

4. 设 (X,Y) 的联合密度函数为: $f(x,y)=\begin{cases} \dfrac{1}{2} & 0<x<2,0<y<1 \\ 0 & 其他 \end{cases}$,试求 X 和 Y 至少有一个

小于 $\dfrac{1}{2}$ 的概率.

§3.3 边缘密度函数

在前面我们讨论了二维离散型随机变量(X,Y)的联合分布律 p_{ij}，并指出，它既包含有(X,Y)的联合分布信息，也包含有 X,Y 的分布信息，即 X 和 Y 的边缘分布律. 在联合密度函数 $f(x,y)$中，它也既包含有(X,Y)的联合分布信息，也包含有 X,Y 的分布信息. 这一节讨论的就是如何从(X,Y)的联合密度函数 $f(x,y)$中提取 X,Y 的分布信息.

一、边缘分布函数

二维随机变量(X,Y)作为一个整体，具有联合分布函数 $F(x,y)$，而 X 和 Y 都是随机变量，各自也有分布函数，分别记为 $F_X(x)$ 和 $F_Y(y)$. 依此，我们称其为二维随机变量(X,Y)关于 X 和关于 Y 的边缘分布函数. 边缘分布函数可以由联合分布函数来确定：

$$F_X(x) = P(X \leqslant x) = P(X \leqslant x, Y < +\infty) = F(x, +\infty);$$
$$F_Y(y) = P(Y \leqslant y) = P(Y \leqslant y, X < +\infty) = F(+\infty, y).$$

在§3.1，对二维离散型随机变量(X,Y)，我们已直观地从联合分布律 p_{ij}得到了 X 的边缘分布律 $p_{i.}$ 和 Y 的边缘分布律 $p_{.j}$. 因此，X 和 Y 的边缘分布函数分别为：

$$F_X(x) = F(x, +\infty) = \sum_{x_i \leqslant x} \sum_j p_{ij} = \sum_{x_i \leqslant x} p_{i.};$$
$$F_X(y) = F(+\infty, y) = \sum_{y_i \leqslant y} \sum_j p_{ij} = \sum_{y_i \leqslant y} p_{.j}.$$

对二维连续型随机变量(X,Y)，有联合密度函数 $f(x,y)$，则 X 和 Y 的边缘分布函数分别为：

$$F_X(x) = F(x, +\infty) = \int_{-\infty}^x \left(\int_{-\infty}^{+\infty} f(u,y)\mathrm{d}y \right) \mathrm{d}u;$$
$$F_Y(y) = F(+\infty, y) = \int_{-\infty}^y \left(\int_{-\infty}^{+\infty} f(x,v)\mathrm{d}x \right) \mathrm{d}v.$$

所谓边缘分布函数，事实上就是一个随机变量的分布函数，加上"边缘"两个字只为强调它是从联合分布函数 $F(x,y)$中得到的.

二、边缘密度函数

X 和 Y 的边缘密度函数 $f_X(x)$ 和 $f_Y(y)$可分别由它们的边缘分布函数求导数而得到：

$$f_X(x) = F_X'(x) = \left(\int_{-\infty}^x \left(\int_{-\infty}^{+\infty} f(u,y)\mathrm{d}y \right) \mathrm{d}u \right)_x' = \int_{-\infty}^{+\infty} f(x,y)\mathrm{d}y;$$
$$f_Y(y) = F_Y'(y) = \left(\int_{-\infty}^y \left(\int_{-\infty}^{+\infty} f(x,v)\mathrm{d}x \right) \mathrm{d}v \right)_y' = \int_{-\infty}^{+\infty} f(x,y)\mathrm{d}x.$$

这里是二重变上限积分对上限的导数,与定积分中的变上限积分对上限求导数类似.

$f_X(x)$ 和 $f_Y(y)$ 分别称为 X 和 Y 的边缘密度函数. 它们由联合密度函数 $f(x,y)$ 分别对 y 积分和对 x 积分而得到.

例 1 设 (X,Y) 服从二维正态分布 $(X,Y)\sim N(\mu_1,\mu_2,\sigma_1^2,\sigma_2^2,\rho)$,其联合密度函数为:

$$f(x,y)=\frac{1}{2\pi\sigma_1\sigma_2\sqrt{1-\rho^2}}e^{\frac{-1}{2(1-\rho^2)}\left\{\frac{(x-\mu_1)^2}{\sigma_1^2}-2\rho\frac{(x-\mu_1)(y-\mu_2)}{\sigma_1\sigma_2}+\frac{(y-\mu_2)^2}{\sigma_2^2}\right\}}$$

$$\sigma_1>0,\ \sigma_2>0,\ -\infty<x<+\infty,\ -\infty<y<+\infty,$$

求 X 和 Y 的边缘密度函数.

解 $f_X(x)=\displaystyle\int_{-\infty}^{+\infty}f(x,y)\mathrm{d}y=\frac{1}{\sqrt{2\pi}\sigma_1}e^{-\frac{(x-\mu_1)^2}{2\sigma_1^2}},\quad -\infty<x<+\infty;$

$f_Y(y)=\displaystyle\int_{-\infty}^{+\infty}f(x,y)\mathrm{d}x=\frac{1}{\sqrt{2\pi}\sigma_2}e^{-\frac{(y-\mu_2)^2}{2\sigma_2^2}},\quad -\infty<y<+\infty.$

上述积分要用变量替换积分法计算,具体方法如下.

在二维正态分布的联合密度函数中,由于

$$\frac{(y-\mu_2)^2}{\sigma_2^2}-2\rho\frac{(x-\mu_1)(y-\mu_2)}{\sigma_1\sigma_2}$$

$$=\left(\frac{y-\mu_2}{\sigma_2}-\rho\frac{x-\mu_1}{\sigma_1}\right)^2-\rho^2\frac{(x-\mu_1)^2}{\sigma_1^2},$$

于是 $\quad f_X(x)=\dfrac{1}{2\pi\sigma_1\sigma_2\sqrt{1-\rho^2}}e^{-\frac{(x-\mu_1)^2}{2\sigma_1^2}}\displaystyle\int_{-\infty}^{+\infty}e^{-\frac{1}{2(1-\rho^2)}\left(\frac{y-\mu_2}{\sigma_2}-\rho\frac{x-\mu_1}{\sigma_1}\right)^2}\mathrm{d}y,$

令 $\quad t=\dfrac{1}{\sqrt{1-\rho^2}}\left(\dfrac{y-\mu_2}{\sigma_2}-\rho\dfrac{x-\mu_1}{\sigma_1}\right),$

则有 $\quad f_X(x)=\dfrac{1}{2\pi\sigma_1}e^{-\frac{(x-\mu_1)^2}{2\sigma_1^2}}\displaystyle\int_{-\infty}^{+\infty}e^{-t^2/2}\mathrm{d}t=\dfrac{1}{\sqrt{2\pi}\sigma_1}e^{-\frac{(x-\mu_1)^2}{2\sigma_1^2}}.$

由 X 和 Y 的边缘密度函数可见,$X\sim N(\mu_1,\sigma_1^2)$,$Y\sim N(\mu_2,\sigma_2^2)$,即联合正态分布的边缘分布仍然是正态分布. 这是正态分布的又一个优良性质.

联合正态分布是很重要的分布,它有 5 个分布参数. 由边缘密度函数可知,参数 μ_1 和 σ_1^2 说明 X 的分布,参数 μ_2 和 σ_2^2 说明 Y 的分布. 可以理解,参数 ρ 说明 X 与 Y 的关系,具体意义将在第 4 章中讨论.

例 2 设 (X,Y) 服从二维指数分布,其联合密度函数为:

$$f(x,y) = \begin{cases} \alpha\beta \cdot \mathrm{e}^{-(\alpha x + \beta y)} & x \geqslant 0, y \geqslant 0 \\ 0 & \text{其他} \end{cases},$$

试求 X 和 Y 的边缘密度函数.

　　解　从理论上说，X 和 Y 的边缘密度函数由联合密度函数分别对 y 和对 x 从 $-\infty$ 到 $+\infty$ 积分，但对于具体问题，它的积分区间应注意被积函数 $f(x,y)$ 是否为 0. 对联合正态分布，因为在整个平面上 $f(x,y)$ 都不等于 0，所以，实际积分区间与理论积分区间一致，都是 $-\infty$ 到 $+\infty$，如图 3.6.

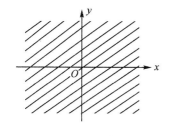

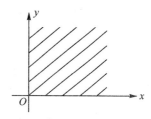

图 3.6　　　　　　　　　　　　　　　　图 3.7

对于二维指数分布，只有当 $x \geqslant 0$ 和 $y \geqslant 0$ 时，如图 3.7，$f(x,y) \neq 0$. 所以

当 $x < 0$ 时，$f_X(x) = \displaystyle\int_{-\infty}^{+\infty} 0\,\mathrm{d}y = 0$；

当 $x \geqslant 0$ 时，对 y 的积分区间是从 0 到 $+\infty$：

$$f_X(x) = \int_0^{+\infty} \alpha\beta \cdot \mathrm{e}^{-(\alpha x + \beta y)}\,\mathrm{d}y = \alpha\mathrm{e}^{-\alpha x};$$

当 $y < 0$ 时，$f_Y(y) = \displaystyle\int_{-\infty}^{+\infty} 0\,\mathrm{d}x = 0$；

当 $y \geqslant 0$ 时，对 x 的积分区间是从 0 到 $+\infty$：

$$f_Y(y) = \int_0^{+\infty} \alpha\beta \cdot \mathrm{e}^{-(\alpha x + \beta y)}\,\mathrm{d}x = \beta\mathrm{e}^{-\beta y}.$$

综合得

$$f_X(x) = \begin{cases} \alpha\mathrm{e}^{-\alpha x} & x \geqslant 0 \\ 0 & x < 0 \end{cases}, \quad f_Y(y) = \begin{cases} \beta\mathrm{e}^{-\beta y} & y \geqslant 0 \\ 0 & y < 0 \end{cases}.$$

　　例 3　设 (X,Y) 有联合密度函数：

$$f(x,y) = \begin{cases} xy & 0 < x < 2, 0 < y < 1 \\ 0 & \text{其他} \end{cases},$$试求 X 和 Y 的边缘密度函数.

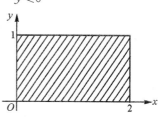

　　解　在矩形区域 $0 < x < 2$，$0 < y < 1$ 内（如图 3.8），$f(x,y) \neq 0$. 所以

当 $x \leqslant 0$ 或 $x \geqslant 2$ 时，$f_X(x) = \displaystyle\int_{-\infty}^{+\infty} 0\,\mathrm{d}y = 0$；

图 3.8

当 $0<x<2$ 时,$f_X(x)=\int_{-\infty}^{0}0\mathrm{d}y+\int_{0}^{1}xy\mathrm{d}y+\int_{1}^{+\infty}0\mathrm{d}y=\frac{1}{2}x$;

当 $y\leqslant 0$ 或 $y\geqslant 1$ 时,$f_Y(y)=\int_{-\infty}^{+\infty}0\mathrm{d}x=0$;

当 $0<y<1$ 时,$f_Y(y)=\int_{-\infty}^{0}0\mathrm{d}x+\int_{0}^{2}xy\mathrm{d}x+\int_{2}^{+\infty}0\mathrm{d}x=2y.$

综合得

$$f_X(x)=\begin{cases}\dfrac{1}{2}x & 0<x<2\\ 0 & \text{其他}\end{cases},\quad f_Y(y)=\begin{cases}2y & 0<y<1\\ 0 & \text{其他}\end{cases}.$$

例 4 设 (X,Y) 在单位圆 $x^2+y^2\leqslant 1$ 上服从二维均匀分布,试求 X 和 Y 的边缘密度函数.

解 所谓在 xOy 平面上的某一区域 D 中服从均匀分布,指随机点 (X,Y) 落在 D 中每一个点是等可能的,即落在 D 中某一个子区域中的概率与该子区域的面积成正比,而与该子区域的位置无关. 可见,当 $(x,y)\in D$ 时,(X,Y) 的联合密度函数 $f(x,y)$ 是一个常数,等于 D 的面积的倒数,否则为 0,即

$$f(x,y)=\begin{cases}\dfrac{1}{D\text{ 面积}} & (x,y)\in D\\ 0 & (x,y)\notin D\end{cases},$$

本例有

$$f(x,y)=\begin{cases}\dfrac{1}{\pi} & x^2+y^2\leqslant 1\\ 0 & \text{其他}\end{cases},$$

如图 3.9 所示.

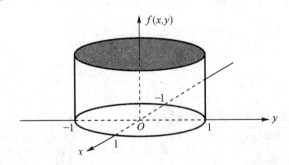

图 3.9

当 $x\leqslant -1$ 或 $x\geqslant 1$ 时,$f_X(x)=0$,因为 $f(x,y)=0$,如图 3.10 所示;

当 $-1<x<1$ 时,y 在区间 $(-\sqrt{1-x^2},\sqrt{1-x^2})$ 内,$f(x,y)\neq 0$.

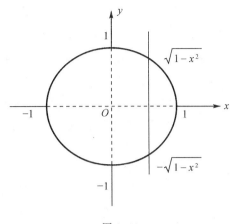

图 3.10

所以 $\quad f_X(x) = \int_{-\sqrt{1-x^2}}^{\sqrt{1-x^2}} \frac{1}{\pi} \mathrm{d}y = \frac{2}{\pi}\sqrt{1-x^2}$,

综合得

$$f_X(x) = \begin{cases} \dfrac{2}{\pi}\sqrt{1-x^2} & -1<x<1; \\ 0 & \text{其他} \end{cases}$$

同理可得

$$f_Y(y) = \begin{cases} \dfrac{2}{\pi}\sqrt{1-y^2} & -1<y<1 \\ 0 & \text{其他} \end{cases}.$$

说 明

1. 由联合密度函数求 X 和 Y 的边缘密度函数的关键是确定积分的上下限. 从理论上说,是从 $-\infty$ 到 $+\infty$ 积分,但在具体问题中,只有像联合正态分布那样为数不多的情形,实际积分区间也是 $(-\infty, +\infty)$. 大多数情形不是这样,如二维指数分布等是在"半无穷" $(0, +\infty)$ 区间上积分. 而最主要的是在有限区间的情形,如在例 3 中,(X, Y) 在矩形区域 $0<x<2, 0<y<1$ 上 $f(x,y)\neq 0$,求 $f_X(x)$ 时,只有当 $0<x<2$ 时,$f(x,y)\neq 0$,从而 $f_X(x)\neq 0$,在 $(0,2)$ 区间中任意固定一个 x,对 y 的积分区间都是 $(0,1)$;在求 $f_Y(y)$ 时,只有当 $0<y<1$ 时,$f(x,y)\neq 0$,从而 $f_Y(y)\neq 0$,在 $(0,1)$ 中任意固定一个 y,对 x 的积分区间都是 $(0,2)$. 如在例 4 中,情形更复杂,首先要确定使 $f_X(x)$ 不等于 0 的 x 的取值范围:$-1<x<1$ (在这区间外 $f_X(x)$ 都是 0),当 x 在这一区间内任意取一个值时,这一 x 看做固定的常数,当固定 x 时联合密度函数对 y 积分,理论上是 $-\infty$ 到

$+\infty$,事实上,只有当$-\sqrt{1-x^2}<y<\sqrt{1-x^2}$时 $f(x,y)\neq0$,因此,对 y 的实际积分区间是$(-\sqrt{1-x^2},\sqrt{1-x^2})$. 这一积分区间的确定与二重积分化为累次积分时先对 y 积分的积分区间确定方法相同. 同理求 $f_Y(y)$ 时,在$(-1,1)$中任意固定的 y,对 x 的积分区间是$(-\sqrt{1-y^2},\sqrt{1-y^2})$.

2. 在§3.1的"说明"中我们提出了二维离散型随机变量的条件分布律和条件分布函数的概念,对二维连续型随机变量(X,Y)也可以定义条件分布.

对连续型随机变量,由于 $P(X=x)=0,P(Y=y)=0$,因此,讨论 $P(X=x|Y=y)$这样的条件概率是没有意义的.

给定 y 和任意正数 ε,$P(y-\varepsilon<Y\leqslant y+\varepsilon)>0$,于是对任意的 x,有

$$P(X\leqslant x|y-\varepsilon<Y\leqslant y+\varepsilon)=\frac{P(X\leqslant x,y-\varepsilon<Y\leqslant y+\varepsilon)}{P(y-\varepsilon<Y\leqslant y+\varepsilon)},$$

上式右边分子分母分别由分布函数表示为:

$$\frac{F(x,y+\varepsilon)-F(x,y-\varepsilon)}{F_Y(y+\varepsilon)-F_Y(y-\varepsilon)},$$

并同除以 2ε,令 $\varepsilon\to0$,由导数和偏导数的定义:

$$\lim_{\varepsilon\to0}\frac{[F(x,y+\varepsilon)-F(x,y-\varepsilon)]/2\varepsilon}{[F_Y(y+\varepsilon)-F_Y(y-\varepsilon)]/2\varepsilon}$$

$$=\frac{[F(x,y)]'_y}{[F_Y(y)]'}=\frac{\left[\int_{-\infty}^{y}\int_{-\infty}^{x}f(u,v)\mathrm{d}u\mathrm{d}v\right]'_y}{f_Y(y)}$$

$$=\frac{\int_{-\infty}^{x}f(u,y)\mathrm{d}u}{f_Y(y)}.$$

若上述极限存在,则称为在 $Y=y$ 的条件下,X 的条件分布函数,记为:

$$F_{X|Y}(x|y)=\frac{\int_{-\infty}^{x}f(u,y)\mathrm{d}u}{f_Y(y)}.$$

该条件分布函数对 x 的导数,称为在 $Y=y$ 的条件下,X 的条件密度函数,记为:

$$f_{X|Y}(x|y)=[F_{X|Y}(x|y)]'_x=\frac{f(x,y)}{f_Y(y)}.$$

同理,在 $X=x$ 的条件下,Y 的条件分布函数为:

$$F_{Y|X}(y|x)=\frac{\int_{-\infty}^{y}f(x,v)\mathrm{d}v}{f_X(x)}.$$

在 $X=x$ 的条件下,Y 的条件密度函数为:

$$f_{Y|X}(y|x)=\frac{f(x,y)}{f_X(x)}.$$

例 5　设 (X,Y) 的联合密度函数如下,试求条件密度函数.

$$f(x,y)=\begin{cases}3x & 0<x<1,0<y<x\\0 & 其他\end{cases}.$$

解　首先求 X 和 Y 的边缘密度函数(见图 3.11).

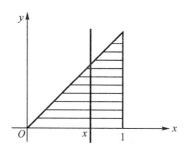

图 3.11

当 $0<x<1$ 时,$f_X(x)=\displaystyle\int_0^x 3x\mathrm{d}y=3x^2$;

当 $0<y<1$ 时,$f_Y(y)=\displaystyle\int_y^1 3x\mathrm{d}x=\dfrac{3}{2}(1-y^2)$.

于是,条件密度函数分别为:

当 $0<y<1$ 时,$f_{X|Y}(x|y)=\begin{cases}\dfrac{2x}{1-y^2} & y<x<1\\[2mm]0 & 其他\end{cases}$;

当 $0<x<1$ 时,$f_{Y|X}(y|x)=\begin{cases}\dfrac{1}{x} & 0<y<x\\[2mm]0 & 其他\end{cases}$.

必须注意的是,求 $f_{X|Y}(x|y)$ 时,首先强调作为条件的 Y 的取值 y 应限制在 $0<y<1$,才使分母 $f_Y(y)\neq0$;当 y 在区间 $(0,1)$ 内任意固定后,X 的取值受到 y 的限制:$y<x<1$.求 $f_{Y|X}(y|x)$ 时,同样要注意这两个问题.

由 $f_{Y|X}(y|x)$ 可见,在 $X=x(0<x<1)$ 条件下,Y 的条件密度是一个常数 $\dfrac{1}{x}$,是区间 $(0,x)$ 上的均匀分布,如当 $x=1/2$ 时,Y 的条件分布是 $(0,\dfrac{1}{2})$ 上的均匀分布,有

$$f_{Y|X}\left(y\left|\dfrac{1}{2}\right.\right)=\begin{cases}2 & 0<y<\dfrac{1}{2}\\[2mm]0 & 其他\end{cases}.$$

应该指出,条件分布函数也是分布函数,具有分布函数的所有性质.条件密度函数也是密度函数,具有密度函数的所有性质.

习题 3.3(A)

1. 设 (X,Y) 的联合密度函数如下,试求 X 和 Y 的边缘密度函数.

$$f(x,y)=\frac{1}{\pi^2(1+x^2)(1+y^2)}, \quad -\infty<x<+\infty, -\infty<y<+\infty.$$

2. 设 (X,Y) 的联合密度函数如下,试求 X 和 Y 的边缘密度函数.

$$f(x,y)=\begin{cases} x+y & 0<x<1,0<y<1 \\ 0 & \text{其他} \end{cases}.$$

3. 设 (X,Y) 的联合密度函数如下,试求 X 和 Y 的边缘密度函数.

$$f(x,y)=\begin{cases} \dfrac{2e^{-y+1}}{x^3} & x>1,y>1 \\ 0 & \text{其他} \end{cases}.$$

4. 设 (X,Y) 的联合密度函数如下,试求 X 和 Y 的边缘密度函数.

$$f(x,y)=\begin{cases} e^{-x} & 0<y<x \\ 0 & \text{其他} \end{cases}$$

5. 设 (X,Y) 在区域 $D:0<x<1,0<y<x^2$ 上服从均匀分布,试求:(1) (X,Y) 的联合密度函数;(2) X 和 Y 的边缘密度函数.

习题 3.3(B)

1. 设 (X,Y) 的联合密度函数如下,试求条件密度函数 $f_{X|Y}(x|y)$ 和 $f_{Y|X}(y|x)$.

$$f(x,y)=\begin{cases} x+y & 0<x<1,0<y<1 \\ 0 & \text{其他} \end{cases}.$$

2. 设 (X,Y) 在单位圆 $x^2+y^2\leqslant1$ 上服从二维均匀分布,试求条件密度函数 $f_{X|Y}(x|y)$ 和 $f_{Y|X}(y|x)$,并求 $f_{X|Y}\left(x\left|\dfrac{3}{5}\right.\right)$ 和 $f_{Y|X}\left(y\left|\dfrac{1}{2}\right.\right)$.

3. 设 (X,Y) 有联合密度函数:$f(x,y)=\begin{cases} 1 & 0<y<x,x+y<2 \\ 0 & \text{其他} \end{cases}$,试求:(1) X 和 Y 的边缘密度函数;(2) 条件密度函数 $f_{X|Y}(x|y)$ 和 $f_{Y|X}(y|x)$;(3) $P(X^2+Y^2<1)$.

4. 设 $X\sim U(0,1)$,当 $X=x(0<x<1)$ 的条件下,$Y\sim U(0,x)$,试求:(1) 条件密度函数 $f_{Y|X}(y|x)$;(2) (X,Y) 的联合密度函数;(3) Y 的边缘密度函数 $f_Y(y)$.

5. 设随机变量 X 有分布律:

X	1	2	3
p_i	$\dfrac{1}{6}$	$\dfrac{1}{3}$	$\dfrac{1}{2}$

当 $X=x(x=1,2,3)$ 时,随机变量 Y 服从 $(0,x)$ 区间上的均匀分布,

(1) 写出条件密度函数 $f_{Y|X}(y|3)$;(2) 求 $P(Y\leqslant\dfrac{1}{2}|X=3)$;

(3) 求 $P(Y\leqslant\dfrac{1}{2})$;(4) 求 $P(X=3|Y\leqslant\dfrac{1}{2})$.

§3.4　随机变量的独立性

在第 1 章我们讨论了随机事件的独立性,$P(A)>0,P(B)>0$,若 $P(AB)=P(A)P(B)$,则称 A 与 B 相互独立.

现在把随机事件的独立性推广到随机变量.随机变量的取值$(X\leqslant x)$,$(Y\leqslant y)$等,都是随机事件,如 $A=(X\leqslant x),B=(Y\leqslant y)$.

定义　若对任意的实数 x 和 y,有
$$P(X\leqslant x,Y\leqslant y)=P(X\leqslant x)\ P(Y\leqslant y),$$
即　　　　$F(x,y)=F_X(x)F_Y(y)$

(联合分布函数等于两个边缘分布函数的乘积),

则称随机变量 X 与 Y 相互独立.

对于二维离散型,等价于:对所有的 x_i 和 y_j 有
$$P(X=x_i,Y=y_j)=P(X=x_i)\ P(Y=y_j)$$
成立,即
$$p_{ij}=p_{i\cdot}\cdot p_{\cdot j}\quad(联合分布律等于两个边缘分布律的乘积).$$

对于二维连续型,等价于:对所有的 x 和 y 有
$$f(x,y)=f_X(x)\cdot f_Y(y)$$

(联合密度函数等于两个边缘密度函数的乘积).

例 1　盒中有 5 个球,其中 3 个红球,2 个黑球,从中随机地取 2 次,每次取 1 个,设

$$X=\begin{cases}1 & 若第一次取到红球\\0 & 若第一次不是红球\end{cases},\quad Y=\begin{cases}1 & 若第二次取到红球\\0 & 若第二次不是红球\end{cases},$$

分(1)放回抽样和(2)不放回抽样两种情形讨论 X 和 Y 的独立性.

解　随机变量 X 与 Y 在(1)放回抽样和(2)不放回抽样两种情形下,联合分布律和边缘分布律分别为:

X＼Y	0	1	
0	$\frac{4}{25}$	$\frac{6}{25}$	$\frac{2}{5}$
1	$\frac{6}{25}$	$\frac{9}{25}$	$\frac{3}{5}$
	$\frac{2}{5}$	$\frac{3}{5}$	

X＼Y	0	1	
0	$\frac{2}{20}$	$\frac{6}{20}$	$\frac{2}{5}$
1	$\frac{6}{20}$	$\frac{6}{20}$	$\frac{3}{5}$
	$\frac{2}{5}$	$\frac{3}{5}$	

可见,在放回抽样时,X 与 Y 是相互独立的,这时,联合分布律与两个边缘分布律构成一张"乘法表";而在不放回抽样时,X 与 Y 是不独立的.

随机变量 X 与 Y 相互独立是 X 与 Y 之间的一种特殊关系,这是由随机试验所决定的.

例 2 设 (X,Y) 服从二维指数分布,其联合密度函数为:

$$f(x,y)=\begin{cases} \alpha\beta\cdot e^{-(\alpha x+\beta y)} & x\geqslant 0,y\geqslant 0 \\ 0 & \text{其他} \end{cases}.$$

在上一节已求得 X 和 Y 的边缘密度函数是:

$$f_X(x)=\begin{cases} \alpha e^{-\alpha x} & x\geqslant 0 \\ 0 & x<0 \end{cases}, \qquad f_Y(y)=\begin{cases} \beta e^{-\beta x} & y\geqslant 0 \\ 0 & y<0 \end{cases}$$

可见,$f(x,y)=f_X(x)\cdot f_Y(y)$ 成立,即 X 与 Y 相互独立.

例 3 设 (X,Y) 服从二维正态分布 $(X,Y)\sim N(\mu_1,\mu_2,\sigma_1^2,\sigma_2^2,\rho)$,其联合密度函数为:

$$f(x,y)=\frac{1}{2\pi\sigma_1\sigma_2\sqrt{1-\rho^2}}e^{\frac{-1}{2(1-\rho^2)}\left\{\frac{(x-\mu_1)^2}{\sigma_1^2}-2\rho\frac{(x-\mu_1)(y-\mu_2)}{\sigma_1\sigma_2}+\frac{(y-\mu_2)^2}{\sigma_2^2}\right\}},$$

$$\sigma_1>0,\ \sigma_2>0,\ -\infty<x<+\infty,\ -\infty<y<+\infty.$$

X 和 Y 的边缘密度函数为:

$$f_X(x)=\int_{-\infty}^{+\infty}f(x,y)\mathrm{d}y=\frac{1}{\sqrt{2\pi}\sigma_1}e^{-\frac{(x-\mu_1)^2}{2\sigma_1^2}},\quad -\infty<x<+\infty,$$

$$f_Y(y)=\int_{-\infty}^{+\infty}f(x,y)\mathrm{d}x=\frac{1}{\sqrt{2\pi}\sigma_2}e^{-\frac{(y-\mu_2)^2}{2\sigma_2^2}},\quad -\infty<y<+\infty.$$

可见,当且仅当 $\rho=0$ 时,$f(x,y)=f_X(x)\cdot f_Y(x)$,$X$ 与 Y 相互独立.

例 4 设 X 服从参数 $\alpha=1$ 的指数分布,$Y\sim U(0,1)$,且 X 与 Y 相互独立,(1) 写出 (X,Y) 的联合密度函数;(2) 求 $P(X+Y\leqslant 1)$.

解 (1) X 和 Y 的密度函数分别为:

$$f_X(x)=\begin{cases} e^{-x} & x\geqslant 0 \\ 0 & \text{其他} \end{cases}, \qquad f_Y(y)=\begin{cases} 1 & 0<y<1 \\ 0 & \text{其他} \end{cases},$$

则由独立性,(X,Y) 的联合密度函数为:

$$f(x,y)=f_X(x)\cdot f_Y(y)=\begin{cases} e^{-x} & x\geqslant 0,0<y<1 \\ 0 & \text{其他} \end{cases};$$

(2) $P(X+Y\leqslant 1)$ 即 $f(x,y)$ 在三角形区域(如图 3.12)上的二重积分

$$P(X+Y\leqslant 1)=\int_0^1\int_0^{1-x}e^{-x}\mathrm{d}y\mathrm{d}x=\int_0^1(1-x)e^{-x}\mathrm{d}x$$

$$=-(1-x)e^{-x}\big|_0^1-\int_0^1 e^{-x}\mathrm{d}x=e^{-1}.$$

这里用到分部积分法.

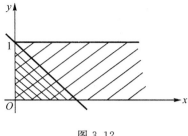

图 3.12

1. 对二维离散型随机变量 X 与 Y 相互独立，$p_{ij} = p_i. \cdot p._j$，于是，条件分布律

$$P(X = x_i | Y = y_j) = \frac{p_{ij}}{p._j} = p_i., \quad P(Y = y_j | X = x_i) = \frac{p_{ij}}{p_i.} = p._j,$$

即条件分布律等于边缘分布律.

对二维连续型随机变量 X 与 Y 相互独立，$f(x,y) = f_X(x) \cdot f_Y(y)$，条件密度函数

$$f_{X|Y}(x|y) = \frac{f(x,y)}{f_Y(y)} = f_X(x), \quad f_{Y|X}(y|x) = \frac{f(x,y)}{f_X(x)} = f_Y(y),$$

即条件密度函数等于边缘密度函数.

这一结果与随机事件 A 和 B 相互独立，$P(AB) = P(A)P(B)$，则

$$P(A|B) = \frac{P(AB)}{P(B)} = P(A),$$

即条件概率等于无条件概率相似.

2. 以上关于二维随机变量的概念可以推广到 n 维随机变量.

n 维随机变量 $(X_1, X_2, \cdots, X_n)$ 的分布函数定义为：

$$F(x_1, x_2, \cdots, x_n) = P(X_1 \leqslant x_1, X_2 \leqslant x_2, \cdots, X_n \leqslant x_n),$$

其中 $x_1, x_2, \cdots, x_n$ 是任意实数.

n 维离散型随机变量 $(X_1, X_2, \cdots, X_n)$ 的联合分布律是：

$$P(X_1 = x_{i_1}, X_2 = x_{i_2}, \cdots, X_n = x_{i_n}).$$

对 n 维随机变量 $(X_1, X_2, \cdots, X_n)$ 的分布函数 $F(x_1, x_2, \cdots, x_n)$，若有

$$F(x_1, x_2, \cdots, x_n) = \int_{-\infty}^{x_1} \int_{-\infty}^{x_2} \cdots \int_{-\infty}^{x_n} f(t_1, t_2, \cdots, t_n) dt_n \cdots dt_2 dt_1,$$

则称 $(X_1, X_2, \cdots, X_n)$ 为 n 维连续型随机变量，称 $f(x_1, x_2, \cdots, x_n)$ 为 $(X_1, X_2, \cdots, X_n)$ 的联合密度函数.

若 $X_1, X_2, \cdots, X_n$ 相互独立，则

$$F(x_1,x_2,\cdots,x_n)=F_{X_1}(x_1)F_{X_2}(x_2)\cdots F_{X_n}(x_n),$$

其中 $F_{X_i}(x_i)$ 是 X_i 的边缘分布函数.

对 n 维离散型,即

$$P(X_1=x_{i_1},X_2=x_{i_2},\cdots,X_n=x_{i_n})$$
$$=P(X_1=x_{i_1})P(X_2=x_{i_2})\cdots P(X_n=x_{i_n}).$$

对 n 维连续型,即

$$f(x_1,x_2,\cdots,x_n)=f_{X_1}(x_1)f_{X_2}(x_2)\cdots f_{X_n}(x_n),$$

其中 $f_{X_i}(x_i)$ 是 X_i 的边缘密度函数.

习题 3.4(A)

1. 设 (X,Y) 的联合分布律如下,按下列三种情形分别求 a 和 b 的值.

(1) $P(Y=1)=\dfrac{1}{3}$;(2) $P(X>1|Y=2)=\dfrac{1}{2}$;(3) X 与 Y 相互独立.

X＼Y	1	2	3
1	1/6	1/9	1/18
2	a	b	1/9

2. 设 (X,Y) 的联合密度函数如下,求常数 c,并讨论 X 与 Y 是否相互独立?

$$f(x,y)=\begin{cases} cxy^2 & 0<x<1,0<y<1 \\ 0 & 其他 \end{cases}.$$

3. 设 (X,Y) 的联合密度函数为:$f(x,y)=\begin{cases} cx & 0<x<y<1 \\ 0 & 其他 \end{cases}$,(1) 确定常数 c;(2) 求边缘密度函数 $f_X(x)$ 和 $f_Y(y)$;(3) X 与 Y 是否独立?

4. 设 (X,Y) 在区域 $a<x<b,c<y<d$ 上服从均匀分布,问 X 与 Y 是否独立?

5. 设 $X\sim U(0,1)$,$Y\sim U(0,1)$,且 X 与 Y 相互独立,求关于 t 的二次方程:$Xt^2+t+Y=0$ 有实根的概率.

习题 3.4(B)

1. 设 X 与 Y 相互独立,都服从标准正态分布,求 X 和 Y 至少有一个大于 1 的概率.

2. 设 X 与 Y 相互独立,都服从参数为 α 的指数分布,已知 $P(X\leqslant 1\cup Y\leqslant 1)=1-e^{-4}$,求 α 的值.

3. 设 (X,Y) 在区域 $0<x<1,0<y<1$ 上服从均匀分布,设随机变量 U 和 V 为:

$$U=\begin{cases} 1 & 若 X>Y \\ 0 & 若 X\leqslant Y \end{cases}, \quad V=\begin{cases} 1 & 若 X+Y>1 \\ 0 & 若 X+Y\leqslant 1 \end{cases},$$

(1) 求 (U,V) 的联合分布律;(2) 求 U 和 V 的边缘分布律;(3) U 和 V 是否相互独立?

4. 设 X 与 Y 相互独立,有相同的分布律:

X	-1	1
p_i	1/2	1/2

,则正确的是(   ).

(1) $X=Y$　　　　　　(2) $P(X=Y)=1$

(3) $P(X=Y)=1/2$　　　(4) $P(X=Y)=1/4$

§3.5　多个随机变量的函数的分布

在§2.8,我们曾讨论了一个随机变量的函数的分布,在实际问题中,同样会出现多个随机变量的函数的分布问题,本节以讨论两个随机变量的情形为主.

首先需要说明的是:解决两个随机变量的函数的分布的方法,原则上与一个随机变量的函数的分布一样,但是,前者要复杂得多.本节主要通过例子说明一般的解题思路.在下一节将讨论几种比较典型的情况.

例1　设二维随机变量(X,Y)有联合分布律:

X ＼ Y	-1	0	1
1	0.1	0.2	0.1
2	0	0.4	0.2

设 $Z=X+Y$,求随机变量 Z 的分布律.

解　显然,Z 是离散型随机变量,其可能取值是:$0,1,2,3$.

$$P(Z=0)=P(X=1,Y=-1)=0.1,$$
$$P(Z=1)=P(X=1,Y=0)+P(X=2,Y=-1)$$
$$=0.2+0=0.2,$$
$$P(Z=2)=P(X=1,Y=1)+P(X=2,Y=0)$$
$$=0.1+0.4=0.5,$$
$$P(Z=3)=P(X=2,Y=1)=0.2.$$

于是 Z 的分布律为:

Z	0	1	2	3
p_i	0.1	0.2	0.5	0.2

例2　设随机变量 $X\sim\pi(\lambda)$,Y 是 0-1 分布:$P(Y=1)=\lambda,P(Y=0)=1-\lambda$,$0<\lambda<1$,$X$ 与 Y 相互独立,$Z=X-Y$,求 Z 的分布律.

解　Z 的可能取值是:$-1,0,1,2,\cdots$

$$P(Z=-1)=P(X=0,Y=1)=P(X=0)P(Y=1)=\lambda e^{-\lambda},$$
$$P(Z=0)=P(X=0,Y=0)+P(X=1,Y=1)$$
$$=e^{-\lambda}(1-\lambda)+\lambda e^{-\lambda}\lambda=(1-\lambda+\lambda^2)e^{-\lambda},$$
$$P(Z=1)=P(X=1,Y=0)+P(X=2,Y=1)$$
$$=\lambda e^{-\lambda}(1-\lambda)+\frac{\lambda^2}{2}e^{-\lambda}\lambda$$

$$= \left(\lambda - \lambda^2 + \frac{\lambda^3}{2} \right) \mathrm{e}^{-\lambda},$$

对 $k \geqslant 2$,有

$$P(Z=k) = P(X=k, Y=0) + P(X=k+1, Y=1)$$

$$= \frac{\lambda^k}{k!} \mathrm{e}^{-\lambda}(1-\lambda) + \frac{\lambda^{k+1}}{(k+1)!} \mathrm{e}^{-\lambda}\lambda$$

$$= \left(1 - \lambda + \frac{\lambda^2}{k+1} \right) \frac{\lambda^k}{k!} \mathrm{e}^{-\lambda}.$$

例 3　设 (X,Y) 的联合密度函数如下,$Z = \dfrac{Y}{X}$,求 Z 的密度函数.

$$f(x,y) = \begin{cases} \mathrm{e}^{-x} & 0 < y < x \\ 0 & \text{其他} \end{cases}.$$

解　由 X,Y 的取值及 Z 与 X,Y 的函数关系可知,Z 的取值范围(Z 的密度函数不为 0 的范围)是 $0 \leqslant z \leqslant 1$.

首先求 Z 的分布函数 $F_Z(z)$,

当 $z < 0$ 时,$F_Z(z) = 0$;

当 $z \geqslant 1$ 时,$F_Z(z) = 1$;

当 $0 \leqslant z < 1$ 时,如图 3.13 所示,

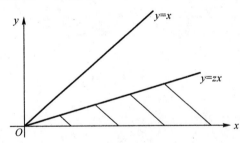

图 3.13

$$F_Z(z) = P(Z \leqslant z) = P\left(\frac{Y}{X} \leqslant z \right) = P(Y \leqslant zX)$$

$$= \iint\limits_{y \leqslant zx} f(x,y) \mathrm{d}x \mathrm{d}y = \int_0^{+\infty} \left(\int_0^{zx} \mathrm{e}^{-x} \mathrm{d}y \right) \mathrm{d}x$$

$$= z \int_0^{+\infty} x \mathrm{e}^{-x} \mathrm{d}x = z.$$

则 Z 的密度函数为:

$$f_Z(z) = F_Z'(z) = \begin{cases} 1 & 0 \leqslant z \leqslant 1 \\ 0 & \text{其他} \end{cases}.$$

例 4　设 X 和 Y 是两个相互独立的随机变量,都服从 $N(0,1)$ 分布,设 $Z = X + Y$,求 Z 的分布.

解　有 $f_X(x) = \dfrac{1}{\sqrt{2\pi}} e^{-x^2/2}$,　$-\infty < x < +\infty$,

$$f_Y(y) = \frac{1}{\sqrt{2\pi}} e^{-y^2/2}, \quad -\infty < y < +\infty,$$

则 Z 的分布函数是：

$$\begin{aligned}
F_Z(z) &= P(Z \leqslant z) = P(X + Y \leqslant z) \\
&= \int_{-\infty}^{+\infty} \left[\int_{-\infty}^{z-x} \frac{1}{2\pi} e^{-x^2/2} e^{-y^2/2} \mathrm{d}y \right] \mathrm{d}x,
\end{aligned}$$

于是，Z 的密度函数为：

$$f_Z(z) = F_Z'(z) = \int_{-\infty}^{+\infty} \frac{1}{2\pi} e^{-x^2/2} e^{-(z-x)^2/2} \mathrm{d}x,$$

由

$$-\frac{x^2}{2} - \frac{(z-x)^2}{2} = -\frac{z^2}{4} - \left(x - \frac{z}{2} \right)^2,$$

$$f_Z(z) = \frac{1}{2\pi} e^{-z^2/4} \int_{-\infty}^{+\infty} e^{-\left(x - \frac{z}{2} \right)^2} \mathrm{d}x,$$

令

$$t = \sqrt{2}\left(x - \frac{z}{2} \right), \quad \mathrm{d}t = \sqrt{2}\,\mathrm{d}x,$$

$$f_Z(z) = \frac{1}{2\pi} e^{-z^2/4} \frac{1}{\sqrt{2}} \int_{-\infty}^{+\infty} e^{-t^2/2} \mathrm{d}t = \frac{1}{\sqrt{2\pi}\sqrt{2}} e^{-z^2/4},$$

即 $Z \sim N(0, 2)$.

更一般地，可以证明有限个相互独立的正态随机变量的线性组合仍然是正态分布，即若随机变量 $X_1, X_2, \cdots, X_n$ 相互独立，都服从正态分布，常数 $a_1, a_2, \cdots, a_n$，则

$$a_1 X_1 + a_2 X_2 + \cdots + a_n X_n \sim N(*, *).$$

其分布参数 $(*, *)$ 的确定，将在第 4 章中讨论.

习题 3.5(A)

1. 二维随机变量 (X, Y) 有联合分布律：

X \ Y	-1	0	1
1	0.1	0.2	0.1
2	0	0.4	0.2

　设：(1) $Z = XY$；(2) $Z = X^2 + Y^2$. 分别求随机变量 Z 的分布律.

2. 二维随机变量 (X, Y) 在区域：$x > 0, y > 0, x + y < 1$ 上均匀分布，设 $Z = X + Y$，求 Z 的密度函数.

3. 设 X 和 Y 分别表示两个不同电子器件的寿命(小时)，X 与 Y 相互独立，具有相同的密度函数：$f(x) = \begin{cases} \dfrac{100}{x^2} & x > 100 \\ 0 & x \leqslant 100 \end{cases}$，求 $Z = X/Y$ 的密度函数.

习题 3.5(B)

1. 设 (X,Y) 的联合密度函数为：$f(x,y)=\begin{cases} e^{-x} & 0\leqslant y\leqslant x \\ 0 & \text{其他} \end{cases}$，设：(1) $Z=X+Y$；(2) $Z=e^{-(X+Y)}$. 分别求 Z 的密度函数.

2. X 与 Y 相互独立，都服从标准正态分布，设：(1) $Z=X/Y$；(2) $Z=\sqrt{X^2+Y^2}$；(3) $Z=|X-Y|$. 分别求 Z 的密度函数.

§3.6 几种特殊随机变量的函数的分布

关于两个随机变量的函数的分布问题，在上一节我们讨论了一般情形，在这一节将讨论几种特殊的随机变量的函数的分布.

一、独立和

所谓独立和是指随机变量 X 与 Y 相互独立，且 X 和 Y 的分布已知，设 $Z=X+Y$，求 Z 的分布.

例1 已知 X 和 Y 相互独立，都服从 0-1 分布：$P(X=1)=P(Y=1)=p$，$P(X=0)=P(Y=0)=1-p=q$，设 $Z=X+Y$，求 Z 的分布律.

解 易知 Z 的取值为 $0,1,2$，由 X 与 Y 的独立性：

$$P(Z=0)=P(X=0,Y=0)=P(X=0)P(Y=0)=q^2;$$
$$P(Z=1)=P(X=0,Y=1)+P(X=1,Y=0)$$
$$=P(X=0)P(Y=1)+P(X=1)P(Y=0)=2pq;$$
$$P(Z=2)=P(X=1,Y=1)=P(X=1)P(Y=1)=p^2.$$

事实上，$Z\sim B(2,p)$.

再考虑连续型的情形，X 与 Y 相互独立，密度函数分别为 $f_X(x)$ 和 $f_Y(y)$，设 $Z=X+Y$，求 Z 的密度函数.

首先，Z 的分布函数为：

$$F_Z(z)=P(Z\leqslant z)=P(X+Y\leqslant z)=\iint\limits_{x+y\leqslant z}f_X(x)f_Y(y)\mathrm{d}x\mathrm{d}y,$$

这里，z 是任意固定的常数，二重积分的积分区域是直线 $x+y=z$ 左下方的半平面，如图 3.14 所示.

二重积分化成二次定积分，得

$$F_Z(z)=\int_{-\infty}^{+\infty}\left[f_Y(y)\int_{-\infty}^{z-y}f_X(x)\mathrm{d}x\right]\mathrm{d}y;$$

或 $$F_Z(z)=\int_{-\infty}^{+\infty}\left[f_X(x)\int_{-\infty}^{z-x}f_Y(y)\mathrm{d}y\right]\mathrm{d}x.$$

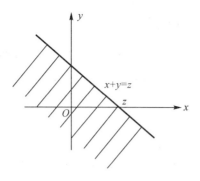

图 3.14

于是,Z 的密度函数为:

$$f_Z(z) = F_Z{}'(z) = \int_{-\infty}^{+\infty} f_X(z-y)f_Y(y)\mathrm{d}y;$$

或　　　　$$f_Z(z) = F_Z{}'(z) = \int_{-\infty}^{+\infty} f_X(x)f_Y(z-x)\mathrm{d}x.$$

上面两个积分称为函数 $f_X(x)$ 和 $f_Y(y)$ 的卷积或褶积. 理论上,积分区间是 $(-\infty, +\infty)$,但具体问题需具体分析.

例 2　器件 a 和 b 是"备用"结构,如图 3.15 所示,a 和 b 的使用寿命分别是 X, Y,都服从 $\alpha=1$ 的指数分布,且相互独立,求备用系统的寿命 Z 的分布.

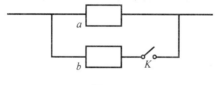

图 3.15

解　X 和 Y 有相同的密度函数:

$$f(x) = \begin{cases} \mathrm{e}^{-x} & x>0 \\ 0 & x \leqslant 0 \end{cases}.$$

所谓备用系统是一开始由器件 a 工作,当 a 失效时,开关 K 立即闭合,由器件 b 接替 a. 由物理知识可知,备用系统的寿命是 $Z=X+Y$,不妨选用对 y 的卷积求 $f_Z(z)$,注意卷积公式

$$f_Z(z) = \int_{-\infty}^{+\infty} f_X(z-y)f_Y(y)\mathrm{d}y$$

中,由保证被积函数不等于 0 来确定实际的积分上下限,即需

$$\begin{cases} f_X(z-y) \neq 0 \\ f_Y(y) \neq 0 \end{cases}.$$

由 X 和 Y 的密度函数知,必需

$$\begin{cases} z-y>0 \\ y>0 \end{cases} \Rightarrow 0<y<z,$$

即对 y 的卷积的实际区间是 $(0,z)$，这里 $z(z\geqslant 0)$ 是任意固定的. 则当 $z\geqslant 0$ 时

$$f_Z(z) = \int_0^z e^{-(z-y)} e^{-y} dy = e^{-z} \int_0^z dy = z e^{-z};$$

于是 Z 的密度函数为：

$$f_Z(z) = \begin{cases} z e^{-z} & z\geqslant 0 \\ 0 & z<0 \end{cases}.$$

事实上，该类题也可按先求分布函数的方法求解.

(X,Y) 的联合密度函数：$f(x,y) = \begin{cases} e^{-(x+y)} & x\geqslant 0, y\geqslant 0 \\ 0 & \text{其他} \end{cases}$，

当 $z<0$ 时，Z 的分布函数 $F_Z(z)=0$；

当 $z\geqslant 0$ 时，如图 3.16 所示，

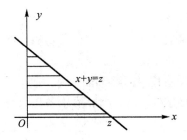

图 3.16

$$F_Z(z) = P(Z\leqslant z) = P(X+Y\leqslant z) = \iint\limits_{x+y\leqslant z} e^{-(x+y)} dx dy$$

$$= \int_0^z (e^{-x} \int_0^{z-x} e^{-y} dy) dx = \int_0^z (e^{-x} - e^{-z}) dx$$

$$= 1 - e^{-z} - z e^{-z}.$$

于是 Z 的密度函数为：

$$f_Z(z) = F_Z'(z) = \begin{cases} z e^{-z} & z\geqslant 0 \\ 0 & z<0 \end{cases}.$$

二、$\max(X,Y)$

随机变量 X 与 Y 相互独立，且 X 和 Y 的分布已知，设 $U=\max(X,Y)$，求 U 的分布.

例 3　随机变量 X 和 Y 同例 1，设 $U=\max(X,Y)$，求 U 的分布律.

解　U 的可能取值也是 0 和 1，只有当 "$X=0$ 且 $Y=0$" 时，X,Y 中最大的才是 0，即 "$U=0$"，因此，由独立性：

$$P(U=0) = P(X=0, Y=0) = P(X=0)P(Y=0) = q^2.$$

而在"$X=0$ 且 $Y=1$"或"$X=1$ 且 $Y=0$"或"$X=1$ 且 $Y=1$"时,都有"$U=1$",因此

$$P(U=1)=P(X=0,Y=1)+P(X=1,Y=0)+P(X=1,Y=1)$$
$$=P(X=0)P(Y=1)+P(X=1)P(Y=0)$$
$$+P(X=1)P(Y=1)$$
$$=qp+pq+p^2=2pq+p^2=1-q^2.$$

事实上,由概率的性质直接可得:$P(U=1)=1-P(U=0)=1-q^2$.

例 4 如图 3.17 所示,器件 a 和 b 是并联结构,a 和 b 的使用寿命分别是 X,Y,它们都服从 $\alpha=1$ 的指数分布,且相互独立,求并联系统的寿命 U 的分布.

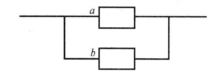

图 3.17

解 X 和 Y 有相同的分布函数:

$$F(x)=\begin{cases}1-e^{-x} & x>0 \\ 0 & x\leqslant 0\end{cases}.$$

由物理知识可知,并联系统的寿命是 $U=\max(X,Y)$.

当 $u>0$ 时,U 的分布函数是:

$$F_U(u)=P(U\leqslant u)=P\{\max(X,Y)\leqslant u\},$$

容易理解,$\{\max(X,Y)\leqslant u\}$ 等价于 $\{X\leqslant u$ 且 $Y\leqslant u\}$.再由独立性可得

$$F_U(u)=P(X\leqslant u,Y\leqslant u)=P(X\leqslant u)P(Y\leqslant u)$$
$$=F_X(u)F_Y(u)=(1-e^{-u})^2.$$

于是 U 的密度函数为:

$$f_U(u)=F_U{}'(u)=\begin{cases}2e^{-u}(1-e^{-u}) & u>0 \\ 0 & u\leqslant 0\end{cases}.$$

一般地,若随机变量 $X_1,X_2,\cdots,X_n$ 相互独立,分布函数分别为

$$F_{X_1}(x_1),F_{X_2}(x_2),\cdots,F_{X_n}(x_n),$$

则 $U=\max(X_1,X_2,\cdots,X_n)$ 的分布函数是:

$$F_U(u)=F_{X_1}(u)\cdot F_{X_2}(u)\cdot\cdots\cdot F_{X_n}(u).$$

当 $X_1,X_2,\cdots,X_n$ 独立同分布,即 $X_1,X_2,\cdots,X_n$ 有相同的分布函数 $F_X(x)$ 时,

$$F_U(u)=\{F_X(u)\}^n.$$

注意,在 X 的分布函数中,变量 x 取 u.

三、$\min(X,Y)$

随机变量 X 与 Y 相互独立,且 X 和 Y 的分布已知,设 $V=\min(X,Y)$,求 V

的分布.

例 5 随机变量 X 和 Y 同例 1,设 $V=\min(X,Y)$,求 V 的分布律.

解 易知随机变量 V 的取值是 0 和 1,只有当"$X=1$ 且 $Y=1$"时,X,Y 中最小的才是 1,即"$V=1$",因此,由独立性:

$$P(V=1)=P\{\min(X,Y)=1\}=P(X=1,Y=1)$$
$$=P(X=1)P(Y=1)=p^2,$$

而 $\quad P(V=0)=1-P(V=1)=1-p^2,$

即 V 的分布律为:

V	0	1
p_i	$1-p^2$	p^2

例 6 如图 3.18 所示,器件 a 和 b 是串联结构,a 和 b 的使用寿命分别是 X,Y,它们都服从 $\alpha=1$ 的指数分布,且相互独立,求串联系统的寿命 V 的分布.

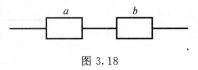

图 3.18

解 由物理知识可知,串联系统的寿命是 $V=\min(X,Y)$.

当 $v>0$ 时,V 的分布函数是:

$$F_V(v)=P(V\leqslant v)$$
$$=P\{\min(X,Y)\leqslant v\}$$
$$=1-P\{\min(X,Y)>v\},$$

只有当 $X>v$ 且 $Y>v$ 时,才能保证 $\min(X,Y)>v$,因此

$$F_V(v)=1-P(X>v,Y>v)=1-P(X>v)P(Y>v)$$
$$=1-\{1-P(X\leqslant v)\}\{1-P(Y\leqslant v)\}$$
$$=1-\{1-F_X(v)\}\{1-F_Y(v)\}=1-e^{-2v}.$$

于是 V 的密度函数为:

$$f_V(v)=F_V'(v)=\begin{cases}2e^{-2v} & v>0 \\ 0 & v\leqslant 0\end{cases},$$

即 $V=\min(X,Y)$ 服从 $\alpha=2$ 的指数分布.

一般地,若随机变量 $X_1,X_2,\cdots,X_n$ 相互独立,分布函数分别为

$$F_{X_1}(x_1),F_{X_2}(x_2),\cdots,F_{X_n}(x_n),$$

则 $V=\min(X_1,X_2,\cdots,X_n)$ 的分布函数是:

$$F_V(v)=1-\{1-F_{X_1}(v)\}\cdot\{1-F_{X_2}(v)\}\cdot\cdots\cdot\{1-F_{X_n}(v)\}.$$

当 $X_1,X_2,\cdots,X_n$ 独立同分布,即 $X_1,X_2,\cdots,X_n$ 有相同的分布函数 $F_X(x)$ 时,

$$F_V(v)=1-\{1-F_X(v)\}^n.$$

习题 3.6（A）

1. 设 (X,Y) 的联合分布律为：

X \ Y	0	1	2
0	0.1	0.2	0.1
1	0.1	0.3	0.2

设 $U=\max(X,Y); V=\min(X,Y)$. 求：(1) U 和 V 的分布律；(2) (U,V) 的联合分布律.

2. 随机变量 X 与 Y 相互独立, 且 X 和 Y 都是 $N(0,1)$ 分布, (1) 设 $Z=\max(X,Y)$, 求 $P(Z<0)$; (2) 设 $Z=\min(X,Y)$, 求 $P(Z<0)$.

3. 随机变量 X_1,X_2,X_3,X_4 相互独立, 都是 $(0,1)$ 上的均匀分布, (1) 设 $Z=\max(X_1,X_2,X_3,X_4)$, 求 Z 的密度函数；(2) 设 $Z=\min(X_1,X_2,X_3,X_4)$, 求 Z 的密度函数.

4. $X \sim U(0,1)$, Y 服从 $\alpha=1$ 的指数分布, X 与 Y 相互独立, $Z=X+Y$, 求 Z 的密度函数.

习题 3.6（B）

1. X 与 Y 相互独立, 都是 $(0,1)$ 区间上的均匀分布, 设 $Z=X+Y$, 求 Z 的密度函数.

2. X 与 Y 相互独立, X 服从 $\alpha=1$ 的指数分布, Y 的密度函数为：$f_Y(y) = \begin{cases} 2y & 0<y<1 \\ 0 & \text{其他} \end{cases}$, 设 $Z=X+Y$, 求 Z 的密度函数.

3. 随机变量 X_1,X_2,X_3,X_4 相互独立, 具有相同的 0-1 分布：$P(X_i=1)=p$, $P(X_i=0)=1-p=q$, $0<p<1$, $i=1,2,3,4$.

(1) 设 $Z_1=\max(X_1,X_2,X_3,X_4)$, 求 Z_1 的分布律；

(2) 设 $Z_2=\min(X_1,X_2,X_3,X_4)$, 求 Z_2 的分布律；

(3) 求 (Z_1,Z_2) 的联合分布律；

(4) 设 $Z_3=X_1+X_2+X_3+X_4$, 求 Z_3 的分布律；

(5) 设 $Z_4 = \begin{vmatrix} X_1 & X_2 \\ X_3 & X_4 \end{vmatrix}$, 求 Z_4 的分布律.

小　　结

【内容提要】

1. 二维随机变量分为二维离散型和二维连续型.

二维离散型用联合分布律描述, 有性质：

$$0 \leqslant p_{ij} \leqslant 1, \ i,j=1,2,\cdots; \ \sum_i \sum_j p_{ij} = 1.$$

二维连续型用联合密度函数 $f(x,y)$ 描述, 有如下的性质：

(1) $f(x,y) \geqslant 0$;

(2) $\int_{-\infty}^{+\infty} \int_{-\infty}^{+\infty} f(x,y)\mathrm{d}x\mathrm{d}y = 1$;

(3) $P((X,Y) \in D) = \iint\limits_{D} f(x,y)\mathrm{d}x\mathrm{d}y$;

(4) $\dfrac{\partial^2 F(x,y)}{\partial x \partial y} = f(x,y)$.

2. 联合分布函数 $F(x,y) = P(X \leqslant x, Y \leqslant y)$ 有如下性质：

(1) $F(x,y)$ 关于 x, 关于 y 单调不减；

(2) $0 \leqslant F(x,y) \leqslant 1$, 且

$$\lim_{x \to -\infty} F(x,y) = 0, \qquad \lim_{y \to -\infty} F(x,y) = 0, \qquad \lim_{\substack{x \to +\infty \\ y \to +\infty}} F(x,y) = 1.$$

3. 边缘分布律：

$$p_{i\cdot} = P(X = x_i) = \sum_j p_{ij},\ i = 1,2,\cdots;$$

$$p_{\cdot j} = P(Y = y_j) = \sum_i p_{ij},\ j = 1,2,\cdots.$$

边缘密度函数：

$$f_X(x) = \int_{-\infty}^{+\infty} f(x,y)\mathrm{d}y;\quad f_Y(y) = \int_{-\infty}^{+\infty} f(x,y)\mathrm{d}x.$$

4. 随机变量 X 与 Y 相互独立的充要条件是：$F(x,y) = F_X(x)F_Y(y)$.

对于二维离散型, 就是：$p_{ij} = p_{i\cdot} \cdot p_{\cdot j}$.

对于二维连续型, 就是：$f(x,y) = f_X(x) \cdot f_Y(y)$.

5. 两个随机变量的函数的分布：

一般问题的解法, 四类特殊问题的解法(并推广到多个随机变量的函数的分布).

【重点】

1. 利用二重积分计算概率.

2. 边缘分布律和边缘密度函数的计算.

3. 随机变量 X 与 Y 相互独立的判定.

4. 求简单的两个或多个随机变量的函数的分布.

【难点】

求边缘密度函数时, 积分上下限的确定；联合分布函数的概念.

第4章 随机变量的数字特征

【教学内容】

前面两章讨论了随机变量的分布,这一章将从另一个角度研究随机变量,即随机变量的数字特征.具体的特征有随机变量的数学期望、方差、协方差和相关系数.这些数字特征具有重要的实际意义,也具有重要的理论意义.

应理解随机变量的数学期望、方差、协方差和相关系数的概念和性质,理解它们的实际意义,熟练掌握其计算,并能对随机变量进行相关性分析.

本章共分为 6 节,在 6 个课时内完成.

【基本要求】

1. 理解数学期望的概念和性质,掌握数学期望的计算,特别是随机变量函数的期望.

2. 理解方差的概念和性质,掌握方差的计算.

3. 理解协方差、相关系数的概念,掌握它们的基本性质和计算.

4. 熟练掌握 0-1 分布、二项分布、泊松分布、均匀分布、正态分布、指数分布的随机变量的数学期望与方差的值.

5. 理解随机变量的独立性和不相关性的概念和关系.

6. 知道矩与协方差阵的概念.

【关键词和主题】

数学期望定义和实际意义,随机变量的函数的数学期望,数学期望的性质,计算数学期望的几种方法;

方差的定义,方差的实际意义,方差计算公式,方差的性质;

0-1 分布的数学期望和方差,泊松分布的数学期望和方差,贝努里分布(二项分布)的数学期望和方差,均匀分布的数学期望和方差,指数分布的数学期望和方差,正态分布的数学期望和方差;

协方差和相关系数的定义,协方差和相关系数的性质,协方差的关系式,不相关性和独立性,二维正态分布的不相关性和独立性,矩,协方差矩阵.

§4.1　数学期望

数学期望是随机变量最基本而重要的数字特征.本节讨论数学期望的定义和一个十分重要的问题——随机变量函数的数学期望.

一、数学期望的定义

首先我们看一个例子,

例1　甲乙两个射击运动员,对他们以往大量的射击成绩经过分析,用 X,Y 分别表示甲乙命中的环数,得到如下的分布律:

X	8	9	10
p_i	0.4	0.2	0.4

Y	8	9	10
p_i	0.1	0.7	0.2

现在需要回答一个问题:甲与乙哪一个水平较高?

虽然 X 和 Y 的分布律已经知道,但要回答"哪一个水平较高"的问题并不是那么直观,为此,设甲和乙分别射击了 n 次,比较他们的总环数和平均环数.

甲:$(n \times 0.4 \times 8 + n \times 0.2 \times 9 + n \times 0.4 \times 10)/n = 9.0$;

乙:$(n \times 0.1 \times 8 + n \times 0.7 \times 9 + n \times 0.2 \times 10)/n = 9.1$.

现在,我们知道乙的水平比甲要好一些.

事实上,上面的运算是:

$$8 \times 0.4 + 9 \times 0.2 + 10 \times 0.4 = 9.0;$$

及　　　　$$8 \times 0.1 + 9 \times 0.7 + 10 \times 0.2 = 9.1.$$

9.0 和 9.1 就是 X 和 Y 的数学期望.

定义　设随机变量的分布律为:

X	x_1	x_2	$\cdots$	x_k	$\cdots$
p_i	p_1	p_2	$\cdots$	p_k	$\cdots$

称 $x_1 p_1 + x_2 p_2 + \cdots + x_k p_k + \cdots = \sum_i x_i p_i$(若级数 $\sum_i x_i p_i$ 绝对收敛)为随机变量的数学期望(或均值),记为 $E(X)$,即

$$E(X) = \sum_i x_i p_i .$$

由此,在例1中,$E(X) = 9.0$,$E(Y) = 9.1$.

数学期望表征的是随机变量取值的"平均",这一平均不是简单的算术平均 $\dfrac{8+9+10}{3}$,而是加"权"平均 $8 \times \dfrac{4}{10} + 9 \times \dfrac{2}{10} + 10 \times \dfrac{4}{10}$.值 8,9,10 的权是不一样的,这"权"就是它们对应的概率.数学期望具有非常重要和直观的实际意义.如我国北方的年平均气温低于南方的年平均气温等.

参照离散型随机变量的数学期望的定义,可以定义连续型随机变量的数学期望.

定义　连续型随机变量 X 有密度函数 $f(x)$,定义 X 的数学期望为:

$$E(X) = \int_{-\infty}^{+\infty} x \cdot f(x) \mathrm{d}x \quad (若该积分绝对可积).$$

应该指出,定义中的积分区间是 $(-\infty, +\infty)$,具体积分区间应由密度函数确定.

例 2　设随机变量 X 有密度函数: $f(x) = \begin{cases} 2x & 0 \leqslant x \leqslant 1 \\ 0 & 其他 \end{cases}$,则

$$E(X) = \int_{-\infty}^{+\infty} xf(x)\mathrm{d}x = \int_0^1 x \cdot 2x \mathrm{d}x = \int_0^1 2x^2 \mathrm{d}x = \frac{2}{3}.$$

可见,数学期望的计算是十分方便的.

在实际问题中,我们要考虑的不仅是一个随机变量的数学期望,更多的是考虑随机变量的函数的数学期望,即随机变量 X 的分布已知,Y 是 X 的函数 $Y = g(X)$,需要求 $E(Y)$,即 $E\{g(X)\}$.下面,我们仅对这一问题给出相应的几个结论,其重要性是不必求出 Y 的分布,而是由 X 的分布直接求得 Y 即 $g(X)$ 的数学期望,结论的证明已经超出了本课程的范围.

二、随机变量函数的数学期望

我们先看一个简单的例子.

例 3　设随机变量 X 的分布律为: $\begin{array}{c|cccc} X & -1 & 0 & 1 & 2 \\ \hline p_i & 0.1 & 0.2 & 0.3 & 0.4 \end{array}$,

$Y = 1 - X^2$,求 $E(Y)$.

解　显然,Y 的取值是 $1 - (-1)^2, 1 - 0^2, 1 - 1^2, 1 - 2^2$,它们的概率即是 X 取 $-1, 0, 1, 2$ 的概率.由数学期望的定义:

$$\begin{aligned}
E(Y) &= E(1 - X^2) \\
&= [(1 - (-1)^2) \times 0.1 + (1 - 0^2) \times 0.2 \\
&\quad + (1 - 1^2) \times 0.3 + (1 - 2^2) \times 0.4 \\
&= -1.
\end{aligned}$$

一般地,关于随机变量的函数的数学期望,我们有如下的结论.

1. 若离散型随机变量 X 的分布律为 $P(X = x_i) = p_i$, $i = 1, 2, \cdots$,设 $Y = g(X)$,则 Y 的数学期望为:

$$E(Y) = E\{g(X)\} = \sum_i g(x_i) p_i .$$

2. 若连续型随机变量 X 的密度函数为 $f(x)$,设 $Y = g(X)$,则 Y 的数学期望为:

$$E(Y) = E\{g(X)\} = \int_{-\infty}^{+\infty} g(x)f(x)\mathrm{d}x.$$

可以推广到两个随机变量的函数的期望.

3. 若二维随机变量(X,Y)的联合分布律为$P(X=x_i, Y=y_j)=p_{ij}$, $i,j=1$, $2,\cdots$,设$Z=g(X,Y)$,则Z的数学期望为:

$$E(Z) = E\{g(X,Y)\} = \sum_i \sum_j g(x_i, y_j)p_{ij}.$$

4. 若随机变量(X,Y)的联合密度函数为$f(x,y)$,设$Z=g(X,Y)$,则Z的数学期望为:

$$E(Z) = E\{g(X,Y)\} = \int_{-\infty}^{+\infty} \int_{-\infty}^{+\infty} g(x,y)f(x,y)\mathrm{d}x\mathrm{d}y.$$

例 4　设随机变量X的密度函数如下,设$Y=\sin X^2$,求$E(Y)$.

$$f(x) = \begin{cases} 2x & 0<x<1 \\ 0 & \text{其他} \end{cases}.$$

解　由结论 2,

$$E(Y) = E(\sin X^2) = \int_0^1 \sin x^2 \cdot 2x\mathrm{d}x = -\cos x^2 \big|_0^1 = 1 - \cos 1.$$

例 5　二维随机变量(X,Y)的联合分布律如下,$Z=XY$,求$E(Z)$.

X \ Y	1	2	3
0	0.1	0.2	0.3
1	0	0.3	0.1

解　由结论 3,

$$
\begin{aligned}
E(Z) &= E(XY) \\
&= 0\times1\times0.1 + 0\times2\times0.2 + 0\times3\times0.3 + 1\times1\times0 \\
&\quad + 1\times2\times0.3 + 1\times3\times0.1 \\
&= 0.9.
\end{aligned}
$$

例 6　设随机变量(X,Y)的联合密度函数如下,求$E(X+Y)$.

$$f(x,y) = \begin{cases} 4xy & 0<x<1, 0<y<1 \\ 0 & \text{其他} \end{cases}.$$

解　由结论 4,

$$E(X+Y) = \int_0^1 \int_0^1 (x+y)\cdot 4xy\mathrm{d}x\mathrm{d}y = \int_0^1 4y\left(\frac{1}{3} + \frac{1}{2}y\right)\mathrm{d}y = \frac{4}{3}.$$

例 7　某商品销售量(单位)$X \sim U(10,30)$,进货量n是$10\sim30$之间的某一个数,每销售一单位,获利 500 元,若供大于求,每积压一单位,损失 100 元,若供不应求,可按需调剂,每单位能获利 400 元,为使获利的期望值达到最大,进货量n应多大?

解　首先 X 的密度函数为 $f(x)=\begin{cases}\dfrac{1}{20}&10<x<30\\0&\text{其他}\end{cases}$，设 Y 表示利润，

当 $x\leqslant n$ 时，即销售 x 个单位，积压 $n-x$ 个单位，此时利润为：
$$Y=500x-100(n-x);$$

当 $x>n$ 时，即销售 n 个单位后，还需要调剂 $x-n$ 个单位，此时利润为：
$$Y=500n+400(x-n),$$

即　　　　$Y=\begin{cases}500x-100(n-x)&x\leqslant n\\500n+400(x-n)&x>n\end{cases}.$

利润 Y 的数学期望为：
$$\begin{aligned}E(Y)&=\int_{10}^{n}\frac{1}{20}\big[500x-100(n-x)\big]\mathrm{d}x\\&\quad+\int_{n}^{30}\frac{1}{20}\big[500n+400(x-n)\big]\mathrm{d}x\\&=-5n^2+200n+7500.\end{aligned}$$

上式对 n 求导数，并令等于 0：$-10n+200=0$，得 $n=20$，即进货量 $n=20$ 单位，可使利润期望 $E(Y)$ 达到最大.

说　明

关于数学期望的定义中要求 $\sum_i x_i p_i$ 绝对收敛，当 X 只取有限多个值时，$\sum_i x_i p_i$ 不存在是否收敛的问题；而当 X 取可列无穷多个值时，$\sum_i x_i p_i$ 是一个无穷级数. 一方面，在分布律中任意交换 x_i 的先后次序，并不改变 X 的分布；另一方面，若 X 的数学期望 $E(X)$ 是存在的，任意交换无穷级数 $\sum_i x_i p_i$ 中 $x_i p_i$ 的先后次序，而保持级数的和不变，则由无穷级数的性质，在该级数绝对收敛时，才能做到这一点.

例　设 X 的分布律为 $P\left\{X=(-1)^{j+1}\dfrac{3^j}{j}\right\}=\dfrac{2}{3^j}$，$j=1,2,3,\cdots$，其数学期望为：$E(X)=\sum\limits_{j=1}^{+\infty}(-1)^{j+1}\dfrac{3^j}{j}\cdot\dfrac{2}{3^j}=\sum\limits_{j=1}^{+\infty}(-1)^{j+1}\dfrac{2}{j}.$

该级数是交错级数，满足莱布尼兹条件，是收敛的.

但是，$\sum\limits_{j=1}^{+\infty}\left|(-1)^{j+1}\dfrac{2}{j}\right|=\sum\limits_{j=1}^{+\infty}\dfrac{2}{j}$ 是调和级数，不收敛，即 $\sum\limits_{j=1}^{+\infty}(-1)^{j+1}\dfrac{2}{j}$ 不是绝对收敛，所以数学期望 $E(X)$ 不存在.

类似地，要求连续型随机变量 X 的数学期望 $E(X)=\int_{-\infty}^{+\infty}x\cdot f(x)\mathrm{d}x$ 绝对可积.

习题 4. 1(A)

1. 盒中有 5 个球,其中 2 个是红球,随机地取 3 个,用 X 表示取到的红球的个数,求 $E(X)$.

2. 甲、乙两位电脑打字员每页出错数分别用 X,Y 表示,分布律如下,问哪位打字员质量较好?

X	0	1	2	3	4
p_i	0.2	0.2	0.3	0.2	0.1

Y	0	1	2	3
p_i	0.2	0.3	0.1	0.4

3. 设随机变量 X 有密度函数:$f(x)=\begin{cases} \dfrac{3}{8}x^2 & 0\leqslant x\leqslant 2 \\ 0 & \text{其他} \end{cases}$,求 $E(X)$;$E(2X-1)$;$E(\dfrac{1}{X^2})$;并求 X 大于数学期望 $E(X)$ 的概率.

4. 设 X 的密度函数为:$f(x)=\begin{cases} a+bx & 0<x<1 \\ 0 & \text{其他} \end{cases}$,已知 $E(X)=0.6$,求 a 和 b 的值.

5. 设随机变量 X 的分布律为:

X	0	1	2
p_i	0.2	0.3	0.5

,求 $E(X+3)$;$E(2X^2-3)$.

6. 设 (X,Y) 的联合分布律为:

X \ Y	0	1	2
0	0.1	0.2	a
1	0.1	b	0.2

,已知 $E(XY)=0.65$,求 a,b 的值.

7. 设随机变量 (X,Y) 的联合密度函数如下,求 $E(X)$;$E(Y)$;$E(XY+1)$.

$$f(x,y)=\begin{cases} xy & 0<x<1,0<y<2 \\ 0 & \text{其他} \end{cases}.$$

8. 设 (X,Y) 在区域:$y+x<1,y-x<1,0<y<1$ 上服从均匀分布,求 $E(X)$;$E(Y)$;$E(X+Y)$;$E(XY)$.

习题 4. 1(B)

1. 盒中有①号球 2 个,②号球 3 个,从中随机地取 2 个,用 X 表示号码之和,求 $E(X)$.

2. 某厂生产的产品的使用寿命 X(单位:年)服从 $a=\dfrac{1}{4}$ 的指数分布,规定出售的产品在一年内损坏可予以调换.若工厂出售一件产品能获利 100 元,调换一件产品时需花费 300 元,求厂方出售一件产品获利的数学期望.

3. 设随机变量 X 的密度函数为:$f(x)=\begin{cases} f_1(x) & x>0 \\ f_2(x) & x\leqslant 0 \end{cases}$,则正确的是(   ).

(1) $E(X)=\begin{cases} \displaystyle\int_0^{+\infty} xf_1(x)\mathrm{d}x & x>0 \\ \displaystyle\int_{-\infty}^0 xf_2(x)\mathrm{d}x & x\leqslant 0 \end{cases}$

(2) $F(x)=\begin{cases} \displaystyle\int_{-\infty}^x f_1(x)\mathrm{d}x & x>0 \\ \displaystyle\int_{-\infty}^x f_2(x)\mathrm{d}x & x\leqslant 0 \end{cases}$

(3) $P(X\leqslant 3)=\displaystyle\int_{-\infty}^3 f_1(x)\mathrm{d}x$

(4) $P(|X|<2)=\displaystyle\int_{-2}^0 f_2(x)\mathrm{d}x+\int_0^2 f_1(x)\mathrm{d}x$

4. 设 X 有 $f(x) = \begin{cases} ax & 0 < x < 2 \\ bx + c & 2 \leqslant x \leqslant 4, \\ 0 & \text{其他} \end{cases}$ 已知 $E(X) = 2, P(1 < X < 3) = \dfrac{3}{4}$,

(1) 求 a, b, c 的值；(2) 求 $E(\mathrm{e}^X)$.

5. 地铁到站的时间为整点过后第 5 分钟, 25 分钟, 55 分钟, 一乘客在 8:00—9:00 点之间随机地到达车站, 求候车时间的数学期望.

6. 设一设备无故障运行时间 X(小时)服从参数 $\alpha=1$ 的指数分布, 开机后如果发生故障就停机, 如果无故障运行到 2 小时, 亦停机, 用 Y 表示停机时无故障运行的小时数, 求 $E(Y)$.

§4.2　数学期望的性质

在上一节, 我们给出了数学期望的定义, 说明了数学期望的实际意义, 还给出了随机变量函数的期望的 4 个结论. 本节将讨论数学期望的性质, 并归纳求数学期望的几种方法.

一、数学期望的性质

1. 常数 a, $E(a) = a$.

2. 常数 a, $E(aX) = aE(X)$.

以上两个性质由数学期望的定义直接可得.

3. $E(X + Y) = E(X) + E(Y)$.

4. X, Y 相互独立, 则 $E(XY) = E(X) \cdot E(Y)$.

对性质 3 和 4, 利用随机变量函数的期望很容易证明. 现在对 (X, Y) 是连续型的情形证明如下.

设 (X, Y) 是二维连续型随机变量, 有密度函数 $f(x, y)$, 则

$$
\begin{aligned}
E(X + Y) &= \int_{-\infty}^{+\infty}\int_{-\infty}^{+\infty} (x + y) f(x, y) \mathrm{d}x\mathrm{d}y \\
&= \int_{-\infty}^{+\infty}\int_{-\infty}^{+\infty} x f(x, y) \mathrm{d}x\mathrm{d}y + \int_{-\infty}^{+\infty}\int_{-\infty}^{+\infty} y f(x, y) \mathrm{d}x\mathrm{d}y \\
&= \int_{-\infty}^{+\infty} x \left(\int_{-\infty}^{+\infty} f(x, y) \mathrm{d}y\right) \mathrm{d}x + \int_{-\infty}^{+\infty} y \left(\int_{-\infty}^{+\infty} f(x, y) \mathrm{d}x\right) \mathrm{d}y \\
&= \int_{-\infty}^{+\infty} x \cdot f_X(x) \mathrm{d}x + \int_{-\infty}^{+\infty} y \cdot f_Y(y) \mathrm{d}y \\
&= E(X) + E(Y).
\end{aligned}
$$

设 X 与 Y 相互独立, 有 $f(x, y) = f_X(x) f_Y(y)$, 则

$$
\begin{aligned}
E(XY) &= \int_{-\infty}^{+\infty}\int_{-\infty}^{+\infty} xy \cdot f(x, y) \mathrm{d}x\mathrm{d}y \\
&= \int_{-\infty}^{+\infty}\int_{-\infty}^{+\infty} xy \cdot f_X(x) f_Y(y) \mathrm{d}x\mathrm{d}y
\end{aligned}
$$

$$= \int_{-\infty}^{+\infty} x f_X(x) \mathrm{d}x \cdot \int_{-\infty}^{+\infty} y f_Y(y) \mathrm{d}y$$

$$= E(X) \cdot E(Y).$$

必须指出的是,性质 4 中,X 与 Y 相互独立是充分条件,而不是必要条件. 充分而必要条件将在 §4.5 中讨论.

例 1 设 X 有密度函数 $f(x) = \begin{cases} 2x & 0 < x < 1 \\ 0 & \text{其他} \end{cases}$,求 $E(X^2 - 2X + 1)$.

解 由数学期望的性质,$E(X^2 - 2X + 1) = E(X^2) - 2E(X) + 1$,

$$E(X^2) = \int_0^1 x^2 \cdot 2x \mathrm{d}x = \frac{1}{2}, \quad E(X) = \int_0^1 x \cdot 2x \mathrm{d}x = \frac{2}{3},$$

得 $\quad E(X^2 - 2X + 1) = E(X^2) - 2E(X) + 1$

$$= \frac{1}{2} - 2 \times \frac{2}{3} + 1 = \frac{1}{6}.$$

例 2 设 (X, Y) 有密度函数 $f(x, y) = \begin{cases} 4xy & 0 < x < 1, 0 < y < 1 \\ 0 & \text{其他} \end{cases}$,

求 $E(X^2 + 2Y - 1)$.

解 $E(X^2 + 2Y - 1) = E(X^2) + 2E(Y) - 1$,

其中: $\quad E(X^2) = \int_0^1 \int_0^1 x^2 \cdot 4xy \mathrm{d}x \mathrm{d}y = \int_0^1 4x^3 \left(\int_0^1 y \mathrm{d}y \right) \mathrm{d}x$

$$= \int_0^1 4x^3 \cdot \frac{1}{2} \mathrm{d}x = 4 \times \frac{1}{2} \times \frac{1}{4} x^4 \Big|_0^1 = \frac{1}{2},$$

$$E(Y) = \int_0^1 \int_0^1 y \cdot 4xy \mathrm{d}x \mathrm{d}y = \int_0^1 4x \left(\int_0^1 y^2 \mathrm{d}y \right) \mathrm{d}x$$

$$= \int_0^1 4x \cdot \frac{1}{3} \mathrm{d}x = 4 \times \frac{1}{3} \times \frac{1}{2} x^2 \Big|_0^1 = \frac{2}{3},$$

于是 $\quad E(X^2 + 2Y - 1) = E(X^2) + 2E(Y) - 1$

$$= \frac{1}{2} + 2 \times \frac{2}{3} - 1 = \frac{5}{6}.$$

例 3 设电流强度 I 服从 $(0, 1)$ 上的均匀分布,电阻 R 的密度函数为 $f_R(r) = \begin{cases} 2r & 0 < r < 1 \\ 0 & \text{其他} \end{cases}$,$I$ 与 R 相互独立,试求该电阻上的电压 $V = RI$ 的数学期望.

解 $E(I) = \int_0^1 i \mathrm{d}i = \frac{1}{2}$, $E(R) = \int_0^1 r \cdot 2r \mathrm{d}r = \frac{2}{3}$,

由 I 与 R 的独立性及期望的性质:

$$E(V) = E(I) \cdot E(R) = \frac{1}{2} \times \frac{2}{3} = \frac{1}{3}.$$

例 4 设 X 有密度函数 $f(x) = \begin{cases} x \mathrm{e}^{-x^2/2} & x > 0 \\ 0 & x \leqslant 0 \end{cases}$,求 $E\left(\frac{1}{X} \right)$.

解　$E\left(\dfrac{1}{X}\right) = \displaystyle\int_0^{+\infty} \dfrac{1}{x} x \mathrm{e}^{-x^2/2}\mathrm{d}x = \int_0^{+\infty} \mathrm{e}^{-x^2/2}\mathrm{d}x$,

由标准正态分布的密度函数 $\varphi(x)$ 的对称性,及 $\displaystyle\int_{-\infty}^{+\infty} \dfrac{1}{\sqrt{2\pi}}\mathrm{e}^{-x^2/2}\mathrm{d}x = 1$,可知

$$E\left(\dfrac{1}{X}\right) = \sqrt{\dfrac{\pi}{2}}.$$

例 5　一颗均匀的骰子,连丢 6 次,用 X 表示点数之和,求 $E(X)$.

解　按一般的思想,首先考虑 X 的分布律.

X 的取值为:$6,7,8,\cdots,35,36$,求"$X=6$"和"$X=36$"的概率是比较方便的,

$$P(X=6) = P(X=36) = \left(\dfrac{1}{6}\right)^6,$$

然而,X 取其他值的概率的计算就比较困难了.

现在,我们设 $X_i(i=1,2,\cdots,6)$ 表示第 i 次出现的点数,于是

$$X = X_1 + X_2 + \cdots + X_6,$$

由数学期望的性质

$$E(X) = E(X_1 + X_2 + \cdots + X_6) = E(X_1) + E(X_2) + \cdots + E(X_6),$$

每一个 X_i 有相同的分布律:

X	1	2	3	4	5	6
p_i	1/6	1/6	1/6	1/6	1/6	1/6

$$E(X_i) = \dfrac{1}{6}(1+2+\cdots+6) = \dfrac{21}{6},$$

于是　　$E(X) = 6 \times \dfrac{21}{6} = 21.$

这一例子所用的方法具有典型性,是把一个随机变量表示为几个随机变量的和,再由数学期望的性质,计算数学期望.

数学期望的计算主要有以下几种方法:

(1) 利用数学期望的定义;

(2) 利用数学期望的性质;

(3) 利用随机变量函数的期望;

(4) 利用例 5 的特殊方法.

习题 4. 2(A)

1. 设 X 有分布律:

X	0	1	2	3
p_i	0.1	0.2	0.3	0.4

求 $E(X^2 - 2X + 3)$.

2. 设 X 有密度函数 $f(x) = \begin{cases} 2x & 0 < x < 1 \\ 0 & \text{其他} \end{cases}$,求 $E\left(X^2 - \dfrac{2}{X}\right)$.

3. 设 (X,Y) 有联合密度函数 $f(x,y) = \begin{cases} 8xy & 0 < x < 1, 0 < y < x \\ 0 & \text{其他} \end{cases}$,求 $E[(X+Y)^2]$.

4. 设 (X,Y) 的联合密度函数为 $f(x,y)=\begin{cases}\dfrac{5}{4}y & x^2<y<1 \\ 0 & \text{其他}\end{cases}$,试验证 $E(XY)=E(X) \cdot E(Y)$,

但 X 与 Y 不独立.

5. 设随机变量 X_1,X_2,X_3,X_4 相互独立,都是 $(0,1)$ 区间上的均匀分布.设 $U=\max(X_1,X_2,X_3,X_4)$, $V=\min(X_1,X_2,X_3,X_4)$,求 $E(U)$ 和 $E(V)$.

习题 4.2(B)

1. 随机变量 X 有密度函数 $f(x)=\begin{cases}\dfrac{1}{x\ln 3} & 1<x<4 \\ 0 & \text{其他}\end{cases}$,求 $E(X^2+3X+1)$.

2. 一客车,送 20 个人到 10 个站,每人在各站是否下车是等可能的,且相互独立,该车是有下则停,求停车次数 X 的数学期望.

3. 设 X 与 Y 同分布,有密度函数 $f(x)=\begin{cases}2x\theta^2 & 0<x<\dfrac{1}{\theta} \\ 0 & \text{其他}\end{cases}$,已知 $E[c(X+2Y)]=\dfrac{1}{\theta}$,求 c 的值.

4. 设 X,Y 是随机变量,为使 $E\{[Y-(aX+bY)]^2\}$ 达到最小值,求常数 a 和 b 的值.

5. 设 X 的分布律为 $P(X=k)=\left(\dfrac{1}{2}\right)^k$, $k=1,2,\cdots$,求 $E(X)$.

§4.3　方差

前面我们讨论了随机变量的数学期望,这一节将讨论随机变量的另一个数字特征:方差.首先看一个例子.

例 1　甲、乙两厂生产同一产品,产品使用寿命(小时)分别用 X 和 Y 表示,分布如下:

X	900	1000	1100
p_i	40%	20%	40%

X	500	1000	1500
p_i	20%	60%	20%

试问哪一厂生产的产品质量较好?

解　先比较两个厂生产的产品的寿命均值:

$$E(X)=900\times 40\%+1000\times 20\%+1100\times 40\%=1000,$$

$$E(Y)=500\times 20\%+1000\times 60\%+1500\times 20\%=1000,$$

可见,以平均寿命作为指标进行比较,甲、乙两厂产品质量相同.

但我们注意到,相对来说甲厂产品寿命偏离其均值 $E(X)=1000$ 的程度比乙厂产品寿命偏离其均值 $E(Y)=1000$ 的程度小,这是反映质量稳定性的指标.应考虑到正偏离和负偏离(取平方)及加权,则对 X 和 Y 偏离均值的程度分别计算如下.

　甲：$(900-1000)^2\times40\%+(1000-1000)^2\times20\%+(1100-1000)^2\times40\%$
　　$=8000$,

　乙：$(500-1000)^2\times20\%+(1000-1000)^2\times60\%+(1500-1000)^2\times20\%$
　　$=100000$,

可见,乙厂产品的寿命偏离均值的程度远大于甲厂.上述的"8000"和"100000"就是 X 和 Y 的方差.

一、方差的定义

设随机变量的分布律为：

X	x_1	x_2	$\cdots$	x_k	$\cdots$
p_i	p_1	p_2	$\cdots$	p_k	$\cdots$

有数学期望 $E(X)$, 称
$$[x_1-E(X)]^2p_1+[x_2-E(X)]^2p_2+\cdots+[x_k-E(X)]^2p_k+\cdots$$
为随机变量的方差,记为 $D(X)$,即
$$D(X)=\sum_i[x_i-E(X)]^2\cdot p_i.$$

对连续型随机变量 X,有密度函数 $f(x)$,有数学期望 $E(X)$,定义方差：
$$D(X)=\int_{-\infty}^{+\infty}[x-E(X)]^2\cdot f(x)\mathrm{d}x,$$
称 $\sqrt{D(X)}$ 为均方差或标准差.

二、方差的实际意义

从例 1 和方差的定义可知,随机变量 X 的方差是描述随机变量的取值偏离数学期望的程度.方差越大,则随机变量的取值越分散;方差越小,则随机变量的取值越集中在期望的附近.方差有非常重要和直观的实际意义,如某些地区年温差较大,即气温方差较大,而有些地区四季如春,即气温方差较小.

三、方差计算公式

我们把方差的定义
$$D(X)=\sum_i[x_i-E(X)]^2\cdot p_i \quad（离散型）,$$
$$D(X)=\int_{-\infty}^{+\infty}[x-E(X)]^2\cdot f(x)\mathrm{d}x \quad（连续型）$$
与 §4.1 的"随机变量函数的期望"
$$E\{g(X)\}=\sum_i g(x_i)p_i, \quad E\{g(X)\}=\int_{-\infty}^{+\infty}g(x)f(x)\mathrm{d}x$$
相比较,可知,随机变量 X 的方差实际上是一个特殊的函数 $g(X)=[X-E(X)]^2$ 的期望,即

$$D(X)=E\{[X-E(X)]^2\}.$$

于是,由数学期望的性质:

$$\begin{aligned}D(X)&=E\{[X-E(X)]^2\}\\&=E\{X^2-2X\cdot E(X)+[E(X)]^2\}\\&=E(X^2)-2\cdot E(X)\cdot E(X)+[E(X)]^2\\&=E(X^2)-[E(X)]^2,\end{aligned}$$

即 $\qquad D(X)=E(X^2)-[E(X)]^2.$

在绝大多数场合,我们用这一公式计算方差.

例 2 设 X 的分布律如下,求 $D(X)$.

X	1	2	3
p_i	$\frac{4}{6}$	$\frac{1}{6}$	$\frac{1}{6}$

解 $E(X)=1\times\dfrac{4}{6}+2\times\dfrac{1}{6}+3\times\dfrac{1}{6}=\dfrac{9}{6}=\dfrac{3}{2},$

$E(X^2)=1^2\times\dfrac{4}{6}+2^2\times\dfrac{1}{6}+3^2\times\dfrac{1}{6}=\dfrac{17}{6},$

于是 $\quad D(X)=E(X^2)-[E(X)]^2=\dfrac{17}{6}-\left(\dfrac{3}{2}\right)^2=\dfrac{7}{12}.$

例 3 设 X 有 $f(x)=\begin{cases}2x & 0\leqslant x\leqslant1\\0 & \text{其他}\end{cases}$,求 $D(X)$.

解 $E(X)=\displaystyle\int_0^1 x\cdot2x\mathrm{d}x=\dfrac{2}{3}x^3\Big|_0^1=\dfrac{2}{3},$

$E(X^2)=\displaystyle\int_0^1 x^2\cdot2x\mathrm{d}x=\dfrac{2}{4}x^4\Big|_0^1=\dfrac{2}{4}=\dfrac{1}{2},$

于是 $\quad D(X)=E(X^2)-[E(X)]^2=\dfrac{1}{2}-\left(\dfrac{2}{3}\right)^2=\dfrac{1}{18}.$

四、方差的性质

随机变量的方差有如下性质:

1. 对常数 a,$D(a)=0$;

2. 对常数 a,$D(aX)=a^2D(X)$;

3. 若 X 与 Y 相互独立,则 $D(X+Y)=D(X)+D(Y)$.

由数学期望的性质可知:$E(a)=a$,$E(a^2)=a^2$,

由方差的公式

$$D(a)=E(a^2)-[E(a)]^2=0,$$

而 $\qquad D(aX)=E[(aX)^2]-[E(aX)]^2=a^2E(X^2)-[aE(X)]^2$

$$=a^2\{E(X^2)-[E(X)]^2\}=a^2D(X),$$

特别,当 $a=-1$ 时,$D(-X)=D(X).$

对性质 3,证明如下.

由数学期望的性质 4:X 与 Y 独立,$E(XY) = E(X) \cdot E(Y)$,

由方差公式

$$\begin{aligned}
D(X+Y) &= E[(X+Y)^2] - [E(X+Y)]^2 \\
&= E(X^2 + 2XY + Y^2) - [E(X) + E(Y)]^2 \\
&= E(X^2) + 2E(XY) + E(Y^2) - [E(X)]^2 - 2E(X) \cdot E(Y) \\
&\quad - [E(Y)]^2 \\
&= D(X) + D(Y).
\end{aligned}$$

与数学期望的性质 4 一样,在方差的性质 3 中 X 与 Y 独立是充分条件,不是必要条件.

例 4　X 与 Y 相互独立,已知 $E(X) = 0$,$D(X) = 1$,$E(Y) = 2$,$D(Y) = 3$,求 $E(X - 2Y)$;$D(X - 2Y)$;$E[(X+Y)^2]$.

解　由数学期望和方差的性质:

$$E(X - 2Y) = E(X) - 2E(Y) = 0 - 2 \times 2 = -4,$$
$$D(X - 2Y) = D(X) + (-2)^2 \cdot D(Y) = 1 + 4 \times 3 = 13.$$

由数学期望的性质和方差公式:

$$\begin{aligned}
E[(X+Y)^2] &= E(X^2 + 2XY + Y^2) \\
&= E(X^2) + 2E(X) \cdot E(Y) + E(Y^2) \\
&= D(X) + [E(X)]^2 + 2E(X) \cdot E(Y) + D(Y) + [E(Y)]^2 \\
&= 1 + 0^2 + 2 \times 0 \times 2 + 3 + 2^2 = 8.
\end{aligned}$$

最后需要说明的是:数学期望 $E(X)$ 与随机变量 X 有相同的单位,而方差 $D(X)$ 的单位是 X 的单位的平方,均方差 $\sqrt{D(X)}$ 与 X 有相同的单位.

习题 4.3(A)

1. 丢一颗均匀的骰子,用 X 表示点数,求 $E(X)$,$D(X)$.

2. X 有 $f(x) = \begin{cases} \dfrac{1}{4}(x+1) & 0 \leqslant x \leqslant 2 \\ 0 & \text{其他} \end{cases}$,求 $D(X)$.

3. 设 $D(X) = b^2 > 0$,$Y = aX + c$,$a \neq 0$,求 Y 的均方差.

4. X 与 Y 相互独立,密度函数分别如下,求 $D(X - 2Y)$.

$$f(x) = \begin{cases} 1 & 0 \leqslant x \leqslant 1 \\ 0 & \text{其他} \end{cases}, \quad f(y) = \begin{cases} \dfrac{3}{2}y^2 & -1 \leqslant y \leqslant 1 \\ 0 & \text{其他} \end{cases}.$$

5. 设 X 的密度函数为:$f(x) = \dfrac{1}{2}e^{-|x|}$,$-\infty < x < +\infty$,试求 $E(X)$ 和 $D(X)$.

6. 设 X 的分布函数如(1)和(2),分别求 $E(X)$ 和 $D(X)$.

$$(1)\ F(x)=\begin{cases}0 & x<0 \\ 0.1 & 0\leqslant x<1 \\ 0.6 & 1\leqslant x<2 \\ 1 & x\geqslant 2\end{cases};\quad (2)\ F(x)=\begin{cases}0 & x<0 \\ \dfrac{1}{2}x^2 & 0\leqslant x<1 \\ 2x-\dfrac{1}{2}x^2-1 & 1\leqslant x<2 \\ 1 & x\geqslant 2\end{cases}.$$

7. 设 X 的密度函数为 $f(x)=\begin{cases}2x & 0<x<1 \\ 0 & \text{其他}\end{cases}$，求 $P\big[\,|X-E(X)|\leqslant\sqrt{2D(X)}\,\big]$.

8. 设 (X,Y) 在区域：$0<y<x<1$ 上服从均匀分布，试求 $D(XY)$.

习题 4.3(B)

1. 随机变量 X，有 $E(X)=a,D(X)=b^2$，设 $Y=\dfrac{X-E(X)}{\sqrt{D(X)}}$，求 $E(Y),D(Y)$.

2. n 个随机变量 $X_1,X_2,\cdots,X_n$ 有相同的数学期望 a，相同的方差 b^2，设 $\overline{X}=\dfrac{1}{n}\sum_{i=1}^{n}X_i$,(1) 求 $E(\overline{X})$；(2) 若 $X_1,X_2,\cdots,X_n$ 相互独立，求 $D(\overline{X})$.

3. 设随机变量 $X\sim U(-1,2),Y=\begin{cases}1 & x>0 \\ 0 & x=0 \\ -1 & x<0\end{cases}$，求 $E(Y)$; $D(Y)$.

4. 某办公室有 3 台电脑，被使用的概率分别为 0.5,0.6 和 0.8，且是否使用相互独立，用 X 表示同时使用的台数，求 $E(X)$ 和 $D(X)$.

5. 设随机变量 X 和 Y 相互独立，方差 $D(X),D(Y)$ 存在，试证明：
$$D(XY)=D(X)\cdot D(Y)+[E(X)]^2D(Y)+[E(Y)]^2D(X),$$
并由此说明 $D(XY)\geqslant D(X)\cdot D(Y)$.

§4.4　常见的几种随机变量的期望与方差

在第 2 章，我们讨论了 6 种常见的随机变量：0-1 分布、泊松分布、贝努里分布（二项分布）、均匀分布、指数分布、正态分布. 在这一节，我们讨论这些随机变量的数学期望和方差.

1. 0-1 分布：

X	0	1
p_i	q	p

$,p\geqslant0,q\geqslant0,p+q=1.$

$E(X)=0\times q+1\times p=p,$

$E(X^2)=0^2\times q+1^2\times p=p,$

$D(X)=p-p^2=p(1-p)=pq.$

2. 二项分布：$X\sim B(n,p)$, $P(X=k)=C_n^k p^k q^{n-k}$,　$k=0,1,\cdots,n$,

$$E(X)=\sum_{k=0}^{n}k\cdot C_n^k p^k q^{n-k}=\sum_{k=1}^{n}k\,\frac{n!}{k!(n-k)!}p^k q^{n-k}$$

$$= np \sum_{k=1}^{n} \frac{(n-1)!}{(k-1)!(n-k)!} p^{k-1} q^{n-k}$$

$$= np \sum_{k=1}^{n} \frac{(n-1)!}{(k-1)![(n-1)-(k-1)]!} p^{k-1} q^{[(n-1)-(k-1)]}$$

$$= np \sum_{j=0}^{n-1} C_{n-1}^{j} p^{j} q^{n-1-j} \quad (令 \ j = k-1)$$

$$= np,$$

类似地　$E(X^2) = n(n-1)p^2 + np$,

则　　　$D(X) = E(X^2) - [E(X)]^2$

$$= n(n-1)p^2 + np - (np)^2 = -np^2 + np = npq.$$

3. 泊松分布：$X \sim \pi(\lambda)$，$\lambda > 0$，$P(X=k) = \dfrac{\lambda^k}{k!} e^{-\lambda}$，$k = 0, 1, \cdots$，

$$E(X) = \sum_{k=0}^{\infty} k \cdot \frac{\lambda^k}{k!} e^{-\lambda} = \lambda e^{-\lambda} \sum_{k=1}^{\infty} \frac{\lambda^{k-1}}{(k-1)!} \quad (令 \ j = k-1)$$

$$= \lambda e^{-\lambda} \sum_{j=0}^{\infty} \frac{\lambda^j}{j!} = \lambda,$$

类似地　$E(X^2) = \lambda^2 + \lambda$,

则　　　$D(X) = E(X^2) - [E(X)]^2 = \lambda^2 + \lambda - \lambda^2 = \lambda.$

4. 均匀分布：$X \sim U(a,b)$，密度函数为 $f(x) = \begin{cases} \dfrac{1}{b-a} & a < x < b \\ 0 & 其他 \end{cases}$.

$$E(X) = \int_a^b x \cdot \frac{1}{b-a} dx = \frac{1}{b-a} \cdot \frac{1}{2} x^2 \Big|_a^b$$

$$= \frac{1}{b-a} \cdot \frac{1}{2}(b^2 - a^2) = \frac{a+b}{2},$$

$$E(X^2) = \int_a^b x^2 \cdot \frac{1}{b-a} dx = \frac{1}{b-a} \cdot \frac{1}{3} x^3 \Big|_a^b$$

$$= \frac{1}{3}(a^2 + ab + b^2),$$

则　　　$D(X) = E(X^2) - [E(X)]^2$

$$= \frac{1}{3}(a^2 + ab + b^2) - \frac{(a+b)^2}{4} = \frac{(b-a)^2}{12}.$$

即均匀分布的数学期望是 (a,b) 区间的中点，而方差与 (a,b) 区间的长度 $b-a$ 的平方成正比.

5. 指数分布：密度函数为 $f(x) = \begin{cases} \alpha e^{-\alpha x} & x \geq 0 \\ 0 & x < 0 \end{cases}$.

$$E(X) = \int_0^{+\infty} x \cdot \alpha e^{-\alpha x} dx \quad (分部积分)$$

$$= - x\mathrm{e}^{-\alpha x}\Big|_0^{+\infty} - \int_0^{+\infty} - \mathrm{e}^{-\alpha x}\mathrm{d}x = 0 - \frac{1}{\alpha}\mathrm{e}^{-\alpha x}\Big|_0^{+\infty} = \frac{1}{\alpha},$$

$$E(X^2) = \int_0^{+\infty} x^2 \alpha \mathrm{e}^{-\alpha x}\mathrm{d}x = \frac{2}{\alpha^2} \quad (\text{二次分部积分}),$$

则

$$D(X) = \frac{2}{\alpha^2} - \left(\frac{1}{\alpha}\right)^2 = \frac{1}{\alpha^2}.$$

6. 正态分布：$X \sim N(\mu, \sigma^2)$,

密度函数为 $f(x) = \dfrac{1}{\sqrt{2\pi}\sigma}\mathrm{e}^{-\frac{(x-\mu)^2}{2\sigma^2}}, \quad -\infty < x < +\infty.$

$$E(X) = \int_{-\infty}^{+\infty} x \cdot f(x)\mathrm{d}x = \mu,$$

$$D(X) = E\{[X - E(X)]^2\} = \int_{-\infty}^{+\infty} (x - \mu)^2 \cdot \frac{1}{\sqrt{2\pi}\sigma}\mathrm{e}^{-\frac{(x-\mu)^2}{2\sigma^2}}\mathrm{d}x$$

$$= \sigma^2 \int_{-\infty}^{+\infty} \frac{(x-\mu)^2}{\sigma^2} \cdot \frac{1}{\sqrt{2\pi}\sigma}\mathrm{e}^{-\frac{(x-\mu)^2}{2\sigma^2}}\mathrm{d}x \quad (\diamondsuit\ t = \frac{x-\mu}{\sigma})$$

$$= \sigma^2 \int_{-\infty}^{+\infty} t^2 \cdot \frac{1}{\sqrt{2\pi}}\mathrm{e}^{-\frac{t^2}{2}}\mathrm{d}t = \sigma^2 \quad (\text{分部积分}).$$

归纳如下：

	0-1 分布	$B(n,p)$	$\pi(\lambda)$	$U(a,b)$	指数分布	$N(\mu,\sigma^2)$
期望	p	np	λ	$(a+b)/2$	$1/\alpha$	μ
方差	pq	npq	λ	$(b-a)^2/12$	$1/\alpha^2$	σ^2

这些随机变量的数学期望和方差可以直接引用.

例 1　$X \sim \pi(\lambda)$, 求 $E(X^2 + X + 1)$.

解　由数学期望的性质和泊松分布的期望、方差得

$$E(X^2 + X + 1) = E(X^2) + E(X) + 1$$
$$= \lambda + \lambda^2 + \lambda + 1 = (\lambda + 1)^2,$$

其中　$E(X^2) = D(X) + [E(X)]^2 = \lambda + \lambda^2.$

例 2　设 $X \sim U(1,4)$, $Y \sim N(4,1)$, X 与 Y 相互独立, 求 $E(X - 2Y)$, $D(X - 2Y)$.

解　由数学期望和方差的性质, 及均匀分布、正态分布的期望和方差：

$$E(X - 2Y) = E(X) - 2 \cdot E(Y) = \frac{1+4}{2} - 2 \times 4 = -\frac{11}{2},$$

$$D(X - 2Y) = D(X) + (-2)^2 D(Y) = \frac{(4-1)^2}{12} + 4 \times 1 = \frac{19}{4}.$$

例 3　设 $X \sim B(n,p)$, 已知 $E(X) = 8, D(X) = 1.6$, 求 n, p.

解　由二项分布的期望和方差：

$$E(X)=np=8,D(X)=npq=1.6,$$

得　　$8q=1.6,\Rightarrow q=0.2,$ 则 $p=1-q=0.8,n=10.$

　　例 4　随机变量 $X\sim N(1,1)$,设 $Y=1-2X$,写出 Y 的密度函数.

　　解　$E(Y)=E(1-2X)=1-2E(X)=1-2\times 1=-1,$

$$D(Y)=D(1-2X)=0+(-2)^2 D(X)=4\times 1=4.$$

　　Y 是正态变量 X 的线性函数,也是正态分布,则 $Y\sim N(-1,4)$,Y 的密度函数为:$f_Y(y)=\dfrac{1}{2\sqrt{2\pi}}e^{-(y+1)^2/8}.$

<h3 style="text-align:center">习题 4.4(A)</h3>

1. 设随机变量 $X\sim\pi(2),Y\sim B(3,0.6)$ 相互独立,求 $E(X-2Y),D(X-2Y)$.

2. 10 台设备,独立地工作,在一天中每台设备发生故障的概率为 0.2,求在一天中平均发生故障的台数.

3. 设随机变量 $X\sim\pi(\lambda),Y\sim B(3,0.6)$,且 $P(X=0)=P(Y=1)$,则 $e^{-E(X)}=$＿＿＿＿＿.

4. 设 $X\sim U(a,b),Y\sim N(4,3),X$ 与 Y 有相同的期望和方差,求 a,b 的值.

5. 设随机变量 X 的密度函数为 $f(x)=\dfrac{1}{\sqrt{6\pi}}e^{-(x+1)^2/6},-\infty<x<\infty$,求 $E(X),D(X)$.

6. 设随机变量 $X\sim\pi(\lambda)$,已知 $E[(X-1)(X-2)]=1$,求 λ 的值.

7. 设随机变量 X 服从参数为 α 的指数分布,求 $E[X(X+1)]$.

8. $X\sim N(0,1),Y\sim N(1,2),X$ 与 Y 相互独立,设 $Z=2X-Y$,求 Z 的密度函数.

9. 设 $X\sim B(n,p)$,当 p 取什么值时,X 的方差最大,并写出最大方差.

10. 设 $X_1,X_2,\cdots,X_n$ 相互独立,都服从 $N(\mu,\sigma^2)$,设 $\overline{X}=\dfrac{1}{n}\sum\limits_{i=1}^{n}X_i$,试求:$E(\overline{X}),D(\overline{X})$,并写出 $\overline{X}$ 的密度函数.

11. 某设备由一个主件和两个相同的附件组成,已知一个主件的重量(千克)X 和一个附件的重量 Y 分别是:$X\sim N(70,3),Y\sim N(14,0.5)$,且每个部件的重量相互独立.试求:(1) 该设备重量的数学期望和方差;(2) 该设备的重量不超过 100 千克的概率.

12. 有一批钢管,每根的长度(米)$X\sim N(30,4)$,问需要多少根钢管相连接,能保证总长度不小于 3000 米的概率达到 99%?

<h3 style="text-align:center">习题 4.4(B)</h3>

1. 设 $X\sim U\left(0,\dfrac{1}{2}\right)$,求(1) $\dfrac{D(X)}{[E(X)]^2}$;(2) $E[Xe^{X^2}]$.

2. 设 X 有密度函数:$f(x)=\begin{cases}ax^2+bx+c & 0<x<1\\ 0 & \text{其他}\end{cases}$,已知 $E(X)=\dfrac{1}{2},D(X)=\dfrac{3}{20}$,求 a,b,c 的值.

3. 盒中有 N 个球,其中白球个数 X 是随机变量,等可能地取 $1,2,\cdots,N,E(X)=n$,则从盒中随机地取一个球为白球的概率是_____.

4. 设 $X \sim B(n,p)$，已知 $P(Y<1|X=0)=0$，当 $X=k(k \neq 0)$ 时，Y 服从 $(0, \frac{n}{k})$ 区间上的均匀分布，(1) 求 $P(Y<1)$；(2) 求 $P(X=1|Y<1)$.

5. 设 X 与 Y 相互独立，都服从 $N(0, \frac{1}{2})$，求 $E(|X-Y|)$ 和 $D(|X-Y|)$.

6. 设某人月收入服从指数分布，月平均收入 800 元，规定月收入超过 800 元，须缴个人所得税. 设一年内各月收入互相独立，用 X 表示一年中须缴税的月数，求 X 的分布律，及一年平均有几个月须缴税.

§4.5 协方差与相关系数

前面我们讨论了随机变量的两个数字特征：数学期望和方差. 对于二维随机变量 (X,Y)，不仅要讨论 X 的期望和方差、Y 的期望和方差，还需要讨论描述 X 与 Y 的关系的数字特征：协方差与相关系数.

一. 定义

设随机变量 X 和 Y 有数学期望和方差：$E(X),D(X),E(Y),D(Y)$，

称　　　$E\{[X-E(X)][Y-E(Y)]\}$ 为 X 与 Y 的协方差，记为 $\mathrm{Cov}(X,Y)$，

即　　　$\mathrm{Cov}(X,Y)=E\{[X-E(X)][Y-E(Y)]\}$，

称　　　$\dfrac{\mathrm{Cov}(X,Y)}{\sqrt{D(X) \cdot D(Y)}}$ 为 X 与 Y 的相关系数，记为 ρ_{XY}，

即　　　$\rho_{XY}=\dfrac{\mathrm{Cov}(X,Y)}{\sqrt{D(X) \cdot D(Y)}}$.

由定义可见，协方差也是一个特殊函数 $[X-E(X)][Y-E(Y)]$ 的期望.

由定义可知，随机变量 X 与常数 a 的协方差为 0，即 $\mathrm{Cov}(X,a)=0$.

二、性质

由协方差和相关系数的定义，不难证明下列性质：

1. $\mathrm{Cov}(X;X)=E\{[X-E(X)]^2\}=D(X)$.

即 X 与 X 的协方差，就是 X 的方差.

2. $\mathrm{Cov}(X,Y)=\mathrm{Cov}(Y,X)$.

3. $\mathrm{Cov}(aX,bY)=ab \cdot \mathrm{Cov}(X,Y)$.

事实上，由数学期望的性质：

$$\mathrm{Cov}(aX,bY)=E\{[aX-E(aX)][bY-E(bY)]\}$$
$$=ab \cdot E\{[X-E(X)][Y-E(Y)]\}=ab \cdot \mathrm{Cov}(X,Y).$$

4. $\mathrm{Cov}(X_1+X_2,Y)=\mathrm{Cov}(X_1,Y)+\mathrm{Cov}(X_2,Y)$.

由协方差的定义和数学期望的性质：

$$
\begin{aligned}
\mathrm{Cov}(X_1+X_2,Y) &= E\{[(X_1+X_2)-E(X_1+X_2)]\cdot[Y-E(Y)]\} \\
&= E\{[(X_1-E(X_1))+(X_2-E(X_2))]\cdot[Y-E(Y)]\} \\
&= E\{[X_1-E(X_1)][Y-E(Y)]\} \\
&\quad +E\{[X_2-E(X_2)][Y-E(Y)]\} \\
&= \mathrm{Cov}(X_1,Y)+\mathrm{Cov}(X_2,Y).
\end{aligned}
$$

5. $|\rho_{XY}|\leqslant 1$.

若 $|\rho_{XY}|=1$，则有 $P(Y=aX+b)=1$，$a\neq 0$，a,b 为常数，即 X 与 Y 以概率 1 具有线性关系.

$$
D(Y)=D(aX+b)=a^2D(X),
$$

$$
\begin{aligned}
\mathrm{Cov}(X,Y)&=\mathrm{Cov}(X,aX+b)=a\mathrm{Cov}(X,X)+\mathrm{Cov}(X,b)\\
&=aD(X),
\end{aligned}
$$

$$
\rho_{XY}=\frac{\mathrm{Cov}(X,Y)}{\sqrt{D(X)\cdot D(Y)}}=\frac{a}{|a|},
$$

可见　　$\rho_{XY}=-1\Longleftrightarrow a<0$；$\rho_{XY}=1\Longleftrightarrow a>0$.

X 与 Y 的相关系数是描述 X 与 Y 之间线性关系紧密程度的数字特征：当 $|\rho_{XY}|$ 较大时，我们通常说 X 与 Y 之间线性相关的程度较好；而当 $|\rho_{XY}|$ 较小时，说 X 与 Y 之间线性相关的程度较差；当 $\rho_{XY}=0$，即 $\mathrm{Cov}(X,Y)=0$ 时，称 X 与 Y 不相关.

性质 5 的证明请看有关的资料.

三、协方差的关系式

下面我们导出协方差的两个关系式，这些关系式不仅可用于协方差的计算，而且在理论上也十分重要.

1. $\mathrm{Cov}(X,Y)=E(XY)-E(X)\cdot E(Y)$.

由协方差的定义和数学期望的性质：

$$
\begin{aligned}
\mathrm{Cov}(X,Y)&=E\{[X-E(X)][Y-E(Y)]\}\\
&=E[XY-X\cdot E(Y)-Y\cdot E(X)+E(X)\cdot E(Y)]\\
&=E(XY)-E(Y)\cdot E(X)-E(X)\cdot E(Y)+E(X)\cdot E(Y)\\
&=E(XY)-E(X)\cdot E(Y).
\end{aligned}
$$

2. $D(X+Y)=D(X)+D(Y)+2\mathrm{Cov}(X,Y)$.

由方差公式和协方差的定义：

$$
\begin{aligned}
D(X+Y)&=E\{[(X+Y)-E(X+Y)]^2\}\\
&=E\{[(X-E(X))+(Y-E(Y))]^2\}\\
&=E\{[X-E(X)]^2+[Y-E(Y)]^2\\
&\quad +2[X-E(X)][Y-E(Y)]\}
\end{aligned}
$$

$$=E[X-E(X)]^2+E[Y-E(Y)]^2$$
$$+2E\{[X-E(X)][Y-E(Y)]\}$$
$$=D(X)+D(Y)+2\text{Cov}(X,Y).$$

由 1 可知,数学期望的性质 $E(XY)=E(X)\cdot E(Y)$ 成立的充分必要条件是:

$$\text{Cov}(X,Y)=0,$$

即 $\rho_{XY}=0$,即 X 与 Y 不相关.

由 2 可知,方差的性质 $D(X+Y)=D(X)+D(Y)$ 成立的充分必要条件同样是 X 与 Y 不相关.

类似地可以证明 $D(X-Y)=D(X)+D(Y)-2\text{Cov}(X,Y)$. 于是,$D(X-Y)=D(X)+D(Y)$ 成立的充分必要条件也是 X 与 Y 不相关.

下面通过几个例子,说明协方差和相关系数的计算. 关于随机变量 X 与 Y 之间的关系,将在下一节作进一步的讨论.

例 1　随机变量 (X,Y) 的联合分布律如下,试求协方差 $\text{Cov}(X,Y)$ 和相关系数 ρ_{XY}.

X \ Y	0	1	2
1	0.2	0.1	0
2	0.1	0.3	0.3

解　由随机变量的函数的期望:

$$E(XY)=1\times0\times0.2+1\times1\times0.1+1\times2\times0+2\times0\times0.1$$
$$+2\times1\times0.3+2\times2\times0.3=1.9,$$
$$E(X)=1\times(0.2+0.1+0)+2\times(0.1+0.3+0.3)=1.7,$$
$$E(X^2)=1^2\times(0.2+0.1+0)+2^2\times(0.1+0.3+0.3)=3.1,$$
$$E(Y)=0\times(0.2+0.1)+1\times(0.1+0.3)+2\times(0+0.3)=1,$$
$$E(Y^2)=0^2\times(0.2+0.1)+1^2\times(0.1+0.3)+2^2\times(0+0.3)=1.6,$$

则
$$D(X)=E(X^2)-[E(X)]^2=3.1-1.7^2=0.21,$$
$$D(Y)=E(Y^2)-[E(Y)]^2=1.6-1^2=0.6,$$

于是
$$\text{Cov}(X,Y)=E(XY)-E(X)E(Y)=1.9-1.7\times1=0.2,$$
$$\rho_{XY}=\frac{\text{Cov}(X,Y)}{\sqrt{D(X)\cdot D(Y)}}=\frac{0.2}{\sqrt{0.21\times0.6}}\approx0.56.$$

例 2　设随机变量 (X,Y) 的联合密度函数如下,试求协方差 $\text{Cov}(X,Y)$ 和相关系数 ρ_{XY}.

$$f(x,y)=\begin{cases}4xy & 0<x<1,0<y<1\\0 & \text{其他}\end{cases}$$

解　由随机变量的函数的期望:

$$E(XY)=\int_0^1\int_0^1 xy\cdot 4xy\mathrm{d}x\mathrm{d}y=\frac{4}{9},$$

$$E(X)=\int_0^1\int_0^1 x\cdot 4xy\mathrm{d}x\mathrm{d}y=\frac{2}{3},\quad E(X^2)=\int_0^1\int_0^1 x^2\cdot 4xy\mathrm{d}x\mathrm{d}y=\frac{1}{2},$$

$$E(Y)=\int_0^1\int_0^1 y\cdot 4xy\mathrm{d}x\mathrm{d}y=\frac{2}{3},\quad E(Y^2)=\int_0^1\int_0^1 y^2\cdot 4xy\mathrm{d}x\mathrm{d}y=\frac{1}{2},$$

则　　$D(X)=E(X^2)-[E(X)]^2=\dfrac{1}{18},\quad D(Y)=E(Y^2)-[E(Y)]^2=\dfrac{1}{18},$

于是　　$\mathrm{Cov}(X,Y)=E(XY)-E(X)E(Y)=\dfrac{4}{9}-\dfrac{2}{3}\cdot\dfrac{2}{3}=0,$

$$\rho_{XY}=\frac{\mathrm{Cov}(X,Y)}{\sqrt{D(X)\cdot D(Y)}}=0,$$

即 X 与 Y 不相关.

例 3　随机变量 X 与 Y 有:$D(X)=D(Y)=1,\rho_{XY}=\dfrac{1}{2}$,设 $U=X+2Y,V=X-2Y$,求 U 和 V 的相关系数 ρ_{UV}.

解　$D(U)=D(X+2Y)=D(X)+4D(Y)+2\mathrm{Cov}(X,2Y)$

$$=D(X)+4D(Y)+4\rho_{XY}\sqrt{D(X)\cdot D(Y)}=7,$$

$$D(V)=D(X-2Y)=D(X)+4D(Y)-2\mathrm{Cov}(X,2Y)$$

$$=D(X)+4D(Y)-4\rho_{XY}\sqrt{D(X)\cdot D(Y)}=3,$$

$$\mathrm{Cov}(U,V)=\mathrm{Cov}(X+2Y,X-2Y)$$

$$=\mathrm{Cov}(X,X)-\mathrm{Cov}(X,2Y)+\mathrm{Cov}(2Y,X)-\mathrm{Cov}(2Y,2Y)$$

$$=D(X)-4D(Y)=-3,$$

$$\rho_{UV}=\frac{\mathrm{Cov}(U,V)}{\sqrt{D(U)\cdot D(V)}}=\frac{-3}{\sqrt{21}}.$$

习题 4.5（A）

1. 随机变量 (X,Y) 的联合分布律如下,试求协方差 $\mathrm{Cov}(X,Y)$ 和相关系数 ρ_{XY}.

X \ Y	-1	0	1
0	0.2	0.1	0
1	0.1	0.3	0.3

2. 设随机变量 (X,Y) 的联合密度函数如下,试求协方差 $\mathrm{Cov}(X,Y)$ 和相关系数 ρ_{XY}.

$$f(x,y)=\begin{cases}x+y & 0<x<1,0<y<1,\\ 0 & \text{其他}\end{cases},$$

3. 试证明:$D(X-Y)=D(X)+D(Y)-2\mathrm{Cov}(X,Y)$.

4. 设 $X\sim B(4,0.8),Y\sim\pi(4),D(X+Y)=3.6$,则 $\rho_{XY}=$ _____ .

5. 设 $X \sim N(-3,1), X \sim N(2,4)$，相关系数 $\rho_{XY}=0.5$，求 $E[(X+6)(Y+2)]$.

习题 4.5(B)

1. (1) 参照 $D(X+Y)$ 的表达式，推导出 $D(X+Y+Z)$ 的表达式.

（2）随机变量 X,Y,Z 有：$D(X)=D(Y)=D(Z)=1, \rho_{XY}=0, \rho_{YZ}=-1/2, \rho_{XZ}=1/2$，则 $D(X+Y+Z)=\underline{\qquad}$.

2. 有 $E(X)=1, D(X)=1, E(Y)=2, D(Y)=4, \rho_{XY}=1/2$，设 $Z=\dfrac{X}{2}+\dfrac{Y}{3}$，求 $E(Z), D(Z)$，$\text{Cov}(X,Z)$.

3. 一枚均匀的硬币，连丢 n 次，用 X 表示出现正面的次数，Y 表示出现反面的次数，求 X 与 Y 的相关系数.

4. 10 个产品，其中一、二、三等品分别为 $5,4,1$ 个，随机地取一个，设
$$X_i=\begin{cases}1 & \text{取到 } i \text{ 等品}\\ 0 & \text{不是 } i \text{ 等品}\end{cases}, \quad i=1,2,3.$$
试求 (1) (X_1,X_2) 的联合分布律；(2) X_1 与 X_2 的相关系数.

5. 设 X_1,X_2,X_3,X_4 两两不相关，数学期望都是 0，方差都是 1，试求(1) X_1+X_2 与 X_2+X_3 的相关系数；(2) X_1+X_2 与 X_3+X_4 的相关系数.

6. (X,Y) 的联合分布律如下，若(1) X 与 Y 不相关，(2) X 与 Y^2 不相关，分别求 a 和 b 的值.

Y\X	-1	0	1
0	a	0.3	0.2
1	0.1	0.1	b

§4.6 独立性与不相关性、矩

一、独立性、不相关性分析

在 §3.4，我们讨论了随机变量的独立性，在上一节讨论了随机变量的不相关性，独立和不相关是随机变量 X 与 Y 之间两种特殊的关系.

在讨论数学期望的性质时，已经证明了：当 X 与 Y 相互独立时，
$$E(XY)=E(X) \cdot E(Y),$$
于是 $\Rightarrow \text{Cov}(X,Y)=0 \Rightarrow X$ 与 Y 不相关，即 X 与 Y 独立 $\Rightarrow X$ 与 Y 不相关.

反之，不成立. 即 X 与 Y 不相关不能推出 X 与 Y 独立，请看本节例 2.

事实上，X 与 Y 不相关仅仅说明 X 与 Y 之间没有线性关系，而 X 与 Y 独立，则说明 X 与 Y 之间没有任何关系.

在上一节的例 2 中，X 与 Y 的联合密度函数是
$$f(x,y)=\begin{cases}4xy & 0<x<1, 0<y<1\\ 0 & \text{其他}\end{cases},$$

经计算,$\text{Cov}(X,Y)=0$.其实可以得到 X 和 Y 的边缘密度函数分别是:

$$f_X(x)=\begin{cases}2x & 0<x<1\\0 & \text{其他}\end{cases},\quad f_Y(y)=\begin{cases}2y & 0<y<1\\0 & \text{其他}\end{cases},$$

有　　　　$f(x,y)=f_X(x)\cdot f_Y(y)$,

即 X 与 Y 独立.这自然可以推出 X 与 Y 不相关.

例 1　(X,Y) 有联合密度函数

$$f(x,y)=\begin{cases}\dfrac{1}{4}(1+xy) & -1<x<1,-1<y<1\\[2mm]0 & \text{其他}\end{cases},$$

试分析 X 与 Y 的相关性和独立性.

解　$E(XY)=\displaystyle\int_{-1}^{1}\int_{-1}^{1}xy\cdot\frac{1}{4}(1+xy)\mathrm{d}x\mathrm{d}y$

$$=\int_{-1}^{1}\frac{1}{4}x(\int_{-1}^{1}y(1+xy)\mathrm{d}y)\mathrm{d}x=\int_{-1}^{1}\frac{1}{4}x\cdot\frac{2x}{3}\mathrm{d}x=\frac{1}{9},$$

$$E(X)=\int_{-1}^{1}\int_{-1}^{1}x\cdot\frac{1}{4}(1+xy)\mathrm{d}x\mathrm{d}y$$

$$=\int_{-1}^{1}\frac{1}{4}x(\int_{-1}^{1}(1+xy)\mathrm{d}y)\mathrm{d}x=\int_{-1}^{1}\frac{1}{2}x\mathrm{d}x=0,$$

同理　　　$E(Y)=0$,

得　　　　$\text{Cov}(X,Y)=E(XY)-E(X)\cdot E(Y)=\dfrac{1}{9}\neq 0$,

即 X 与 Y 相关.这自然可以推出 X 与 Y 不独立.

例 2　设 (X,Y) 的联合分布律如下,试分析 X 与 Y 的相关性和独立性.

X \ Y	0	1	2
0	0.1	0.2	0.2
1	0	0.4	0.1

解　$E(XY)=1\times1\times0.4+1\times2\times0.1=0.6$.

X 和 Y 的边缘分布律分别是:

X	0	1
p_i	0.5	0.5

Y	0	1	2
p_i	0.1	0.6	0.3

$E(X)=0.5$, $E(Y)=1\times0.6+2\times0.3=1.2$,

有 $E(XY)=E(X)E(Y)$,即 X 与 Y 不相关.

然而,X 与 Y 不独立,如:

$$P(X=0,Y=0)=0.1,$$

$$P(X=0)\cdot P(Y=0)=0.5\times0.1=0.05,$$

$$P(X=0,Y=0)\neq P(X=0)\cdot P(Y=0).$$

例 3 (X,Y) 服从二维正态分布:$(X,Y) \sim N(\mu_1, \mu_2, \sigma_1^2, \sigma_2^2, \rho)$,试分析 X 与 Y 的相关性和独立性.

解 二维正态分布的联合密度函数为:

$$f(x,y) = \frac{1}{2\pi\sigma_1\sigma_2\sqrt{1-\rho^2}} e^{\frac{-1}{2(1-\rho^2)}\left\{\frac{(x-\mu_1)^2}{\sigma_1^2} - 2\rho\frac{(x-\mu_1)(y-\mu_2)}{\sigma_1\sigma_2} + \frac{(y-\mu_2)^2}{\sigma_2^2}\right\}},$$

$$\sigma_1 > 0, \ \sigma_2 > 0, \ -\infty < x < +\infty, \ -\infty < y < +\infty.$$

在 §3.3,已经得到 X 和 Y 的边缘密度函数为:

$$f_X(x) = \int_{-\infty}^{+\infty} f(x,y)\mathrm{d}y = \frac{1}{\sqrt{2\pi}\sigma_1} e^{-\frac{(x-\mu_1)^2}{2\sigma_1^2}}, \quad -\infty < x < +\infty,$$

$$f_Y(y) = \int_{-\infty}^{+\infty} f(x,y)\mathrm{d}x = \frac{1}{\sqrt{2\pi}\sigma_2} e^{-\frac{(y-\mu_2)^2}{2\sigma_2^2}}, \quad -\infty < y < +\infty,$$

当且仅当 $\rho = 0$ 时,$f(x,y) = f_X(x)f_Y(y)$,即 X 与 Y 相互独立. 而

$$\mathrm{Cov}(X,Y) = E\{[X - E(X)][Y - E(Y)]\}$$

$$= \int_{-\infty}^{+\infty}\int_{-\infty}^{+\infty} (x - \mu_1)(y - \mu_2)f(x,y)\mathrm{d}x\mathrm{d}y = \rho\sigma_1\sigma_2,$$

(上述积分用变量替换法计算)

又 $\quad D(X) = \sigma_1^2, \ D(Y) = \sigma_2^2,$

因此 $\quad \rho_{XY} = \dfrac{\mathrm{Cov}(X,Y)}{\sqrt{D(X) \cdot D(Y)}} = \dfrac{\rho\sigma_1\sigma_2}{\sigma_1\sigma_2} = \rho,$

即二维正态分布的第 5 个参数 ρ 是 X 与 Y 的相关系数.

当 $\rho = 0$ 时,X 与 Y 不相关.

可见,对二维正态分布而言,不相关性和独立性是等价的. 这是二维正态分布的一个非常特殊的性质.

二、随机变量的矩

在这一章的最后,需要说明随机变量的矩的概念.

前面我们讨论了随机变量的数学期望和方差,还提出了两个随机变量的协方差. 事实上,随机变量的数字特征很多,我们总称为矩,具体如下.

k 阶原点矩:$E(X^k)$,

k 阶中心矩:$E\{[X - E(X)]^k\}$,

$k+l$ 阶混合原点矩:$E(X^kY^l)$,

$k+l$ 阶混合中心矩:$E\{[X - E(X)]^k[Y - E(Y)]^l\}$,

$k, l = 1, 2, \cdots.$

显然,所有的矩都是期望,是随机变量特定的函数的数学期望. 而均值 $E(X)$

是一阶原点矩,方差 $D(X)$ 是二阶中心矩,协方差 $Cov(X,Y)$ 是二阶混合中心矩.

随机变量 X 与 Y 的二阶中心矩共有四个,分别记为:

$$c_{11} = E\{[X-E(X)]^2\} = D(X);$$
$$c_{22} = E\{[Y-E(Y)]^2\} = D(Y);$$
$$c_{12} = E\{[X-E(X)][Y-E(Y)]\} = Cov(X,Y);$$
$$c_{21} = E\{[Y-E(Y)][X-E(X)]\} = Cov(Y,X).$$

我们称矩阵 $\begin{bmatrix} c_{11} & c_{12} \\ c_{21} & c_{22} \end{bmatrix}$ 为 X 与 Y 的协方差矩阵,显然,这是一个对称矩阵,且可以证明该矩阵是非负定的.

同样可以对多个随机变量建立协方差矩阵的概念.

习题 4.6(A)

1. 下列结论不正确的是(　　　).

 (1) X 与 Y 相互独立,则 X 与 Y 不相关

 (2) X 与 Y 相关,则 X 与 Y 不相互独立

 (3) $E(XY) = E(X)E(Y)$,则 X 与 Y 相互独立

 (4) $f(x,y) = f_X(x)f_Y(y)$,则 X 与 Y 不相关

2. 若 $Cov(X,Y) = 0$,则不正确的是(　　　).

 (1) $E(XY) = E(X)E(Y)$ (2) $E(X+Y) = E(X)+E(Y)$

 (3) $D(XY) = D(X)D(Y)$ (4) $D(X+Y) = D(X)+D(Y)$

3. $E(XY) = E(X)E(Y)$ 是 X 与 Y 不相关的(　　　).

 (1) 必要而非充分条件   (2) 充分而非必要条件

 (3) 充要条件   (4) 既不必要,也不充分

4. $D(X+Y) = D(X)+D(Y)$ 是 X 与 Y 相互独立的(　　　).

 (1) 必要而非充分条件   (2) 充分而非必要条件

 (3) 充要条件   (4) 既不必要,也不充分

5. 设随机变量 X 与 Y 相互独立,有相同的期望和方差,记 $U = X+Y$,$V = X-Y$,则随机变量 U 和 V 必然(　　　).

 (1) 不独立   (2) 独立

 (3) 相关系数不为零   (4) 相关系数为零

6. 设 (X,Y) 的联合分布律如下,试分析 X 与 Y 的相关性和独立性.

X ＼ Y	-1	0	1
-1	1/8	1/8	1/8
0	1/8	0	1/8
1	1/8	1/8	1/8

7. 设 (X,Y) 的联合密度函数为 $f(x,y)=\begin{cases}\dfrac{21}{4}yx^2 & x^2<y<1 \\ 0 & \text{其他}\end{cases}$ ，试验证 X 与 Y 不相关，但不独立.

8. 设 X 与 Y 相互独立，都服从 $N(\mu,\sigma^2)$ ，对常数 a,b ，求 $aX+bY$ 与 $aX-bY$ 的相关系数 ρ .

习题 4.6（B）

1. (X,Y) 的联合密度函数如下，试分析 X 与 Y 的独立性和相关性.
$$f(x,y)=\begin{cases}\mathrm{e}^{-x} & 0<y<x \\ 0 & \text{其他}\end{cases}.$$

2. 已知随机变量 X 与 Y 相互独立， $D(X)=4D(Y)$ ，求 $2X+3Y$ 与 $2X-3Y$ 的相关系数.

3. 已知 $(X,Y)\sim N(0,0,1,4,\dfrac{1}{2})$ ，设 $Z=aX+Y$ ，且 Z 与 Y 不相关，求 a 的值.

4. 设 (X,Y) 在区域 $0<x<1,0<y<1$ 上服从均匀分布，设
$$U=\begin{cases}1 & \text{若 } X\geqslant Y \\ 0 & \text{若 } X<Y\end{cases}, \quad V=\begin{cases}1 & \text{若 } X+Y\geqslant 1 \\ 0 & \text{若 } X+Y<1\end{cases},$$
（1）写出 (U,V) 的联合分布律；（2）分析 U 和 V 的相关性、独立性.

5. 设 X 与 Y 相互独立，有相同的分布律： $\begin{array}{c|cc} X & 0 & 1 \\ \hline p_i & q & p \end{array}$ ， $p>0,q>0,p+q=1$ ，设
$$Z=\begin{cases}0 & \text{若 } X+Y \text{ 为奇数} \\ 1 & \text{若 } X+Y \text{ 非奇数}\end{cases},$$
试求：（1） Z 的分布律；（2） (X,Z) 的联合分布律；（3） $\mathrm{Cov}(X,Z)$ ；（4） p 取什么值时， X 与 Z 不相关，此时， X 与 Z 是否相互独立？

6. 已知 $P(A)=p_1>0,P(B)=p_2>0$ ，设
$$X=\begin{cases}1 & A \text{ 发生} \\ 0 & A \text{ 不发生}\end{cases}, \quad Y=\begin{cases}1 & B \text{ 发生} \\ 0 & B \text{ 不发生}\end{cases},$$
试证明 X 与 Y 不相关和 X 与 Y 不独立等价.

小　　结

【内容提要】

1. 数学期望（或均值）和方差.

定义： $E(X)=\sum\limits_i x_i p_i$ ； $\quad E(X)=\displaystyle\int_{-\infty}^{+\infty}x\cdot f(x)\mathrm{d}x$ ；

$$D(X)=\sum_i [x_i-E(X)]^2\cdot p_i;$$

$$D(X)=\int_{-\infty}^{+\infty}[x-E(X)]^2\cdot f(x)\mathrm{d}x.$$

称 $\sqrt{D(X)}$ 为均方差或标准差.

性质：

(1) 对常数 a, $E(a)=a$; $D(a)=0$.

(2) 对常数 a, $E(aX)=aE(X)$; $D(aX)=a^2D(X)$.

(3) $E(X+Y)=E(X)+E(Y)$.

(4) X,Y 不相关 $\Longleftrightarrow E(XY)=E(X)E(Y)$;

$$\Longleftrightarrow D(X+Y)=D(X)+D(Y).$$

实际意义:数学期望表征的是随机变量取值的"加权平均";

方差是描述随机变量的取值偏离数学期望的程度.

方差计算公式: $D(X)=E(X^2)-[E(X)]^2$.

六种常见的随机变量的数学期望和方差.

2. 随机变量的函数的数学期望.

有如下的几个结论:

(1) 若随机变量 X 的分布律为 $P(X=x_i)=p_i$, $i=1,2,\cdots$, $Y=g(X)$,则 Y 的数学期望为

$$E(Y)=E\{g(X)\}=\sum_i g(x_i)p_i.$$

(2) 若随机变量 X 的密度函数为 $f(x)$, $Y=g(X)$,则 Y 的数学期望为

$$E(Y)=E\{g(X)\}=\int_{-\infty}^{+\infty}g(x)f(x)\mathrm{d}x.$$

(3) 若二维随机变量 (X,Y) 的联合分布律为 $P(X=x_i,Y=y_j)=p_{ij}$, $i,j=1,2,\cdots$, $Z=g(X,Y)$,则 Z 的数学期望为

$$E(Z)=E\{g(X,Y)\}=\sum_i\sum_j g(x_i,y_j)p_{ij}.$$

(4) 若随机变量 (X,Y) 的联合密度函数为 $f(x,y)$, $Z=g(X,Y)$,则 Z 的数学期望为

$$E(Z)=E\{g(X,Y)\}=\int_{-\infty}^{+\infty}\int_{-\infty}^{+\infty}g(x,y)f(x,y)\mathrm{d}x\mathrm{d}y.$$

3. X 与 Y 的协方差和相关系数.

定义: $\mathrm{Cov}(X,Y)=E\{[X-E(X)][Y-E(Y)]\}$;

$$\rho_{XY}=\frac{\mathrm{Cov}(X,Y)}{\sqrt{D(X)\cdot D(Y)}}.$$

性质:

(1) $\mathrm{Cov}(X,X)=D(X)$.

(2) $\mathrm{Cov}(X,Y)=\mathrm{Cov}(Y,X)$.

(3) $\mathrm{Cov}(aX,aY)=ab\cdot\mathrm{Cov}(X,Y)$.

(4) $\mathrm{Cov}(X_1+X_2,Y)=\mathrm{Cov}(X_1,Y)+\mathrm{Cov}(X_2,Y)$.

(5) $|\rho_{XY}|\leqslant 1$,当 $\rho_{XY}=0$,即 $\mathrm{Cov}(X,Y)=0$ 时,称 X 与 Y 不相关.若 $|\rho_{XY}|$

$=1$，则有 $P(Y=aX+b)=1,a\neq 0,a,b$ 为常数.

实际意义：X 与 Y 的相关系数描述了 X 与 Y 之间线性关系的紧密程度.

协方差的关系式：

(1) $\mathrm{Cov}(X,Y)=E(XY)-E(X)\cdot E(Y)$.

(2) $D(X+Y)=D(X)+D(Y)+2\mathrm{Cov}(X,Y)$.

上两式可用于协方差的计算，同时表明

$$E(XY)=E(X)\cdot E(Y)\text{和}D(X+Y)=D(X)+D(Y)$$

成立的充分必要条件同样是：X 与 Y 不相关.

4. 随机变量的矩.

【重点】

数学期望和方差、协方差和相关系数的计算.

【难点】

随机变量的独立性和相关性分析.

第5章 极限定理

【教学内容】

在前几章,我们讨论了概率论中的基本问题,主要是概率的计算、随机变量的分布、数字特征等,然而,某些深层次的问题,如频率的稳定性,为什么在实际中正态分布是最普遍的随机变量等,都没有涉及到.在下一章讨论数理统计的内容之前,还需要掌握一些必要的理论基础,这些问题都是在极限定理中要解决的.极限定理可分为两类:大数定理和中心极限定理.其内容非常丰富,且大多有较强的理论性.我们仅介绍一个基本的不等式——切比雪夫不等式,以及最常用的大数定理和中心极限定理.

本章共分为 2 节,在 2 个课时内完成.

【基本要求】

1. 了解切比雪夫不等式.

2. 了解大数定理.

3. 掌握"独立同分布"的随机变量序列的中心极限定理,会利用这一定理解决有关的实际问题.

【关键词和主题】

切比雪夫不等式,大数定理一,大数定理二,相互独立的 0-1 分布随机变量之和,中心极限定理.

§5.1 大数定理

本节介绍大数定理.为此,首先讨论一个重要的不等式——切比雪夫不等式.

一、切比雪夫不等式

设随机变量 X 具有数学期望 $E(X)=a$ 和方差 $D(X)=b^2$,则对于任意正数 ε,不等式

$$P\{|X-a|<\varepsilon\}\geqslant 1-\frac{b^2}{\varepsilon^2}$$

成立.这一不等式称为切比雪夫不等式.

下面只对连续型随机变量的情形证明该不等式.

证 设随机变量 X 有密度函数 $f(x)$,则

$$P\{|X-a|\geqslant\varepsilon\}=\int_{|x-a|\geqslant\varepsilon}f(x)\mathrm{d}x$$

$$\leqslant\int_{|x-a|\geqslant\varepsilon}\frac{(x-a)^2}{\varepsilon^2}f(x)\mathrm{d}x \quad (\text{由}\frac{|x-a|}{\varepsilon}\geqslant1)$$

$$\leqslant\int_{-\infty}^{+\infty}\frac{(x-a)^2}{\varepsilon^2}f(x)\mathrm{d}x \quad (\text{因被积函数大于等于}0)$$

$$=\frac{1}{\varepsilon^2}\int_{-\infty}^{+\infty}(x-a)^2f(x)\mathrm{d}x$$

$$=\frac{D(X)}{\varepsilon^2}=\frac{b^2}{\varepsilon^2} \quad (\text{由方差的定义}),$$

于是,$P\{|X-a|<\varepsilon\}\geqslant1-\dfrac{b^2}{\varepsilon^2}$.

切比雪夫不等式给出了在随机变量 X 的分布未知的情况下,事件 $\{|X-a|<\varepsilon\}$ 的概率的估算方法,如

当 $\varepsilon=2b$ 时,$P\{|X-a|<2b\}\geqslant0.75$,

当 $\varepsilon=3b$ 时,$P\{|X-a|<3b\}\geqslant0.8889$.

显然,这一估算的精度不会太高.切比雪夫不等式主要作为一个理论工具,用于证明某些结论,如大数定理.

二、大数定理

定理一 设随机变量 $X_1,X_2,\cdots,X_n,\cdots$ 相互独立,且具有相同的数学期望和方差,$E(X_i)=a$,$D(X_i)=b^2$,$i=1,2,3,\cdots$,则对于任意的正数 ε,有

$$\lim_{n\to+\infty}P\left\{\left|\frac{1}{n}\sum_{k=1}^{n}X_k-a\right|<\varepsilon\right\}=1.$$

证 我们用切比雪夫不等式证明该定理.

令 $Y_n=\dfrac{1}{n}\sum_{k=1}^{n}X_k$,

由 $X_1,X_2,\cdots,X_n,\cdots$ 的相互独立性,及数学期望和方差的性质,

$$E(Y_n)=E\left(\frac{1}{n}\sum_{k=1}^{n}X_k\right)=\frac{1}{n}\sum_{k=1}^{n}E(X_k)=\frac{1}{n}\cdot n\cdot a=a,$$

$$D(Y_n)=D\left(\frac{1}{n}\sum_{k=1}^{n}X_k\right)=\frac{1}{n^2}\sum_{k=1}^{n}D(X_k)=\frac{1}{n^2}\cdot n\cdot b^2=\frac{b^2}{n},$$

对任意正数 ε,由切比雪夫不等式

$$P\{|Y_n-a|<\varepsilon\}\geqslant1-\frac{b^2/n}{\varepsilon^2},$$

当 $n\to+\infty$ 时,$\dfrac{b^2/n}{\varepsilon^2}\to0$,则得 $\lim\limits_{n\to+\infty}P\left\{\left|\dfrac{1}{n}\sum\limits_{k=1}^{n}X_k-a\right|<\varepsilon\right\}=1.$

该定理表明,随机事件 $\left\{\left|\dfrac{1}{n}\sum\limits_{k=1}^{n}X_k-a\right|<\varepsilon\right\}$,当 $n\to+\infty$ 时,这个事件的概率趋于 1. 在实用上,当 n 较大时,随机变量 $X_1,X_2,\cdots,X_n,\cdots$ 的算术平均 $\dfrac{1}{n}\sum\limits_{k=1}^{n}X_k$ 接近于它们共同的数学期望 a.

定理二　设 n_A 是在 n 次独立重复试验中事件 A 发生的次数,p 是在每次试验中事件 A 发生的概率,则对于任意正数 ε,有

$$\lim_{n\to+\infty}P\left\{\left|\frac{n_A}{n}-p\right|<\varepsilon\right\}=1.$$

证　引进随机变量

$$X_k=\begin{cases}1 & \text{若在第 } k \text{ 次试验中事件 } A \text{ 发生}\\ 0 & \text{若在第 } k \text{ 次试验中事件 } A \text{ 不发生}\end{cases},k=1,2,\cdots,$$

则　　　　$n_A=X_1+X_2+\cdots+X_n$,　$\dfrac{1}{n}(X_1+X_2+\cdots+X_n)=\dfrac{n_A}{n}$,

且 $X_1,X_2,\cdots,X_n,\cdots$ 是相互独立的,又 X_k 都服从 0-1 分布,有

$$E(X_k)=p,D(X_k)=p(1-p),\quad k=1,2,\cdots,n,\cdots,$$

由定理一得

$$\lim_{n\to+\infty}P\left\{\left|\frac{n_A}{n}-p\right|<\varepsilon\right\}=1.$$

定理二表明,随机事件 A 发生的频率 $\dfrac{n_A}{n}$,当 $n\to+\infty$ 时,依概率收敛于事件 A 的概率 p. 这就从理论上证明了频率的稳定性. 在实际应用中,当 n 较大时,事件 A 发生的频率 $\dfrac{n_A}{n}$ 与概率 p 有较大偏差的可能性很小,可以用频率来代替概率.

在定理二的证明中,$n_A=X_1+X_2+\cdots+X_n$,由二项分布的客观背景可知,$n_A\sim B(n,p)$. 即 n 个相互独立的 0-1 分布随机变量之和服从二项分布,反之,一个二项分布随机变量可以表示为 n 个相互独立的 0-1 分布随机变量之和. 这是一个十分有用的结果.

例　$X\sim B(n,p)$,求 $E(X),D(X)$.

解　设 $X=\sum\limits_{k=1}^{n}X_k$,

其中 X_k 都服从 0-1 分布:

$$P(X_k=1)=p,P(X_k=0)=1-p=q,k=1,2,\cdots,n,$$

有　　　　$E(X_k)=p,D(X_k)=pq.$

于是,由数学期望和方差的性质得:

$$E(X)=E\left(\sum_{k=1}^{n}X_k\right)=\sum_{k=1}^{n}E(X_k)=\sum_{k=1}^{n}p=np;$$

$$D(X) = D\Big(\sum_{k=1}^{n} X_k\Big) = \sum_{k=1}^{n} D(X_k) = \sum_{k=1}^{n} pq = npq.$$

可见,二项分布随机变量的期望和方差的计算变得非常简单.

说　明

定理一的条件是充分条件,适当改变条件,将得到不同的大数定理. 定理一中 $X_1, X_2, \cdots, X_n, \cdots$ 取各种不同的分布,将得到不同的大数定理;定理二就是 $X_1, X_2, \cdots, X_n, \cdots$ 为 0-1 分布的情形.

大数定理在数理统计中十分重要,如它为参数的矩估计(见 §7.1)和估计的一致性(见 §7.3)提供了理论依据.

习题 5.1(B)

1. 利用切比雪夫不等式估算随机变量 X 与数学期望之差大于 3 倍均方差的概率.

2. 设随机变量 X 的数学期望与方差都是 20,试用切比雪夫不等式估算 $P(0 \leqslant X \leqslant 40)$ 的下界.

3. 设 $X \sim B(n, p)$,$Y \sim B(m, p)$,且 X 与 Y 相互独立,证明 $X + Y \sim B(n+m, p)$.

4. 设随机变量 $X_1, X_2, \cdots, X_n$ 相互独立,都服从 $N(\mu, 1)$,为使 $\overline{X} = \dfrac{1}{n}\sum_{i=1}^{n} X_i$ 与 μ 之差的绝对值不大于 0.5 的概率不小于 0.95,试用(1) 切比雪夫不等式,(2) 正态分布 $\overline{X} \sim N(\mu, \dfrac{1}{n})$ 分别估算 n 至少需多大?

5. 设随机变量 $X_1, X_2, \cdots, X_n, \cdots$ 相互独立,都服从 $\pi(\lambda)$ 分布,利用切比雪夫不等式证明对应的大数定理.

§5.2　中心极限定理

在实际问题中,大多数随机变量都是正态分布,这是为什么? 因为这些量是由大量相互独立的随机因素的综合影响所形成的,而其中的每一个因素在总的影响中所起的作用都是很微小的,这种随机变量一般是正态分布,即"多因素、小影响,综合为正态". 中心极限定理就从理论上说明了这一点. 本节介绍一个最基本的中心极限定理.

定理　随机变量序列 $X_1, X_2, \cdots, X_n, \cdots$ 相互独立,服从同一分布,且具有相同的数学期望和方差,$E(X_k) = E(X)$,$D(X_k) = D(X)$,$k = 1, 2, \cdots$,则对于任意实数 a,有

$$\lim_{n \to +\infty} P \left(\frac{\frac{1}{n} \sum_{k=1}^{n} X_k - E(X)}{\sqrt{D(X)/n}} \leqslant a \right) = \Phi(a),$$

其中 $\Phi(*)$ 是标准正态分布的分布函数(证略).

若令 $\overline{X} = \dfrac{1}{n} \sum_{k=1}^{n} X_k$,则可表示为:

$$\frac{\overline{X} - E(X)}{\sqrt{D(X)/n}} \xrightarrow{n \to +\infty} N(0,1),$$

或分子分母同乘以 n,即

$$\frac{\sum_{k=1}^{n} X_k - nE(X)}{\sqrt{n \cdot D(X)}} \xrightarrow{n \to +\infty} N(0,1).$$

在实用上,当 n 较大($\geqslant 30$)时,近似地有:

$$P \left(\frac{\overline{X} - E(X)}{\sqrt{D(X)/n}} \leqslant a \right) \approx \Phi(a) \ \text{或} \ P \left(\frac{\sum_{k=1}^{n} X_k - nE(X)}{\sqrt{n \cdot D(X)}} \leqslant a \right) \approx \Phi(a).$$

中心极限定理不仅在理论上有很重要的意义,在应用上也十分重要,它可用于计算一些概率的近似值.

例 1　电压加法器收到 48 个信号电压:$V_1, V_2, \cdots, V_{48}$,它们相互独立,同服从 $(0,10)$ 上的均匀分布(单位伏),求加法器上总电压不超过 260 伏的近似概率.

解　$E(V_k) = \dfrac{a+b}{2} = 5$, $D(V_k) = \dfrac{(b-a)^2}{12} = \dfrac{100}{12}$, $k = 1, 2, \cdots, 48$.

由中心极限定理

$$P \left(\sum_{k=1}^{48} V_k \leqslant 260 \right) = P \left(\frac{\sum_{k=1}^{48} V_k - 48 \times 5}{\sqrt{48 \times 100/12}} \leqslant \frac{260 - 48 \times 5}{\sqrt{48 \times 100/12}} \right)$$
$$\approx \Phi(1) = 0.8413.$$

例 2　设某车间有 100 台同类型设备,各台设备的工作是相互独立的,发生故障的概率都是 0.03,求同时发生故障的设备不超过 5 台的近似概率.

解　设 X 表示在 100 台设备中同时发生故障的台数,则
$$X \sim B(100, 0.03),$$
$$P(X \leqslant 5) = \sum_{k=0}^{5} C_{100}^{k} 0.03^k (1 - 0.03)^{100-k}.$$

这是精确解,但计算是比较困难的.下面采用两种近似解法:泊松近似和中心极限定理.

(1) 由泊松定理(见 §2.3),即

$$C_n^k p^k (1-p)^{n-k} \approx \frac{\lambda^k}{k!} e^{-\lambda},$$

其中 $\lambda = np$（要求 $n \geqslant 20, p < 0.05$），这里 $\lambda = 100 \times 0.03 = 3$，于是

$$P(X \leqslant 5) = \sum_{k=0}^{5} C_{100}^k 0.03^k (1-0.03)^{100-k}$$

$$\approx 1 - \sum_{k=6}^{+\infty} \frac{3^k}{k!} e^{-3} \quad \text{（查泊松分布表）}$$

$$= 1 - 0.083918 = 0.916082.$$

（2）利用中心极限定理

设 $\quad X_k = \begin{cases} 1 & \text{第 } k \text{ 台设备发生故障} \\ 0 & \text{第 } k \text{ 台设备不发生故障} \end{cases}, k = 1, 2, \cdots, 100,$

$X_1, X_2, \cdots, X_{100}$ 相互独立，都服从 0-1 分布，

$$P(X_k = 1) = 0.03, \quad P(X_k = 0) = 0.97,$$

$$E(X_k) = 0.03, \quad D(X_k) = 0.03 \times 0.97 = 0.0291,$$

则在 100 台设备中同时发生故障的台数可表示为：

$$X = X_1 + X_2 + \cdots + X_{100} = \sum_{k=1}^{100} X_k,$$

于是，由中心极限定理

$$P(X \leqslant 5) = P\left(\sum_{k=1}^{100} X_k \leqslant 5 \right)$$

$$= P\left(\frac{\sum\limits_{k=1}^{100} X_k - 100 \times 0.03}{\sqrt{100 \times 0.0291}} \leqslant \frac{5 - 100 \times 0.03}{\sqrt{100 \times 0.0291}} \right)$$

$$\approx \Phi(1.17) = 0.8790.$$

例 3 续例 2：若一台设备发生故障，需要一个工人修理，该车间至少需配备多少个修理工，才能使发生故障而无人修理的概率不大于 30%.

解 设至少需配备 m 个修理工，由题意，即在 100 台设备中同时发生故障的台数超过 m 的概率不大于 30%，即

$$P\left(\sum_{k=1}^{100} X_i > m \right) \leqslant 30\%.$$

由中心极限定理

$$P\left(\frac{\sum\limits_{k=1}^{100} X_k - 100 \times 0.03}{\sqrt{100 \times 0.0291}} > \frac{m - 100 \times 0.03}{\sqrt{100 \times 0.0291}} \right) \leqslant 30\%,$$

近似于

$$1-\Phi\left(\frac{m-3}{1.7}\right)\leqslant 30\%,\quad \Phi\left(\frac{m-3}{1.7}\right)\geqslant 0.7,$$

由标准正态分布表

$$\Phi(0.52)=0.6985,$$

即　　　$\dfrac{m-3}{1.7}\geqslant 0.52,\ m\geqslant 3.884.$

即至少需配备 4 个修理工,才能使发生故障而无人修理的概率不大于 30%.

说　明

在例 2 中,利用中心极限定理求 $P(X\leqslant 5)$ 的近似值,这是用标准正态分布 $N(0,1)$ 去近似二项分布,应该注意"下不保底,中不留空,上不封顶".

所谓"下不保底",X 是二项分布,$P(X\leqslant 5)=P(0\leqslant X\leqslant 5)$,但在用中心极限定理求近似值时,不能要求"$0\leqslant X$",否则误差更大.

所谓"中不留空",对二项分布来说,$P(X\leqslant 5)=1-P(X\geqslant 6)$,但在用中心极限定理求近似值时,应 $P(X\leqslant 5)=1-P(X>5)$,否则将失去一部分概率,使精度降低.

所谓"上不封顶",对于二项分布,$P(X\leqslant 5)=1-P(X>5)=1-P(5<X\leqslant 100)$,但在用中心极限定理求近似值时,不能要求"$X\leqslant 100$",否则会增大误差.

定理的条件是充分条件,适当改变条件,将得到不同的中心极限定理.定理中 $X_1,X_2,\cdots,X_n,\cdots$ 取各种不同的分布,将得到不同的中心极限定理,所以,中心极限定理是一类定理.

中心极限定理在数理统计中有广泛的应用,见 §7.6 和 §8.5.

习题 5.2(A)

1. 设随机变量 $X_1,X_2,\cdots,X_{50}$ 相互独立,都服从 $\lambda=0.15$ 的泊松分布,设 $\overline{X}=\dfrac{1}{50}\sum\limits_{i=1}^{50}X_i$,利用中心极限定理求 $P(\overline{X}>0.2)$ 的近似值.

2. 一批元件的寿命(以小时计)服从参数为 0.004 的指数分布,现有元件 30 只,一只在用,其余 29 只备用,当使用的一只损坏时,立即换上备用件,利用中心极限定理求 30 只元件至少能使用一年(8760 小时)的近似概率.

3. 某一随机试验,"成功"的概率为 0.04,独立重复 100 次,由泊松定理和中心极限定理分别求最多"成功"6 次的概率的近似值.

4. 设一均匀的骰子连丢 40 次,求点数之和在 130 到 150 之间的近似概率.

5. 某元件的寿命服从参数为 λ 的指数分布,随机地取 36 个,其寿命总和大于 4080 的概率为

0.2119,设各元件的寿命相互独立,用中心极限定理求 λ 的近似值.

习题 5. 2(B)

1. 在区间 $(-1,1)$ 上随机地取 180 个数,用中心极限定理求它们的平方和大于 64 的近似概率.

2. 一个复杂的系统由 n 个独立的部件组成,每个部件的可靠性是 0.8,已知至少有 50 个部件可靠时,系统才可靠,用中心极限定理确定 n 至少多大时,系统的可靠性不小于 95%?

3. 某零件 10 个装一盒,每盒有 5 个一等品,随机取 3 个,X 表示取到的一等品个数,(1) 写出 X 的分布律,并求 $E(X)$ 和 $D(X)$;(2) 有 84 个同样的盒子,分别从中随机取 3 个,用中心极限定理求总共至少能取到 133 个一等品的概率近似值.

小　　结

【内容提要】

1. 切比雪夫不等式.

$$P\{|X-E(X)|<\varepsilon\}\geqslant 1-\frac{D(X)}{\varepsilon^2}.$$

作用:估算 $P\{|X-E(X)|<\varepsilon\}$(精度不会太高).

主要作为一个理论工具,用于证明某些结论.

2. 大数定理.

设随机变量 $X_1,X_2,\cdots,X_n,\cdots$ 相互独立,且具有相同的数学期望和方差,

$$E(X_i)=a,\quad D(X_i)=b^2,\quad i=1,2,3,\cdots,$$

则对于任意的正数 ε,有

$$\lim_{n\to+\infty}P\left\{\left|\frac{1}{n}\sum_{k=1}^{n}X_k-a\right|<\varepsilon\right\}=1.$$

表明:

(1) 当 n 较大时,$\overline{X}=\frac{1}{n}\sum_{k=1}^{n}X_k$ 接近于它们共同的数学期望 a.

(2) $X_1,X_2,\cdots,X_n$ 是相互独立的 0-1 分布,$\lim\limits_{n\to+\infty}P\left\{\left|\frac{n_A}{n}-p\right|<\varepsilon\right\}=1.$ 这说明了频率的稳定性.

(3) $\overline{X}=\frac{1}{n}\sum_{k=1}^{n}X_k$ 是 $E(X)$ 的一致估计(见 §7.3).

3. 中心极限定理.

随机变量序列 $X_1,X_2,\cdots,X_n,\cdots$ 相互独立,服从同一分布,且具有相同的数学期望和方差,$E(X_k)=E(X),D(X_k)=D(X),k=1,2,\cdots$,则对于任意实数 a,

有

$$\lim_{n \to +\infty} P\left(\frac{\frac{1}{n}\sum\limits_{k=1}^{n} X_k - E(X)}{\sqrt{D(X)/n}} \leqslant a \right) = \Phi(a).$$

（1）在实用上，当 n 较大（$\geqslant 30$）时，近似地有

$$P\left(\frac{\overline{X} - E(X)}{\sqrt{D(X)/n}} \leqslant a \right) \approx \Phi(a) \text{ 或 } P\left(\frac{\sum\limits_{k=1}^{n} X_k - nE(X)}{\sqrt{n \cdot D(X)}} \leqslant a \right) \approx \Phi(a),$$

用于计算一些概率的近似值.

（2）在理论上有很重要的意义，如说明正态分布的普遍性.

（3）在数理统计中也有广泛的应用.

【重点】

中心极限定理用于计算一些概率的近似值.

第 6 章　数理统计基础

【教学内容】

前面几章是属于"概率论"的内容. 在概率论中讨论的主要问题是随机变量分布已知的情况下,计算有关的概率和数字特征等. 本章开始,讨论数理统计的内容.

数理统计是用概率论的思想、方法去解决实际问题. 在实际问题中出现的随机变量,我们称为总体,其分布一般是未知的,所以,首先要对总体进行抽样,以获取总体的有关信息——样本,再利用这些信息对总体进行分析. 本课程仅讨论利用样本对总体进行一些最基本的分析. 关于如何获取样本,这是"抽样论"、"试验设计"等其他课程的内容.

本章内容是为数理统计作一些准备,介绍几个概念、讨论数理统计中常用的三个分布等,数理统计的具体内容将在下面几章讨论.

本章共分为 4 节,在 4 个课时内完成.

【基本要求】

1. 理解总体、个体、简单随机样本与统计量的概念,特别是常用的统计量:样本均值、样本方差,知道样本矩的概念.

2. 理解并熟练掌握样本的两个性质.

3. 知道 $\chi^2(n)$ 分布、$t(n)$ 分布、$F(n,m)$ 分布,掌握它们的 α 分位点的定义、记号和查表方法.

4. 了解 $\chi^2(n)$ 分布、$t(n)$ 分布、$F(n,m)$ 分布的构造和性质.

5. 掌握一个正态总体下的三个统计量的分布,知道两个正态总体下的三个统计量的分布.

【关键词和主题】

总体,个体,简单随机样本,样本的两个性质,统计量,样本平均值,样本方差,样本均方差,样本 k 阶原点矩,样本 k 阶中心矩;

χ^2 分布定义,χ^2 分布构造,χ^2 分布性质,χ^2 分布 α 分位点,χ^2 分布表;

t 分布定义,t 分布构造,t 分布性质,t 分布 α 分位点,t 分布表;

F 分布定义,F 分布构造,F 分布 α 分位点,F 分布表;

标准正态分布的 α 分位点；

一个正态总体下的三个统计量的分布,两个正态总体下的三个统计量的分布.

§6.1　数理统计中的几个概念

为便于对数理统计内容的讨论,首先必须明确数理统计中的几个概念,主要有:总体、个体、简单随机样本、统计量等.

1. 总体.

在数理统计中,我们研究的是某类对象的某个数量指标,如某厂生产的电子元件的使用寿命、某地区职工的年收入等.我们把所研究的对象的某个数量指标的值的全体称为总体,通常用 X 表示.它是一个随机变量,客观上存在一个分布(分布律,或密度函数,或分布函数),但我们对这分布一无所知,或部分未知.正因为如此,才有必要对总体进行研究.

2. 个体.

组成总体的每一个"成员",称为个体.有些总体只包含有限多个个体,称为有限总体,如某地区的全体职工;而有些总体包含无限多个个体,称为无限总体,如某厂生产的所有电子元件.

3. 简单随机样本.

对总体进行研究,首先需要获取总体的有关信息.一般采用两种方法:一是全面调查.如人口普查,该方法工作量大,有时甚至是不可能的,如测试某厂生产的所有电子元件的使用寿命.因此在大多数情况下,都是采用第二种方法,即抽样调查.抽样调查是按照一定的方法,从总体 X 中抽取 n 个个体.这是我们对总体掌握的信息.数理统计就是利用这一信息,对总体进行分析、估计、推断,所以,要求抽取这 n 个个体具有代表性,能尽可能真实地反映总体有关的性质.为此,我们用所谓的"简单随机抽样"的方法.这一方法的具体内容在"抽样论"、"试验设计"等课程中讨论.这 n 个个体表示为:

$$X_1, X_2, \cdots, X_n.$$

我们把这 n 个个体称为一个简单随机样本,简称为一个样本;称 n 为样本容量,即样本大小.

这是 n 个随机变量."简单随机抽样"的方法决定了样本的两个关键性质:一是相互独立性;二是每一个 X_i 与总体 X 具有相同的分布,即 $X_1, X_2, \cdots, X_n$ 是相互独立的、与总体 X 同分布的 n 个随机变量.这是样本的本质特性,是利用样本对总体进行分析、估计、推断的理论基础.

一个样本有时也表示为：

$$x_1, x_2, \cdots, x_n.$$

它们依次是随机变量 $X_1, X_2, \cdots, X_n$ 的观察值，称为样本值.

4. 统计量

利用样本对总体进行分析、估计、推断，就是从样本中提取所需的信息. 提取方法主要是对样本进行某种运算. 我们称样本的函数 $g(X_1, X_2, \cdots, X_n)$ 为统计量. 它是 n 个随机变量的函数，是一个随机变量. $g(x_1, x_2, \cdots, x_n)$ 称为统计量的值.

5. 常用的统计量

设 $X_1, X_2, \cdots, X_n$ 是来自总体 X 的一个样本，$x_1, x_2, \cdots, x_n$ 是该样本的观察值，常用的统计量有：

样本平均值 $\overline{X} = \dfrac{1}{n} \sum\limits_{i=1}^{n} X_i$；

样本方差 $S^2 = \dfrac{1}{n-1} \sum\limits_{i=1}^{n} (X_i - \overline{X})^2$；

样本均方差 $S = \sqrt{S^2}$；

样本 k 阶原点矩 $A_k = \dfrac{1}{n} \sum\limits_{i=1}^{n} X_i^k$, $k = 1, 2, \cdots$；

样本 k 阶中心矩 $B_k = \dfrac{1}{n} \sum\limits_{i=1}^{n} (X_i - \overline{X})^k$, $k = 1, 2, \cdots$.

它们对应的观察值是：

$$\overline{x} = \frac{1}{n} \sum_{i=1}^{n} x_i; \quad s^2 = \frac{1}{n-1} \sum_{i=1}^{n} (x_i - \overline{x})^2; \quad s = \sqrt{s^2};$$

$$a_k = \frac{1}{n} \sum_{i=1}^{n} x_i^k; \quad b_k = \frac{1}{n} \sum_{i=1}^{n} (x_i - \overline{x})^k, \ k = 1, 2, \cdots.$$

这里，样本方差是除以 $n-1$，而不是 n，下面将说明其理由.

应该注意的是：总体均值 $E(X)$ 与样本均值 $\overline{X}$ 是两个不同的概念，不能混淆，当然两者之间有一定的关系. 同样，总体方差 $D(X)$ 与样本方差 S^2、总体矩与样本矩也是不同的概念.

若总体均值 $E(X)$ 存在，总体方差 $D(X)$ 存在，则由样本 $X_1, X_2, \cdots, X_n$ 的独立性及与 X 同分布性，有

$$E(X_1) = E(X_2) = \cdots = E(X_n) = E(X);$$

$$D(X_1) = D(X_2) = \cdots = D(X_n) = D(X).$$

$X_1^k, X_2^k, \cdots, X_n^k$ 也具有相互独立性及与 X^k 同分布性，于是

$$E(X_1^k)=E(X_2^k)=\cdots=E(X_n^k)=E(X^k),$$

且由极限定理可知:当 $n\to+\infty$ 时,

$$A_k=\frac{1}{n}\sum_{i=1}^{n}X_i^k\to E(X^k),\quad k=1,2,\cdots,$$

特别有　$\overline{X}=\frac{1}{n}\sum_{i=1}^{n}X_i\to E(X).$

(以上是依概率收敛)

例 1　设总体 X,其均值 $E(X)=a$,方差 $D(X)=b^2$, $X_1,X_2,\cdots,X_n$ 是总体的样本,样本平均值: $\overline{X}=\frac{1}{n}\sum_{i=1}^{n}X_i$,样本方差: $S^2=\frac{1}{n-1}\sum_{i=1}^{n}(X_i-\overline{X})^2$,试求 $E(\overline{X})$; $D(\overline{X})$; $E(S^2)$.

解　由样本的独立性、同分布性及数学期望和方差的性质,

$$E(\overline{X})=E\left(\frac{1}{n}\sum_{k=1}^{n}X_k\right)=\frac{1}{n}\sum_{k=1}^{n}E(X_k)=\frac{1}{n}\cdot n\cdot a=a;$$

$$D(\overline{X})=D\left(\frac{1}{n}\sum_{k=1}^{n}X_k\right)=\frac{1}{n^2}\sum_{k=1}^{n}D(X_k)=\frac{1}{n^2}\cdot n\cdot b^2=\frac{b^2}{n};$$

$$E(S^2)=E\left\{\frac{1}{n-1}\sum_{k=1}^{n}(X_k-\overline{X})^2\right\}$$

$$=E\left\{\frac{1}{n-1}\sum_{k=1}^{n}[(X_k-a)-(\overline{X}-a)]^2\right\}$$

$$=E\left\{\frac{1}{n-1}\sum_{k=1}^{n}[(X_k-a)^2+(\overline{X}-a)^2-2(X_k-a)(\overline{X}-a)]\right\}$$

$$=E\left\{\frac{1}{n-1}[\sum_{k=1}^{n}(X_k-a)^2+n(\overline{X}-a)^2-2(\overline{X}-a)(\sum_{k=1}^{n}X_k-na)]\right\}$$

$$=E\left\{\frac{1}{n-1}[\sum_{k=1}^{n}(X_k-a)^2+n(\overline{X}-a)^2-2n(\overline{X}-a)^2]\right\}$$

$$=E\left\{\frac{1}{n-1}[\sum_{k=1}^{n}(X_k-a)^2-n(\overline{X}-a)^2]\right\}$$

$$=\frac{1}{n-1}[\sum_{k=1}^{n}E(X_k-a)^2-nE(\overline{X}-a)^2]$$

$$=\frac{1}{n-1}[\sum_{k=1}^{n}D(X_k)-nD(\overline{X})]=\frac{1}{n-1}\left(nb^2-n\cdot\frac{b^2}{n}\right)=b^2.$$

例 2　有一批电阻,阻值 X 服从均值为 50,均方差为 2(单位:欧姆)的正态分布,从中随机地取 16 个,求这 16 个电阻的平均值不大于 50.5 欧姆的概率.

解　由样本的性质知, $\overline{X}=\frac{1}{n}\sum_{i=1}^{n}X_i$ 是 n 个相互独立的正态随机变量的线

性组合,故 $\overline{X}$ 是正态分布.

由例 1 知, $E(\overline{X})=50$, $D(\overline{X})=4/16$,则 $\overline{X}\sim N(50,\frac{4}{16})$,

$$P(\overline{X}\leqslant 50.5)=\Phi\left(\frac{50.5-50}{\sqrt{4/16}}\right)=\Phi(1)=0.8413.$$

习题 6.1(A)

1. 有 $n=10$ 的样本:1.2,1.4,1.9,2.0,1.5,1.5,1.6,1.4,1.8,1.4,求样本均值,样本均方差,样本方差.(注:使用有"stat"——统计功能的计算器,由"M+"键逐个输入样本值,可直接得到 $\overline{x}$,s,$\sum x_i$,$\sum x_i^2$ 等的值)

2. 设总体 X 有样本 $X_1,X_2,\cdots,X_n$,样本均值为 $\overline{X}$,样本方差为 S_1^2,对常数 c,令 $Y_1=X_1-c$,$Y_2=X_2-c$,$\cdots$,$Y_n=X_n-c$,$\overline{Y}$,S_2^2 是 $Y_1,Y_2,\cdots,Y_n$ 的样本均值和样本方差,试说明 $\overline{Y}=\overline{X}-c$,$S_1^2=S_2^2$.

3. 有 n 个实数 $x_1,x_2,\cdots,x_n$,$s^2=\frac{1}{n-1}\sum_{i=1}^{n}(x_i-a)^2$,试证明当 $a=\overline{x}=\frac{1}{n}\sum_{i=1}^{n}x_i$ 时,s^2 取最小值.

习题 6.1(B)

1. 总体 $X\sim N(\mu,\sigma^2)$,有样本 $X_1,X_2,\cdots,X_n$,设 $Y=\frac{1}{2}(X_n-X_1)$,则 $Y\sim$ _____.

2. 设总体 $X\sim N(12,4)$,有 $n=5$ 的样本 $X_1,X_2,\cdots,X_5$,求:(1) 样本均值与总体均值之差的绝对值大于 1 的概率;(2) $P\{\max(X_1,\cdots,X_5)>15\}$;(3) $P\{\min(X_1,\cdots,X_5)\leqslant 10\}$.

3. 设 $X_1,X_2,\cdots,X_n$ 是总体 X 的样本,总体方差存在,$\overline{X}$ 是样本均值,求 X_1 与 $\overline{X}$ 的相关系数.

4. 设 $f(x)$ 和 $F(x)$ 是总体 X 的密度函数和分布函数,X_1,X_2 是总体 X 的样本,求 $P(X_1\geqslant X_2)$.

§6.2 数理统计中常用的三个分布

在第 2 章,我们讨论了三种常见的离散型随机变量:0-1 分布、二项分布和泊松分布,也讨论了三种常见的连续型随机变量:均匀分布、指数分布和正态分布.在数理统计中也有三个常用的分布,它们是:χ^2 分布、t 分布和 F 分布.下面分别介绍他们有关的概念.

一、χ^2 分布

1. 定义

随机变量 X 服从参数为 n 的 χ^2 分布,记为 $X\sim\chi^2(n)$,参数 n 称为自由度,

密度函数为：

$$f(x)=\begin{cases}\dfrac{1}{2^{n/2}\Gamma(n/2)}x^{n/2-1}\mathrm{e}^{-x/2} & x>0,\\ 0 & x\leqslant0\end{cases}$$

其中，$\Gamma(m)=\displaystyle\int_{0}^{+\infty}t^{m-1}\mathrm{e}^{-t}\mathrm{d}t$ 称为 Γ 函数. 图 6.1 是几个不同的自由度 n 对应的 $f(x)$ 的基本图形.

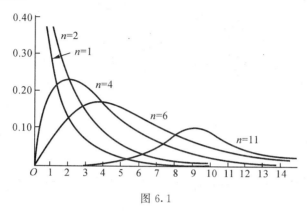

图 6.1

2. 构造

若 $X_1,X_2,\cdots,X_n$ 相互独立，都是 $N(0,1)$ 分布，则

$$X_1^2+X_2^2+\cdots+X_n^2\sim\chi^2(n).$$

反之，若 $X\sim\chi^2(n)$，则 X 可以表示为 n 个相互独立的标准正态随机变量的平方和（证略）.

3. 性质

利用构造可以证明 χ^2 分布有如下性质：

(1) 若 $X\sim\chi^2(n)$，则 $E(X)=n$，$D(X)=2n$；

(2) 若 $X\sim\chi^2(n)$，$Y\sim\chi^2(m)$，相互独立，则 $X+Y\sim\chi^2(n+m)$.

4. α 分位点

设 $X\sim\chi^2(n)$，对给定的 α（α 一般取 0.01，0.02，0.05，0.1 等）：

满足 $P(X>x)=\alpha$ 的点 x 称为 χ^2 分布的右侧 α 分位点，记为 $\chi_\alpha^2(n)$，如图 6.2 所示；

满足 $P(X<x)=\alpha$ 的点 x 称为 χ^2 分布的左侧 α 分位点，记为 $\chi_{1-\alpha}^2(n)$，如图 6.3 所示；

满足 $P(x_1<X<x_2)=1-\alpha$ 的点 x_1 和 x_2 称为 χ^2 分布的双侧 α 分位点，分别记为 $\chi_{1-\alpha/2}^2(n)$ 和 $\chi_{\alpha/2}^2(n)$，如图 6.4 所示.

α 分位点可根据 n 和下标的值，从附表 4 中查到. 如 $\chi_{0.99}^2(10)=2.558$，

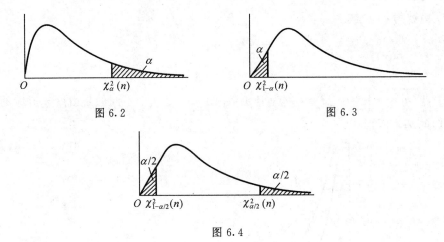

图 6.2　　　　　　　　　　　　　图 6.3

图 6.4

$\chi_{0.01}^2(10)=23.209.$

二、t 分布

1. 定义

随机变量 X 服从参数为 n 的 t 分布,记为 $X\sim t(n)$,参数 n 称为自由度,密度函数为:

$$f(x)=\frac{\Gamma[(n+1)/2]}{\sqrt{n\pi}\Gamma(n/2)}\left(1+\frac{x^2}{n}\right)^{-(n+1)/2},\quad -\infty<x<+\infty.$$

图 6.5 是几个不同的自由度 n 对应的 $f(x)$ 的基本图形.

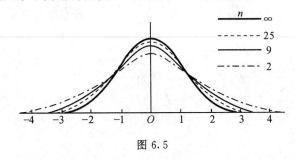

图 6.5

2. 性质

(1) $\lim\limits_{n\to\infty}f(x)=\dfrac{1}{\sqrt{2\pi}}\mathrm{e}^{-x^2/2}=\varphi(x),$

即 t 分布的极限$(n\to+\infty)$分布是标准正态分布.

(2) $X\sim t(n)$,则 $E(X)=0$,因为 $f(x)$ 关于 y 轴对称;$D(X)>1$,因为 $f(x)$ 比标准正态分布的密度函数 $\varphi(x)$ 要平坦一些.

3. 构造

$X \sim N(0,1)$，$Y \sim \chi^2(n)$，且 X 与 Y 相互独立，则 $\dfrac{X}{\sqrt{Y/n}} \sim t(n)$.

反之，若 $T \sim t(n)$，则有相互独立的 $X \sim N(0,1)$，$Y \sim \chi^2(n)$，使 $T = \dfrac{X}{\sqrt{Y/n}}$
（证略）.

4. α 分位点

$X \sim t(n)$，对给定的 α：

满足 $P(X > x) = \alpha$ 的点 x 称为 t 分布的右侧 α 分位点，记为 $t_\alpha(n)$，如图 6.6
所示；

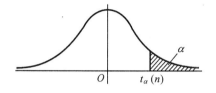

图 6.6

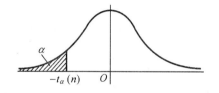

图 6.7

满足 $P(X < x) = \alpha$ 的点 x 称为 t 分
布的左侧 α 分位点，记为 $t_{1-\alpha}(n)$，如图
6.7 所示，由 t 分布的对称性知 $t_{1-\alpha}(n) = -t_\alpha(n)$；

满足 $P(x_1 < X < x_2) = 1 - \alpha$ 的点 x_1
和 x_2 称为 t 分布的双侧 α 分位点，记为
$t_{1-\alpha/2}(n)$ 和 $t_{\alpha/2}(n)$，如图 6.8 所示.

图 6.8

由 t 分布的对称性知 $t_{1-\alpha/2}(n) = -t_{\alpha/2}(n)$.

α 分位点可根据 n 和下标的值，从附表 3 中查到. 如 $t_{0.05}(10) = 1.8125$，
$t_{0.95}(10) = -t_{0.05}(10) = -1.8125$.

当 $n > 45$ 时，可用 $N(0,1)$ 分布代替 t 分布.

三、F 分布

1. 定义

随机变量 X 服从参数为 n_1, n_2 的 F 分布，记为 $X \sim F(n_1, n_2)$，参数 n_1 和 n_2
称为第一自由度和第二自由度，密度函数为：

$$f(x) = \begin{cases} \dfrac{\Gamma[(n_1 + n_2)/2](n_1/n_2)^{n_1/2} x^{n_1/2 - 1}}{\Gamma(n_1/2)\Gamma(n_2/2)[1 + (n_1 x/n_2)]^{(n_1 + n_2)/2}} & x > 0 \\ 0 & x \leqslant 0 \end{cases}$$

图 6.9 是两个不同自由度对应的 $f(x)$ 的基本图形.

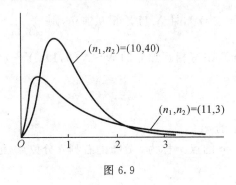

图 6.9

2. 构造

若 $X \sim \chi^2(n_1), Y \sim \chi^2(n_2)$，且 X 与 Y 相互独立，则

$$\frac{X/n_1}{Y/n_2} \sim F(n_1, n_2).$$

反之，若 $F \sim F(n_1, n_2)$，则有相互独立的 $X \sim \chi^2(n_1), Y \sim \chi^2(n_2)$，使

$$F = \frac{X/n_1}{Y/n_2} \quad \text{（证略）}.$$

3. α 分位点

设 $X \sim F(n_1, n_2)$，对给定的 α：

满足 $P(X > x) = \alpha$ 的点 x 称为 F 分布的右侧 α 分位点，记为 $F_\alpha(n_1, n_2)$，如图 6.10 所示；

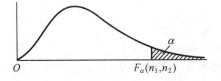

图 6.10

满足 $P(X < x) = \alpha$ 的点 x 称为 F 分布的左侧 α 分位点，记为 $F_{1-\alpha}(n_1, n_2)$，如图 6.11 所示；

满足 $P(x_1 < X < x_2) = 1 - \alpha$ 的点 x_1 和 x_2 称为 F 分布的双侧 α 分位点，分别记为 $F_{1-\alpha/2}(n_1, n_2)$ 和 $F_{\alpha/2}(n_1, n_2)$，如图 6.12所示.

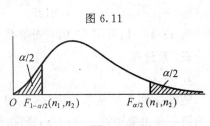

图 6.12

α 分位点可根据 n_1, n_2 和下标的值，从附表 5 中查到.

可以证明，$F_{1-\alpha}(n_1,n_2)=\dfrac{1}{F_\alpha(n_2,n_1)}$.

如 $F_{0.05}(3,4)=6.59$，　$F_{0.05}(4,3)=9.12$，　$F_{0.95}(3,4)=\dfrac{1}{F_{0.05}(4,3)}=\dfrac{1}{9.12}$ $=0.10965$.

例1　设 $X_1,X_2,\cdots,X_{10}$ 是总体 $N(0,0.3^2)$ 的样本，求 $P\left(\sum\limits_{i=1}^{10}X_i^2>1.44\right)$.

解　由正态分布的标准化：若 $X\sim N(\mu,\sigma^2)$，则 $\dfrac{X-\mu}{\sigma}\sim N(0,1)$.

可知 $\dfrac{X_1}{0.3},\dfrac{X_2}{0.3},\cdots,\dfrac{X_{10}}{0.3}$ 都服从 $N(0,1)$，由 χ^2 分布的构造，$\sum\limits_{i=1}^{10}\left(\dfrac{X_i}{0.3}\right)^2\sim$ $\chi^2(10)$，于是

$$P\left(\sum_{i=1}^{10}X_i^2>1.44\right)=P\left\{\sum_{i=1}^{10}\left(\dfrac{X_i}{0.3}\right)^2>\dfrac{1.44}{0.09}\right\}$$

$$=P\left\{\sum_{i=1}^{10}\left(\dfrac{X_i}{0.3}\right)^2>16\right\}=0.1.\quad（查\ \chi^2\ 分布表）$$

例2　设 $X_1,X_2,\cdots,X_9$ 和 $Y_1,Y_2,\cdots,Y_9$ 是来自同一总体 $N(0,9)$ 的两个独立样本，统计量 $U=\left(\sum\limits_{i=1}^{9}X_i\right)\Big/\sqrt{\sum\limits_{i=1}^{9}Y_i^2}$，试确定 U 的分布.

解　由样本的同分布性：$X_i\sim N(0,9),Y_i\sim N(0,9),i=1,2,\cdots,9$；由样本的独立性及独立正态变量之线性组合的正态性：$\dfrac{1}{9}\sum\limits_{i=1}^{9}X_i\sim N(0,1)$.

对 Y_i 也标准化：$\dfrac{Y_i}{3}\sim N(0,1)$；

由 χ^2 分布的构造：$\sum\limits_{i=1}^{9}\dfrac{Y_i^2}{9}\sim\chi^2(9)$；

由 t 分布的构造：$\dfrac{\dfrac{1}{9}\sum\limits_{i=1}^{9}X_i}{\sqrt{\sum\limits_{i=1}^{9}\dfrac{Y_i^2}{9}\Big/9}}=\dfrac{\sum\limits_{i=1}^{9}X_i}{\sqrt{\sum\limits_{i=1}^{9}Y_i^2}}\sim t(9)$.

即 $U\sim t(9)$.

最后还需要指出标准正态分布的 α 分位点：

$X\sim N(0,1)$，对给定的 α，

满足 $P(X>x)=\alpha$ 的点 x 称为右侧 α 分位点，记为 Z_α，如图 6.13 所示；

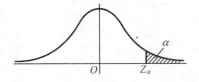

图 6.13

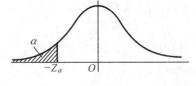

图 6.14

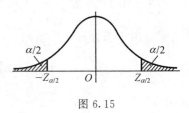

图 6.15

满足 $P(X<x)=\alpha$ 的点 x 称为左侧 α 分位点,记为 $Z_{1-\alpha}$,如图 6.14 所示,有 $Z_{1-\alpha}=-Z_\alpha$;

满足 $P(x_1<X<x_2)=1-\alpha$ 的点 x_1 和 x_2 称为双侧 α 分位点,分别记为 $Z_{1-\alpha/2}$ 和 $Z_{\alpha/2}$,如图 6.15 所示,由对称性知 $Z_{1-\alpha/2}=-Z_{\alpha/2}$.

如由附表 1,$\Phi(1.96)=0.975$,则 $Z_{0.025}=1.96$;$\Phi(1.645)=0.95$,则 $Z_{0.05}=1.645$.

习题 6.2(A)

1. 查有关的附表,给出下列 α 分位点的值:

   (1) $Z_{0.05}$, $Z_{0.05/2}$, $Z_{0.9}$; (2) $\chi^2_{0.1}(5)$, $\chi^2_{0.9}(5)$, $\chi^2_{0.05/2}(5)$, $\chi^2_{1-0.05/2}(5)$;

   (3) $t_{0.05}(10)$, $t_{0.05/2}(10)$; (4) $F_{0.1}(5,10)$, $F_{0.9}(5,10)$, $F_{0.05/2}(5,10)$, $F_{1-0.05/2}(5,10)$.

2. 设 $X\sim t(n)$,$f(x)$ 和 $F(x)$ 是其密度函数和分布函数,$t_\alpha(n)$ 是 α 分位点($\alpha<0.5$),则不正确的是( ).

   (1) $P\{|X|<t_\alpha(n)\}=1-2\alpha$ (2) $F\{t_\alpha(n)\}=1-\alpha$

   (3) $\int_{-\infty}^{t_\alpha(n)}f(x)\mathrm{d}x=\alpha$ (4) $\int_{t_\alpha(n)}^{+\infty}f(x)\mathrm{d}x=\alpha$

3. 设 $X_1,X_2,\cdots,X_n$ 是总体 $\chi^2(m)$ 的样本,(1) 求 $E(\overline{X})$ 和 $D(\overline{X})$;(2) 写出 $\sum_{i=1}^{n}X_i$ 服从的分布.

习题 6.2(B)

1. 设 $X_1,X_2,\cdots,X_9$ 是总体 $N(1,1)$ 的样本,设 $Y=\sum_{i=1}^{9}(X_i-1)^2$,则

   (1) $Y\sim$_____;(2) 若 $X\sim N(0,1)$,则 $\dfrac{3X}{\sqrt{Y}}\sim$_____.

2. 已知 $X\sim t(n)$,证明 $X^2\sim F(1,n)$.

3. 设 $X_1,X_2,\cdots,X_n$ 和 $Y_1,Y_2,\cdots,Y_m$ 是来自同一总体 $N(0,\sigma^2)$ 的两个独立样本,记 $U=\dfrac{1}{n}\sum_{i=1}^{n}X_i^2$,$V=\dfrac{1}{m}\sum_{i=1}^{m}Y_i^2$,则 $\dfrac{U}{V}\sim$_____,$\dfrac{V}{U}\sim$_____.

§6.3 一个正态总体下的三个统计量的分布

由于正态分布具有许多优良的性质,且在实际问题中又大多是正态分布,所以,我们有必要也有可能对正态总体下的一些统计量的分布进行讨论.本节讨论一个正态总体下的三个统计量的分布,下一节讨论两个正态总体下的三个统计量的分布.

设总体 $X \sim N(\mu, \sigma^2)$,样本 $X_1, X_2, \cdots, X_n$,样本均值和样本方差为:

$$\overline{X} = \frac{1}{n} \sum_{i=1}^{n} X_i, \quad S^2 = \frac{1}{n-1} \sum_{i=1}^{n} (X_i - \overline{X})^2.$$

定理 1 $\overline{X} \sim N\left(\mu, \frac{\sigma^2}{n}\right)$.

即 $\overline{X}$ 也是正态分布,它的期望与总体的期望相同,它的方差是总体方差的 $\frac{1}{n}$.

证 $\overline{X} = \frac{1}{n} \sum_{i=1}^{n} X_i$,它是相互独立的正态随机变量的线性组合,由 §3.5 知,$\overline{X}$ 也是正态分布,即 $\overline{X} \sim N(*, *)$,其中两个分布参数分别是 $E(\overline{X})$ 和 $D(\overline{X})$,每一个样本点 $X_1, X_2, \cdots, X_n$ 与总体 X 有相同的期望 μ,于是

$$E(\overline{X}) = E\left(\frac{1}{n} \sum_{i=1}^{n} X_i\right) = \frac{1}{n} \sum_{i=1}^{n} E(X_i) = \frac{1}{n} \cdot n \cdot \mu = \mu.$$

由样本的独立性,及 $X_1, X_2, \cdots, X_n$ 与总体 X 有相同的方差 σ^2,于是

$$D(\overline{X}) = D\left(\frac{1}{n} \sum_{i=1}^{n} X_i\right) = \frac{1}{n^2} \sum_{i=1}^{n} D(X_i) = \frac{1}{n^2} \cdot n \cdot \sigma^2 = \frac{\sigma^2}{n},$$

所以 $\overline{X} \sim N\left(\mu, \frac{\sigma^2}{n}\right)$.

标准化得:$\dfrac{\overline{X} - \mu}{\sigma / \sqrt{n}} \sim N(0, 1)$.

由定理 1 可知,随机变量 $\overline{X}$ 与总体 X 相比,它们有相同的均值,而 $\overline{X}$ 的方差是总体 X 的 n 分之一,可见 $\overline{X}$ 的取值更集中在 $E(X)$ 的附近,如图 6.16 所示.

应注意的是:无论总体 X 是什么分布,都有(见 §6.1 例 1)

$$E(\overline{X}) = E(X), \quad D(\overline{X}) = D(X)/n.$$

定理 2 $\overline{X}$ 与 S^2 相互独立,且 $\dfrac{(n-1)S^2}{\sigma^2} \sim \chi^2(n-1)$ (证略).

定理 3 $\dfrac{\overline{X} - \mu}{S / \sqrt{n}} \sim t(n-1)$.

证 由定理 1 和定理 2,

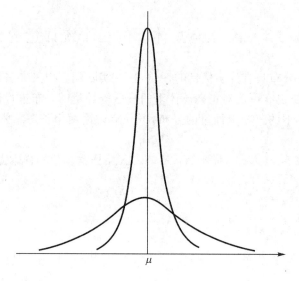

图 6.16

$$\frac{\overline{X}-\mu}{\sigma/\sqrt{n}}\sim N(0,1),\ \frac{(n-1)S^2}{\sigma^2}\sim\chi^2(n-1),$$

因 $\overline{X}$ 与 S^2 是相互独立的,则 $\dfrac{\overline{X}-\mu}{\sigma/\sqrt{n}}$ 与 $\dfrac{(n-1)S^2}{\sigma^2}$ 相互独立.

根据 t 分布的构造:

$$\frac{\dfrac{\overline{X}-\mu}{\sigma/\sqrt{n}}}{\sqrt{\dfrac{(n-1)S^2}{\sigma^2}\Big/(n-1)}}\sim t(n-1),$$

即　$\dfrac{\overline{X}-\mu}{S/\sqrt{n}}\sim t(n-1).$

以上三个统计量的分布非常重要,它们不仅可以用来计算有关的概率,更主要的是在下面有关一个正态总体的参数区间估计和假设检验的讨论中起着关键的作用.

例 1　设总体 $X\sim N(3,\sigma^2)$,有 $n=10$ 的样本,样本方差 $s^2=4$,求样本均值 $\overline{X}$ 落在 2.1253 到 3.8747 之间的概率.

解　由定理 3,$\dfrac{\overline{X}-3}{S/\sqrt{10}}\sim t(9),$

$$P(2.1253\leqslant\overline{X}\leqslant 3.8747)=P\left(\frac{2.1253-3}{2/\sqrt{10}}\leqslant\frac{\overline{X}-3}{2/\sqrt{10}}\leqslant\frac{3.8747-3}{2/\sqrt{10}}\right)$$

$$=P\left(-1.3830\leqslant\frac{\overline{X}-3}{2/\sqrt{10}}\leqslant 1.3830\right).$$

　　由 t 分布表得 $t_{0.1}(9)=1.3830$，由 t 分布的对称性及 α 分位点的意义，上述概率为：

$$P(2.1253 \leqslant \overline{X} \leqslant 3.8747)=1-2 \times 0.1=0.8.$$

　　例 2　设总体 $X \sim N(\mu,4)$，有样本 $X_1,X_2,\cdots,X_n$，当样本容量 n 为多大时，使 $P(|\overline{X}-\mu| \leqslant 0.1)=0.95$.

　　解　由定理 1，$\dfrac{\overline{X}-\mu}{\sigma/\sqrt{n}} \sim N(0,1)$，

$$P(|\overline{X}-\mu| \leqslant 0.1)=P\left(\frac{-0.1}{2/\sqrt{n}} \leqslant \frac{\overline{X}-\mu}{2/\sqrt{n}} \leqslant \frac{0.1}{2/\sqrt{n}}\right)$$
$$=\Phi(0.05\sqrt{n})-\Phi(-0.05\sqrt{n})$$
$$=2\Phi(0.05\sqrt{n})-1,$$

因　　　$P(|\overline{X}-\mu| \leqslant 0.1)=0.95$，

即　　　$2\Phi(0.05\sqrt{n})-1=0.95$，

得　　　$\Phi(0.05\sqrt{n})=(1+0.95)/2=0.975$.

　　由标准正态分布表，$\Phi(1.96)=0.975$，即 $0.05\sqrt{n}=1.96$，于是得 $n=1536.6 \approx 1537$.

　　例 3　设 $X_1,X_2,\cdots,X_{10}$ 是总体 $X \sim N(\mu,4)$ 的样本，求样本方差 S^2 大于 2.622的概率.

　　解　由定理 2，$\dfrac{(10-1)S^2}{4} \sim \chi^2(10-1)$，

$$P(S^2>2.622)=P\left(\frac{9}{4}S^2>\frac{9}{4} \times 2.622\right)=P\left(\frac{9}{4}S^2>5.8995\right),$$

由 χ^2 分布表 $\chi^2_{0.75}(9)=5.899$，则近似地有 S^2 大于 2.622 的概率为 0.75.

习题 6.3（A）

1. 在总体 $N(50,\sigma^2)$ 中随机抽取一容量为 16 的样本，分别求样本均值 $\overline{X}$ 落在 47.99 到 52.01 之间的概率.（1）若已知 $\sigma^2=5.5^2$；（2）σ^2 未知，而样本方差 $s^2=36$.

2. 在总体 $N(\mu,\sigma^2)$ 中随机地抽取一容量为 10 的样本，μ 和 σ^2 均未知，求 $P(S^2/\sigma^2 \leqslant 1.88)$，其中 S^2 为样本方差.

习题 6.3（B）

1. 设总体 $X \sim N(\mu,\sigma^2)$，有样本 $X_1,X_2,\cdots,X_n$，利用定理 2 求 $E(S^2)$，$E(\overline{X}S^2)$，$D(S^2)$.

2. 设 $X_1,X_2,\cdots,X_n$ 是总体 $N(\mu,\sigma^2)$ 的样本，μ,σ^2 都已知，（1）求 $\dfrac{1}{\sigma^2}\sum\limits_{i=1}^{n}(X_i-\mu)^2$ 所服从的分布；（2）若 $n=16$，试求 $P\left\{\dfrac{\sigma^2}{2} \leqslant \dfrac{1}{n}\sum\limits_{i=1}^{n}(X_i-\mu)^2 \leqslant 2\sigma^2\right\}$.

3. 设 $X_1, X_2, \cdots, X_{10}$ 是总体 $N(\mu, 16)$ 的样本, S^2 为样本方差, 已知 $P(S^2 > a) = 0.1$, 求 a 的值.

4. 设总体 $N(72, 100)$ 有容量为 n 的样本, 为使样本均值大于 70 的概率不小于 90%, 则 n 至少应取多大?

5. 从总体 $X \sim N(\mu, \sigma^2)$ 抽取 $n = 100$ 的样本, 已知样本均值与总体均值偏差的绝对值小于等于 4 的概率为 98%, 求 σ 的值.

6. 设 $X_1, X_2, \cdots, X_n$ 是总体 $N(\mu, \sigma^2)$ 的样本, $\overline{X}$ 是样本均值, 记:

$$S_1^2 = \frac{1}{n-1} \sum_{i=1}^{n} (X_i - \overline{X})^2, \quad S_2^2 = \frac{1}{n} \sum_{i=1}^{n} (X_i - \overline{X})^2,$$

$$S_3^2 = \frac{1}{n-1} \sum_{i=1}^{n} (X_i - \mu)^2, \quad S_4^2 = \frac{1}{n} \sum_{i=1}^{n} (X_i - \mu)^2,$$

则服从自由度为 $n-1$ 的 t 分布的统计量是(　　).

(1) $\dfrac{\overline{X} - \mu}{S_1 / \sqrt{n-1}}$　　(2) $\dfrac{\overline{X} - \mu}{S_2 / \sqrt{n-1}}$　　(3) $\dfrac{\overline{X} - \mu}{S_3 / \sqrt{n}}$　　(4) $\dfrac{\overline{X} - \mu}{S_4 / \sqrt{n}}$

§6.4　两个正态总体下的三个统计量的分布

在上一节, 我们讨论了一个正态总体下的三个统计量的分布, 这一节继续讨论在两个正态总体下的三个统计量的分布.

设总体 $X \sim N(\mu_1, \sigma_1^2)$, 有样本 $X_1, X_2, \cdots, X_{n_1}$, 样本均值和样本方差为:

$$\overline{X} = \frac{1}{n_1} \sum_{i=1}^{n_1} X_i, \quad S_1^2 = \frac{1}{n_1 - 1} \sum_{i=1}^{n_1} (X_i - \overline{X})^2;$$

设总体 $Y \sim N(\mu_2, \sigma_2^2)$, 有样本 $Y_1, Y_2, \cdots, Y_{n_2}$, 样本均值和样本方差为:

$$\overline{Y} = \frac{1}{n_2} \sum_{i=1}^{n_2} Y_i, \quad S_2^2 = \frac{1}{n_2 - 1} \sum_{i=1}^{n_2} (Y_i - \overline{Y})^2.$$

且两个样本相互独立, 于是有:

定理 4　$\dfrac{(\overline{X} - \overline{Y}) - (\mu_1 - \mu_2)}{\sqrt{\sigma_1^2/n_1 + \sigma_2^2/n_2}} \sim N(0, 1)$.

证　由定理 1 知,

$$\overline{X} \sim N\left(\mu_1, \frac{\sigma_1^2}{n_1}\right), \quad \overline{Y} \sim N\left(\mu_2, \frac{\sigma_2^2}{n_2}\right),$$

由样本的独立性, $\overline{X}$ 与 $\overline{Y}$ 相互独立, 则由 §3.5 中关于相互独立的正态随机变量的线性组合是正态分布的结论,

$$\overline{X} - \overline{Y} \sim N\left(\mu_1 - \mu_2, \frac{\sigma_1^2}{n_1} + \frac{\sigma_2^2}{n_2}\right),$$

这里　　$E(\overline{X} - \overline{Y}) = E(\overline{X}) - E(\overline{Y}) = \mu_1 - \mu_2$,

$$D(\overline{X}-\overline{Y})=D(\overline{X})+D(\overline{Y})=\frac{\sigma_1^2}{n_1}+\frac{\sigma_2^2}{n_2},$$

于是经标准化得：

$$\frac{(\overline{X}-\overline{Y})-(\mu_1-\mu_2)}{\sqrt{\sigma_1^2/n_1+\sigma_2^2/n_2}}\sim N(0,1).$$

定理 5　当 σ_1^2,σ_2^2 未知，但两者相等时，

$$\frac{(\overline{X}-\overline{Y})-(\mu_1-\mu_2)}{S_\omega\sqrt{1/n_1+1/n_2}}\sim t(n_1+n_2-2),$$

其中　$S_\omega^2=\dfrac{(n_1-1)S_1^2+(n_2-1)S_2^2}{n_1+n_2-2}.$

证　设 σ_1^2,σ_2^2 都是 σ^2，由定理 2，

$$\frac{(n_1-1)S_1^2}{\sigma^2}\sim\chi^2(n_1-1),\quad\frac{(n_2-1)S_2^2}{\sigma^2}\sim\chi^2(n_2-1),$$

由 χ^2 分布的可加性，

$$\frac{(n_1-1)S_1^2}{\sigma^2}+\frac{(n_2-1)S_2^2}{\sigma^2}\sim\chi^2(n_1+n_2-2),$$

再由定理 4 及 t 分布的构造，

$$\frac{\dfrac{(\overline{X}-\overline{Y})-(\mu_1-\mu_2)}{\sqrt{\sigma^2/n_1+\sigma^2/n_2}}}{\sqrt{\left(\dfrac{(n_1-1)S_1^2}{\sigma^2}+\dfrac{(n_2-1)S_2^2}{\sigma^2}\right)\Big/(n_1+n_2-2)}}\sim t(n_1+n_2-2).$$

经化简整理即可得定理 5.

定理 6　$\dfrac{S_1^2}{S_2^2}\cdot\dfrac{\sigma_2^2}{\sigma_1^2}\sim F(n_1-1,n_2-1).$

证　由定理 2，

$$\frac{(n_1-1)S_1^2}{\sigma_1^2}\sim\chi^2(n_1-1),\quad\frac{(n_2-1)S_2^2}{\sigma_2^2}\sim\chi^2(n_2-1),$$

由 F 分布的构造，

$$\frac{\dfrac{(n_1-1)S_1^2}{\sigma_1^2}\Big/(n_1-1)}{\dfrac{(n_2-1)S_2^2}{\sigma_2^2}\Big/(n_2-1)}\sim F(n_1-1,n_2-1),$$

即　$\dfrac{S_1^2}{S_2^2}\cdot\dfrac{\sigma_2^2}{\sigma_1^2}\sim F(n_1-1,n_2-1).$

与一个正态总体下的三个统计量的分布一样，以上三个统计量的分布也很重要，它们不仅可以用来计算有关的概率，更主要的是在下面两个正态总体下的参数的区间估计和假设检验的讨论中起着关键的作用.

例 1 设总体 $X \sim N(6, \sigma_1^2)$，$Y \sim N(5, \sigma_2^2)$，有 $n_1 = n_2 = 10$ 的独立样本，求两个样本均值之差 $\overline{X} - \overline{Y}$ 小于 1.3 的概率，若：

(1) 已知 $\sigma_1^2 = 1, \sigma_2^2 = 1$；

(2) σ_1^2, σ_2^2 未知，但两者相同，样本方差分别为 $s_1^2 = 0.9130, s_2^2 = 0.9816$.

解 (1) 由定理 4，

$$\frac{(\overline{X} - \overline{Y}) - (6 - 5)}{\sqrt{1/10 + 1/10}} \sim N(0, 1),$$

$$P(\overline{X} - \overline{Y} < 1.3) = P\left(\frac{(\overline{X} - \overline{Y}) - (6 - 5)}{\sqrt{1/10 + 1/10}} < \frac{1.3 - (6 - 5)}{\sqrt{1/10 + 1/10}}\right)$$

$$= P\left(\frac{(\overline{X} - \overline{Y}) - (6 - 5)}{\sqrt{1/10 + 1/10}} < 0.67\right)$$

$$= \Phi(0.67) = 0.7486;$$

(2) 由定理 5，

$$\frac{(\overline{X} - \overline{Y}) - (6 - 5)}{S_\omega \sqrt{1/10 + 1/10}} \sim t(18),$$

其中

$$S_\omega^2 = \frac{(n_1 - 1)S_1^2 + (n_2 - 1)S_2^2}{n_1 + n_2 - 2}$$

$$= \frac{9 \times 0.9130 + 9 \times 0.9816}{18} = 0.9733^2,$$

则

$$P(\overline{X} - \overline{Y} < 1.3) = P\left(\frac{(\overline{X} - \overline{Y}) - (6 - 5)}{0.9733 \sqrt{1/10 + 1/10}} < \frac{1.3 - (6 - 5)}{0.9733 \sqrt{1/10 + 1/10}}\right)$$

$$= P\left(\frac{(\overline{X} - \overline{Y}) - (6 - 5)}{0.9733 \sqrt{1/10 + 1/10}} < 0.6884\right),$$

由 t 分布表，$t_{0.25}(18) = 0.6884$，于是 $P(\overline{X} - \overline{Y} < 1.3) = 1 - 0.25 = 0.75$.

例 2 从总体 $X \sim N(\mu, 3)$，$Y \sim N(\mu, 5)$ 中分别抽取 $n_1 = 10, n_2 = 15$ 的独立样本，求两个样本方差之比 S_1^2/S_2^2 大于 1.272 的概率.

解 由定理 6，

$$\frac{S_1^2}{S_2^2} \cdot \frac{5}{3} \sim F(9, 14),$$

$$P\left(\frac{S_1^2}{S_2^2} > 1.272\right) = P\left(\frac{S_1^2}{S_2^2} \cdot \frac{5}{3} > 1.272 \times \frac{5}{3}\right)$$

$$= P\left(\frac{S_1^2}{S_2^2} \cdot \frac{5}{3} > 2.12\right),$$

由 F 分布表，$F_{0.1}(9, 14) = 2.12$，

即

$$P\left(\frac{S_1^2}{S_2^2} > 1.272\right) = 0.1.$$

习题 6.4(A)

1. 从总体 $X \sim N(\mu, \sigma^2)$ 中抽取 $n_1 = 9, n_2 = 12$ 的两个独立样本,试求两个样本的均值 $\overline{X}$ 和 $\overline{Y}$ 之差的绝对值小于 $\frac{3}{2}$ 的概率,若(1) 已知 $\sigma^2 = 4$;(2) σ^2 未知,但两个样本方差分别为 $s_1^2 = 4.1, s_2^2 = 3.7$.

2. 从总体 $X \sim N(\mu_1, \sigma_1^2)$ 和 $Y \sim N(\mu_2, \sigma_2^2)$ 中分别抽取 $n = 10$ 的独立样本,样本方差分别 $s_1^2 = 4.88$ 和 $s_2^2 = 2$,试说明"σ_1^2 小于 σ_2^2 的可能性有 10%".

小　　结

【内容提要】

1. 数理统计中的几个概念:总体、个体、样本、统计量等.

一个样本表示为:$X_1, X_2, \cdots, X_n$,是相互独立的、与总体 X 同分布的 n 个随机变量.

也表示为:$x_1, x_2, \cdots, x_n$,是随机变量 $X_1, X_2, \cdots, X_n$ 的观察值,称为样本值.

常用的统计量有:

样本平均值 $\overline{X} = \dfrac{1}{n} \sum\limits_{i=1}^{n} X_i$;

样本方差 $S^2 = \dfrac{1}{n-1} \sum\limits_{i=1}^{n} (X_i - \overline{X})^2$;

样本均方差 $S = \sqrt{S^2}$;

样本 k 阶原点矩 $A_k = \dfrac{1}{n} \sum\limits_{i=1}^{n} X_i^k$, $k = 1, 2, \cdots$;

样本 k 阶中心矩 $B_k = \dfrac{1}{n} \sum\limits_{i=1}^{n} (X_i - \overline{X})^k$, $k = 1, 2, \cdots$.

2. 数理统计中三个常用的分布:χ^2 分布、t 分布、F 分布,密度函数的基本图形、性质、构造、α 分位点.

3. 一个正态总体下的三个统计量的分布:

(1) $\overline{X} \sim N\left(\mu, \dfrac{\sigma^2}{n}\right)$, 即 $\dfrac{\overline{X} - \mu}{\sigma/\sqrt{n}} \sim N(0, 1)$.

(2) $\overline{X}$ 与 S^2 相互独立,且 $\dfrac{(n-1)S^2}{\sigma^2} \sim \chi^2(n-1)$.

(3) $\dfrac{\overline{X} - \mu}{S/\sqrt{n}} \sim t(n-1)$.

两个正态总体下的三个统计量的分布:

(4) $\dfrac{(\overline{X}-\overline{Y})-(\mu_1-\mu_2)}{\sqrt{\sigma_1^2/n_1+\sigma_2^2/n_2}}\sim N(0,1).$

(5) 当 σ_1^2,σ_2^2 未知,但两者相等时,

$$\dfrac{(\overline{X}-\overline{Y})-(\mu_1-\mu_2)}{S_\omega\sqrt{1/n_1+2/n_2}}\sim t(n_1+n_2-2),$$

其中　　$S_\omega^2=\dfrac{(n_1-1)S_1^2+(n_2-1)S_2^2}{n_1+n_2-2}.$

(6) $\dfrac{S_1^2}{S_2^2}\cdot\dfrac{\sigma_2^2}{\sigma_1^2}\sim F(n_1-1,n_2-1).$

【重点】

理解总体、样本、统计量的概念;掌握 α 分位点;掌握正态总体下的统计量的分布.

【难点】

χ^2 分布、t 分布、F 分布的性质与构造.

第7章 参数估计

【教学内容】

在实际问题中,我们所研究的总体,含有一个或多个未知参数;或者总体的数学期望、方差未知,需要对它们进行估计. 为此,我们从总体中抽取一个样本,再从样本中提取有用的信息来完成这些估计. 估计分为两类:点估计和区间估计.

本章讨论点估计的三种方法:矩估计法、顺序统计量法和极大似然估计法,并提出点估计量的三个评价标准. 进而讨论区间估计的概念. 点估计和区间估计是数理统计中基本而重要的内容之一,必须掌握.

本章共分为 6 节,在 6 个课时内完成.

【基本要求】

1. 掌握参数的矩估计、极大似然估计的概念,会用这两种方法求解一些问题,了解顺序统计量法.

2. 理解估计量的三个评选标准:无偏性、有效性、一致性的意义,会分析简单的估计量的无偏性和有效性.

3. 理解参数的区间估计的概念,熟练掌握求单个和两个正态总体有关参数的双侧区间估计.

4. 了解参数单侧置信区间的概念.

5. 了解求非正态总体的参数的置信区间的方法.

【关键词和主题】

参数的点估计,矩估计法,顺序统计量法,样本中位数,样本极差,极大似然估计,似然函数,对数似然函数;

估计量的评价标准,无偏性,渐近无偏估计,有效性,一致性;

区间估计的思想,置信度,置信区间,单侧置信区间,非正态总体下的参数的区间估计.

§7.1 矩估计法和顺序统计量法

设总体 X,有未知参数 θ,有样本 $X_1, X_2, \cdots, X_n$,利用样本,选择一定的方法

估计 θ 的值,这是参数的点估计. 点估计的主要方法有:顺序统计量法、矩估计法、极大似然估计法. 本节介绍矩估计法和顺序统计量法.

一、矩估计法

首先通过一个例子说明矩估计法的思想.

例 1 总体 $X \sim U(0, \theta)$, θ 未知,有样本 $X_1, X_2, \cdots, X_n$,求 θ 的矩估计.

解 总体 X 的数学期望为: $E(X) = \dfrac{\theta}{2}$.

由大数定理,样本均值 $\overline{X}$ 可作为总体均值 $E(X)$ 的估计,即 $\hat{E}(X) = \overline{X}$ (在 $E(X)$ 上面加一个"^",以表示对 $E(X)$ 的估计,而不是 $E(X)$ 本身,以下同).

于是得 θ 的矩估计量为: $\hat{\theta} = 2\overline{X}$.

若 $n = 5$,样本值为 $1.3, 2.1, 3.0, 3.5, 4.1$,有 $\overline{x} = 2.8$,则 θ 的估计值为: $\hat{\theta} = 2 \times 2.8 = 5.6$.

矩估计法的思想是:总体 X 的 k 阶原点矩 $E(X^k)$ 一般由未知参数 θ 表示,如例 1 中, $E(X) = \dfrac{\theta}{2}$;例 2 中, $E(X^2) = \dfrac{\theta^2}{3}$ 等. 根据大数定理,样本 k 阶原点矩 $A_k = \dfrac{1}{n} \sum_{i=1}^{n} X_i^k$ 作为总体 k 阶原点矩的估计,即 $\hat{E}(X^k) = A_k$,如例 1 中, $\hat{E}(X) = \overline{X} = A_1$;例 2 中, $\hat{E}(X^2) = A_2$ 等. 由此得到未知参数 θ 的估计,称为 θ 的矩估计.

θ 的估计一般是样本的函数 $\hat{\theta} = g(X_1, X_2, \cdots, X_n)$,如例 1 中, $\hat{\theta} = 2\overline{X}$;例 2 中, $\hat{\theta} = \sqrt{3A_2}$ 等,称为 θ 的估计量. 而用具体的样本值代入时, $\hat{\theta} = g(x_1, x_2, \cdots, x_n)$,如例 1 中, $\hat{\theta} = 5.6$;例 2 中, $\hat{\theta} = 5.1474$,称为 θ 的估计值.

例 2 在例 1 中,我们用二阶原点矩估计 θ 的值.

解 由均匀分布的期望和方差:

$$E(X^2) = D(X) + [E(X)]^2 = \frac{\theta^2}{12} + \left(\frac{\theta}{2}\right)^2 = \frac{\theta^2}{3}.$$

样本二阶原点矩 $A_2 = \dfrac{1}{n} \sum_{i=1}^{n} X_i^2$ 作为总体二阶原点矩 $E(X^2)$ 的估计,即 $\hat{E}(X^2) = A_2$.

由此得到 θ 的二阶矩估计量为: $\hat{\theta} = \sqrt{3A_2}$,

由具体的样本值得: $A_2 = \dfrac{1}{5}(1.3^2 + 2.1^2 + 3.0^2 + 3.5^2 + 4.1^2) = 8.832$,

于是 θ 的二阶矩估计值为: $\hat{\theta} = \sqrt{3 \times 8.832} \approx 5.1474$.

可见,用不同阶数的原点矩进行估计,所得到的估计结果是不一样的. 因为大家都是估计,用不同的估计方法得到不同的估计结果是完全正常的. 而对于 θ 的真值也许永远无法知道.

例 3　总体 X 的密度函数如下，θ 未知，有样本 $X_1, X_2, \cdots, X_n$，求 θ 的矩估计量.

$$f(x) = \begin{cases} (\theta+1)x^{\theta} & 0 \leqslant x \leqslant 1 \\ 0 & \text{其他} \end{cases}.$$

解　$E(X) = \int_0^1 x \cdot (\theta+1) x^{\theta} \mathrm{d}x = \int_0^1 (\theta+1) x^{\theta+1} \mathrm{d}x = \frac{\theta+1}{\theta+2} x^{\theta+2} \Big|_0^1 = \frac{\theta+1}{\theta+2}$,

由 $\hat{E}(X) = \overline{X}$，得 θ 的矩估计量为：$\hat{\theta} = \dfrac{2\overline{X}-1}{1-\overline{X}}$.

例 4　总体 $X \sim B(m, p)$，m, p 都未知，有样本 $X_1, X_2, \cdots, X_n$，求 m, p 的矩估计量.

解　由二项分布的期望和方差：

$$E(X) = mp; \quad E(X^2) = D(X) + [E(X)]^2 = mpq + (mp)^2.$$

由　　$\hat{E}(X) = A_1 = \overline{X}$,　　　　　　　　　　　　　　　　(1)

$$\hat{E}(X^2) = A_2 = \frac{1}{n} \sum_{i=1}^n X_i^2,$$　　　　　　　　　(2)

解(1)和(2)得 $\hat{p} = 1 + \overline{X} - \dfrac{A_2}{\overline{X}}$，$\hat{m} = \overline{X}/\hat{p}$.

（因为 m 是正整数，它的估计量最后应该取整数）

一般地，矩估计是指利用一阶矩进行估计，当总体有两个未知参数时，需同时使用一阶矩和二阶矩.

二、顺序统计量法

设总体 X，有样本 $X_1, X_2, \cdots, X_n$，将样本点从小到大排列，表示为

$$X_1^*, X_2^*, \cdots, X_n^*,$$

定义样本中位数为

$$\widetilde{X} = \begin{cases} X_{(n+1)/2}^* & \text{若 } n \text{ 是奇数} \\ (X_{n/2}^* + X_{n/2+1}^*)/2 & \text{若 } n \text{ 是偶数} \end{cases},$$

定义样本极差为

$$R = X_n^* - X_1^* = \max(X_1, X_2, \cdots, X_n) - \min(X_1, X_2, \cdots, X_n).$$

样本中位数 $\widetilde{X}$ 作为总体均值 $E(X)$ 的估计量：$\hat{E}(X) = \widetilde{X}$，而总体均方差 $\sqrt{D(X)}$ 用样本极差 R 作为估计量：$\widehat{\sqrt{D(X)}} = R/d_n$.

其中 d_n 的数值如下表：

n	2	3	4	5	6	7	8	9	10
d_n	1.128	1.693	2.059	2.326	2.534	2.704	2.847	2.970	3.078

例 5　设总体 X 为某厂产品的使用寿命（单位：小时），现抽查 10 件进行测试，结果如下：105，110，108，112，120，125，104，113，130，120.

中位数和极差为: $\widetilde{x}=(112+113)/2=112.5$; $R=130-104=26$,
则总体均值 $E(X)$ 的估计值为: $\hat{E}(X)=\widetilde{x}=112.5$,

总体均方差 $\sqrt{D(X)}$ 的估计值为: $\sqrt{\hat{D(X)}}=\dfrac{R}{d_n}=\dfrac{26}{3.078}=8.45$.

特别,对于正态总体 $X\sim N(\mu,\sigma^2)$, μ 和 σ 的估计量分别为: $\hat{\mu}=\widetilde{X}$, $\hat{\sigma}=\dfrac{R}{d_n}$, 且可以证明:

$$\widetilde{X}\sim N\left(\mu,\frac{\pi}{2n}\sigma^2\right).$$

$\widetilde{X}$ 和 R 都是样本按大小顺序排列而确定的,故称为顺序统计量,相应的估计方法称为顺序统计量法. 这里只叙述顺序统计量法的基本概念,进一步的讨论和证明请参看其他资料.

计算简便是顺序统计量法的特点,所以,在工程领域有广泛应用. $\widetilde{X}$ 还可以排除样本中过大和过小的值的影响,对连续型总体且密度函数具有对称性的场合比较适合. R 本身是总体离散程度的一个尺度,但由它估计总体的均方差不如用 S 可靠,当 n 越大时,可靠性越差,这时,可以把按从小到大顺序排列后的样本分成点数相等的若干个组,每组样本点数 $k\leqslant 10$,求出每组的极差,再以各组极差的平均值作为总体均方差的估计量,可以提高估计质量,此时常数应该用 d_k.

习题 7.1(A)

1. 设总体 X 的密度函数为: $f(x)=\begin{cases}2(\theta-x)/\theta^2 & 0<x<\theta\\ 0 & \text{其他}\end{cases}$, 有样本 $X_1,X_2,\cdots,X_n$, 求未知参数 θ 的矩估计量;若有 $n=5$ 的样本:0.3, 0.9, 0.5, 1.1, 0.2,求 θ 的矩估计值.

2. 设总体 X 的密度函数为: $f(x)=\begin{cases}\sqrt{\theta}\, x^{\sqrt{\theta}-1} & 0\leqslant x\leqslant 1\\ 0 & \text{其他}\end{cases}$, 有样本 $X_1,X_2,\cdots,X_n$, 求未知参数 θ 的矩估计量.

3. 设总体 X 服从区间 $(a,1)$ 上的均匀分布,有样本 $X_1,X_2,\cdots,X_n$, 求未知参数 a 的矩估计量.

4. 某电器元件的使用寿命 X(单位时间)服从参数为 α 的指数分布,随机取 5 个元件做寿命试验,寿命分别为:1.5, 0.8, 2.1, 1.7, 1.9,(1) 求 α 的矩估计值; (2) 用中位数 $\widetilde{X}$ 估计 α 的值.

5. 某随机试验独立重复进行 n 次,设 $X_i=\begin{cases}1 & \text{第 } i \text{ 次试验成功}\\ 0 & \text{第 } i \text{ 次试验不成功}\end{cases}$, $i=1,2,\cdots,n$, 结果有 k 次成功,求该随机试验成功的概率 p 的矩估计.

习题 7.1(B)

1. 设总体 X 服从区间 (a,b) 上的均匀分布,有样本 $X_1,X_2,\cdots,X_n$, 求未知参数 a,b 的矩估计量.

2. 设总体 X 的分布律为：

X	0	1	2
p_i	r	$2r$	$1-3r$

，样本 $X_1, X_2, \cdots, X_n$，求未知参数 r 的矩估计量. 若有 $n=5$ 的样本:0,1,2,1,0,试估计 X 的分布律.

3. 总体 $X \sim N(\mu, \sigma^2)$，有样本 $X_1, X_2, \cdots, X_n$，试求 μ 和 σ^2 的矩估计量.

4. 设总体 X，有样本 $X_1, X_2, \cdots, X_n$，求总体均值 $E(X)$ 和总体方差 $D(X)$ 的矩估计量.

5. 每分钟通过某桥梁的汽车辆数 $X \sim \pi(\lambda)$，为估计 λ 的值，在实地随机统计了 20 次，每次 1 分钟，结果如下表：

次数	2	3	4	5	6
辆数	9	5	2	7	4

，即有 2 次是一分钟通过 9 辆汽车等等，试求 λ 的一阶矩估计值和二阶矩估计值.

§7.2　极大似然估计

上一节我们讨论了矩估计法和顺序统计量法，本节讨论极大似然估计法. 首先分析该方法的具体过程和思想.

当总体 X 是连续型时，其密度函数为 $f(x, \theta)$，含有未知参数 θ，有样本 $X_1, X_2, \cdots, X_n$，由样本的同分布性：X_1 的密度函数为 $f(x_1, \theta)$，X_2 的密度函数为 $f(x_2, \theta), \cdots, X_n$ 的密度函数为 $f(x_n, \theta)$.

由样本的独立性和 §3.5 的知识，$(X_1, X_2, \cdots, X_n)$ 的联合密度函数为：

$$L = f(x_1, \theta) \cdot f(x_2, \theta) \cdots \cdot f(x_n, \theta) = \prod_{i=1}^{n} f(x_i, \theta).$$

该联合密度函数称为似然函数，用 L 表示，L 是 θ 的函数，使 L 取到极大值时的 θ，称为 θ 的极大似然估计.

例 1　总体 X 是参数为 α 的指数分布，其密度函数为

$$f(x, \alpha) = \begin{cases} \alpha e^{-\alpha x} & x \geqslant 0 \\ 0 & x < 0 \end{cases},$$

有样本 $X_1, X_2, \cdots, X_n$，$x_1, x_2, \cdots, x_n$ 是相应的样本值，求 α 的极大似然估计值.

解　似然函数为

$$L = f(x_1, \alpha) \cdot f(x_2, \alpha) \cdots \cdot f(x_n, \alpha)$$
$$= \alpha e^{-\alpha x_1} \cdot \alpha e^{-\alpha x_2} \cdots \cdot \alpha e^{-\alpha x_n} = \alpha^n e^{-\alpha \sum_{i=1}^{n} x_i},$$

该表达式中，只有 α 是未知的，所以 L 是 α 的函数：$L = g(\alpha)$. 求 α 的极大似然估计，即求 L 的极大值点，即 $\alpha = ?$ 时 L 有极大值. 为求导数方便，先取对数

$$\ln L = n\ln\alpha - \alpha\sum_{i=1}^{n}x_i,$$

这称为对数似然函数.

对 α 求导数,$\dfrac{\mathrm{d}\ln L}{\mathrm{d}\alpha} = n \cdot \dfrac{1}{\alpha} - \sum_{i=1}^{n}x_i,$

令上式等于 0,得 α 的极大似然估计为 $\hat{\alpha} = \dfrac{n}{\sum\limits_{i=1}^{n}x_i} = \dfrac{1}{x}.$

严格地说,$\dfrac{1}{x}$ 是 α 的极大似然估计值,而 α 的极大似然估计量为 $\dfrac{1}{X}$.

例 2 设总体 X 的密度函数为:

$$f(x) = \begin{cases} (\theta+1)x^\theta & 0 \leqslant x \leqslant 1 \\ 0 & 其他 \end{cases},$$

有样本 $X_1, X_2, \cdots, X_n$,$x_1, x_2, \cdots, x_n$ 是相应的样本值,求 θ 的极大似然估计值.

解 $L = \prod_{i=1}^{n}f(x_i) = \prod_{i=1}^{n}(\theta+1)x_i^\theta = (\theta+1)^n \cdot \Big(\prod_{i=1}^{n}x_i\Big)^\theta,$

取对数得对数似然函数

$$\ln L = n\ln(\theta+1) + \theta\ln\Big(\prod_{i=1}^{n}x_i\Big),$$

对 θ 求导数

$$\frac{\mathrm{d}\ln L}{\mathrm{d}\theta} = \frac{n}{\theta+1} + \ln\Big(\prod_{i=1}^{n}x_i\Big),$$

令 $\dfrac{\mathrm{d}\ln L}{\mathrm{d}\theta} = 0$,得 θ 的极大似然估计为

$$\hat{\theta} = \frac{-n}{\ln\Big(\prod\limits_{i=1}^{n}x_i\Big)} - 1 = \frac{-n}{\sum\limits_{i=1}^{n}\ln x_i} - 1.$$

例 3 总体 $X \sim \pi(\lambda)$,λ 未知,有样本 $X_1, X_2, \cdots, X_n$,$x_1, x_2, \cdots, x_n$ 是相应的样本值,求 λ 的极大似然估计.

解 总体是离散型,其似然函数是 $(X_1, X_2, \cdots, X_n)$ 的联合分布律:

$$L = P(X_1 = x_1, X_2 = x_2, \cdots, X_n = x_n),$$

由独立性

$$L = P(X_1 = x_1) \cdot P(X_2 = x_2) \cdots P(X_n = x_n),$$

泊松分布的分布律为 $P(X = x) = \dfrac{\lambda^x}{x!}\mathrm{e}^{-\lambda}$,于是

$$L = \frac{\lambda^{x_1}}{x_1!}\mathrm{e}^{-\lambda} \cdot \frac{\lambda^{x_2}}{x_2!}\mathrm{e}^{-\lambda} \cdots \frac{\lambda^{x_n}}{x_n!}\mathrm{e}^{-\lambda} = \mathrm{e}^{-n\lambda}\lambda^{\sum\limits_{i=1}^{n}x_i}/(x_1! \cdot x_2! \cdots x_n!),$$

取对数得

$$\ln L = -n\lambda + \sum_{i=1}^{n} x_i \cdot \ln\lambda - \ln(x_1!x_2!\cdots x_n!),$$

对 λ 求导数

$$\frac{\mathrm{d}\ln L}{\mathrm{d}\lambda} = -n + \sum_{i=1}^{n} x_i \cdot \frac{1}{\lambda} - 0,$$

令 $\dfrac{\mathrm{d}\ln L}{\mathrm{d}\lambda} = 0$，得 λ 的极大似然估计为

$$\hat{\lambda} = \frac{1}{n}\sum_{i=1}^{n} x_i = \bar{x}.$$

例 4　设总体 $X \sim N(\mu, \sigma^2)$，μ 和 σ^2 都未知，有样本 $X_1, X_2, \cdots, X_n$，$x_1, x_2, \cdots, x_n$ 是相应的样本值，求 μ 和 σ^2 的极大似然估计值.

解　这是两个未知参数的情形，总体 X 的密度函数为

$$f(x) = \frac{1}{\sqrt{2\pi}\sigma}\mathrm{e}^{-(x-\mu)^2/2\sigma^2},$$

于是，似然函数为

$$L = \prod_{i=1}^{n} \frac{1}{\sqrt{2\pi}\sigma}\mathrm{e}^{-\frac{(x_i-\mu)^2}{2\sigma^2}} = (2\pi)^{-n/2} \cdot (\sigma^2)^{-n/2} \cdot \mathrm{e}^{-\frac{1}{2\sigma^2}\sum_{i=1}^{n}(x_i-\mu)^2},$$

$$\ln L = -\frac{n}{2}\ln(2\pi) - \frac{n}{2}\ln\sigma^2 - \frac{1}{2\sigma^2}\sum_{i=1}^{n}(x_i-\mu)^2,$$

$$\frac{\partial\ln L}{\partial\mu} = 0 + 0 - \frac{1}{2\sigma^2}\cdot 2\sum_{i=1}^{n}(x_i-\mu)\cdot(-1) = \frac{1}{\sigma^2}\Big(\sum_{i=1}^{n} x_i - n\mu\Big),$$

令 $\dfrac{\partial\ln L}{\partial\mu} = 0$，得

$$\hat{\mu} = \bar{x},$$

$$\frac{\partial\ln L}{\partial\sigma^2} = 0 - \frac{n}{2}\cdot\frac{1}{\sigma^2} - \frac{1}{2}\sum_{i=1}^{n}(x_i-\mu)^2\Big(-\frac{1}{(\sigma^2)^2}\Big)$$

$$= \frac{-1}{2\sigma^2}\Big[n - \frac{1}{\sigma^2}\sum_{i=1}^{n}(x_i-\mu)^2\Big],$$

令 $\dfrac{\partial\ln L}{\partial\sigma^2} = 0$，得

$$\hat{\sigma}^2 = \frac{1}{n}\sum_{i=1}^{n}(x_i - \hat{\mu})^2,$$

于是，μ 和 σ^2 的极大似然估计分别为：

$$\hat{\mu} = \frac{1}{n}\sum_{i=1}^{n} x_i = \bar{x}; \quad \hat{\sigma}^2 = \frac{1}{n}\sum_{i=1}^{n}(x_i - \hat{\mu})^2 = \frac{1}{n}\sum_{i=1}^{n}(x_i - \bar{x})^2.$$

例 5 设总体 $X \sim U(0,\theta)$,有样本 $X_1, X_2, \cdots, X_n$, $x_1, x_2, \cdots, x_n$ 是相应的样本值,求 θ 的极大似然估计值.

解 总体 X 的密度函数为 $f(x) = \begin{cases} \dfrac{1}{\theta} & 0 < x < \theta \\ 0 & \text{其他} \end{cases}$,

似然函数为 $L = \dfrac{1}{\theta^n}$,为使 L 取到极大值,必须取 θ 为 0,显然这是不合理的.

注意到:(1) θ 越接近于 0,则 L 越大;(2) 但对于每一个 x_i, $i = 1, 2, \cdots, n$,满足 $0 < x_i < \theta$. 于是 θ 的极大似然估计是:

$$\hat{\theta} = \max(x_1, x_2, \cdots, x_n).$$

极大似然估计是一类优化问题,由导数或偏导数求极值是优化方法之一. 解决极大似然估计问题时,也可以使用其他的优化方法,如上例中的分析法.

习题 7.2(A)

1. 设总体 X 的密度函数为 $f(x) = \begin{cases} \theta x^{\theta-1} & 0 \leqslant x \leqslant 1 \\ 0 & \text{其他} \end{cases}$,有样本 $X_1, X_2, \cdots, X_n$, $x_1, x_2, \cdots, x_n$ 是相应的样本值,求未知参数 θ 的极大似然估计量.

2. 设总体 X 的密度函数为 $f(x) = \begin{cases} (\sqrt{\theta} + 1) x^{\sqrt{\theta}} & 0 \leqslant x \leqslant 1 \\ 0 & \text{其他} \end{cases}$,有样本 $X_1, X_2, \cdots, X_n$, $x_1, x_2, \cdots, x_n$ 是相应的样本值,求未知参数 θ 的极大似然估计量.

3. 某随机试验,"成功"的概率为 p,设 $X = \begin{cases} 1 & \text{试验"成功"} \\ 0 & \text{试验不"成功"} \end{cases}$,则 X 的分布律可表示为:$P(X = x) = p^x (1-p)^{1-x}$, $x = 0, 1$,若独立重复进行 n 次,结果是 $X_1, X_2, \cdots, X_n$,求 p 的极大似然估计量.

4. 市场上销售的某种盒装商品,每盒 5 只,一盒中优等品的只数 X 服从二项分布 $B(5, p)$,随机抽查 20 盒,结果如下表,求 p 的矩估计值和极大似然估计值.

盒中优等品只数	0	1	2	3	4	5
盒 数	1	4	3	8	2	2

5. 设某种元件使用寿命 X(单位时间)的密度函数是

$$f(x) = \begin{cases} e^{-(x-\theta)} & x \geqslant \theta \\ 0 & x < \theta \end{cases},$$

$\theta > 0$,随机地取 n 个元件作寿命试验,寿命分别是 $x_1, x_2, \cdots, x_n$,求未知参数 θ 的极大似然估计值.

习题 7.2(B)

1. 设总体 X 的密度函数为 $f(x) = \begin{cases} \theta c^{\theta} x^{-(\theta+1)} & x \geqslant c \\ 0 & x < c \end{cases}$,其中 $c > 0$, $\theta > 1$,有样本 $X_1, X_2, \cdots,$

X_n,(1) 若 c 已知,求 θ 的矩估计和极大似然估计;(2) 若 θ 已知,求 c 的极大似然估计.

2. 设总体 X 的密度函数为 $f(x) = \begin{cases} \lambda a x^{a-1} \mathrm{e}^{-\lambda x} & x \geq 0 \\ 0 & x < 0 \end{cases}$,$a,\lambda$ 为未知参数,$a > 0, \lambda > 0$,有样本 $X_1, X_2, \cdots, X_n$,求 a 和 λ 的极大似然估计.

3. 设总体 X 的密度函数为 $f(x) = \begin{cases} \dfrac{6}{\theta^3}(\theta - x)x & 0 < x < \theta \\ 0 & \text{其他} \end{cases}$,有 $n = 1$ 的样本 X_1,求未知参数 θ 的矩估计和极大似然估计.

4. 设总体 X 的密度函数为 $f(x) = \begin{cases} \dfrac{1}{\theta} \mathrm{e}^{-(x-\mu)/\theta} & x \geq \mu \\ 0 & x < \mu \end{cases}$,有样本 $X_1, X_2, \cdots, X_n$,分别求未知参数 θ 和 μ 的矩估计和极大似然估计.

5. 设总体 X 的分布律为:

X	0	1	3
p_i	r^2	$2r(1-r)$	$(1-r)^2$

有样本 $0, 1, 3, 1, 0$,求未知参数 r 的矩估计值和极大似然估计值.

§7.3 估计量的评价标准

在前两节,我们讨论了参数的点估计,注意到这样一个事实:对同一总体 X,同一未知参数 θ,同样的样本 $X_1, X_2, \cdots, X_n$,若用不同方法估计 θ 的值,将得到不同的估计结果.那么,我们自然要问:哪个估计较"好"? 这首先要明确什么叫"好",即"好"的标准是什么.本节就讨论估计量的评价标准.

主要评价标准有三个:无偏性、有效性和一致性.下面分别讨论这几个标准.

一、无偏性

参数 θ 的一个估计量是随机变量,不同的样本,估计量有不同的值,我们希望从平均的意义上来说,θ 的估计量等于 θ 的真值,这就是无偏性的要求.

定义 对 θ 的估计量,$\hat{\theta} = g(X_1, X_2, \cdots, X_n)$,若有
$$E[g(X_1, X_2, \cdots, X_n)] = \theta,$$
则称 $\hat{\theta} = g(X_1, X_2, \cdots, X_n)$ 是 θ 的无偏估计量.

例 1 总体 X 是 $(0, \theta)$ 区间上的均匀分布,θ 的矩估计 $\hat{\theta} = 2\overline{X}$,试说明是否无偏.

解 由样本与总体的同分布性,$E(X_i) = \dfrac{\theta}{2}$,$i = 1, 2, \cdots, n$.

由数学期望的性质,
$$E(2\overline{X}) = E\left(\frac{2}{n}\sum_{i=1}^{n} X_i\right) = \frac{2}{n}\sum_{i=1}^{n} E(X_i) = \frac{2}{n} \cdot n \cdot \frac{\theta}{2} = \theta,$$
即 θ 的矩估计是无偏估计.

例 2 设总体 X,其均值 $E(X)=a$,方差 $D(X)=b^2$,$X_1,X_2,\cdots,X_n$ 是总体的样本,样本均值:$\overline{X}=\dfrac{1}{n}\sum\limits_{i=1}^{n}X_i$,样本方差:$S^2=\dfrac{1}{n-1}\sum\limits_{i=1}^{n}(X_i-\overline{X})^2$,当 a 和 b^2 都未知时,取 S^2 作为方差 b^2 的估计量,即 $\hat{b}^2=S^2$,试问是否无偏?

解 由 §6.1 的例 1 可知,$E(S^2)=b^2$,这就说明 $\hat{b}^2=S^2$ 是无偏估计.

可见,若在 S^2 的表达式中除以 n,而不是除以 $n-1$,$S^{*2}=\dfrac{1}{n}\sum\limits_{i=1}^{n}(X_i-\overline{X})^2$,则

$$E(S^{*2})=\frac{n-1}{n}b^2\neq b^2.$$

这表明 $\hat{b}^2=S^{*2}$ 不是无偏估计. 这就是样本方差常用 S^2,而不是 S^{*2} 的原因. 我们称 S^{*2} 是 b^2 的渐近无偏估计,即当 n 趋于 $+\infty$ 时,是无偏估计.

例 3 总体 X 是 $(0,\theta)$ 区间上的均匀分布,θ 的极大似然估计 $\hat{\theta}=\max(X_1,X_2,\cdots,X_n)$,试说明是否无偏.

解 设 $Z=\max(X_1,X_2,\cdots,X_n)$,由 §3.6 可知,$Z$ 的分布函数为
$$F_Z(z)=[F_X(x)]^n,$$

其中 $F_X(x)$ 是总体 X 的分布函数,$F_X(x)=\begin{cases}0 & x<0\\ x/\theta & 0\leqslant x<\theta\\ 1 & x\geqslant\theta\end{cases}$,于是

$$F_Z(z)=[F_X(x)]^n=\left(\frac{z}{\theta}\right)^n,$$

Z 的密度函数是

$$f_Z(z)=[F_Z(z)]'=n\frac{1}{\theta^n}z^{n-1},$$

$$E(Z)=\int_0^\theta z\cdot n\frac{1}{\theta^n}z^{n-1}\mathrm{d}z=\frac{n}{n+1}\theta.$$

可见,θ 的极大似然估计不是无偏估计,而是渐近无偏估计.

二、有效性

对未知参数 θ,若有两个估计量
$$\hat{\theta}=g_1(X_1,X_2,\cdots,X_n)\quad\text{和}\quad\hat{\theta}=g_2(X_1,X_2,\cdots,X_n),$$
它们都是无偏估计,我们需要进一步比较哪一个估计量在 θ 的真值附近取值的概率大,即比较两个估计量的方差的大小. 这就是有效性的概念.

定义 设参数 θ 有两个无偏估计量
$$\hat{\theta}=g_1(X_1,X_2,\cdots,X_n)\quad\text{和}\quad\hat{\theta}=g_2(X_1,X_2,\cdots,X_n),$$
若 $\quad D[g_1(X_1,X_2,\cdots,X_n)]<D[g_2(X_1,X_2,\cdots,X_n)],$
则称 $\hat{\theta}=g_1(X_1,X_2,\cdots,X_n)$ 比 $\hat{\theta}=g_2(X_1,X_2,\cdots,X_n)$ 有效.

例 4　设总体 X,其均值 $E(X)=a$,方差 $D(X)=b^2$,X_1,X_2,X_3 是总体的样本,a 的两个估计量:$\hat{a}=\dfrac{1}{3}(X_1+X_2+X_3)$ 和 $\hat{a}=\dfrac{1}{2}X_1+\dfrac{1}{3}X_2+\dfrac{1}{6}X_3$,

有　　　$E\left[\dfrac{1}{3}(X_1+X_2+X_3)\right]=\dfrac{1}{3}\left[E(X_1)+E(X_2)+E(X_3)\right]=a$,

$$E\left(\dfrac{1}{2}X_1+\dfrac{1}{3}X_2+\dfrac{1}{6}X_3\right)=\dfrac{1}{2}a+\dfrac{1}{3}a+\dfrac{1}{6}a=a,$$

即两者都是无偏估计,但

$$D\left[\dfrac{1}{3}(X_1+X_2+X_3)\right]=\dfrac{1}{9}\left[D(X_1)+D(X_2)+D(X_3)\right]=\dfrac{1}{3}b^2,$$

$$D\left(\dfrac{1}{2}X_1+\dfrac{1}{3}X_2+\dfrac{1}{6}X_3\right)=\dfrac{1}{4}D(X_1)+\dfrac{1}{9}D(X_2)+\dfrac{1}{36}D(X_3)=\dfrac{14}{36}b^2.$$

可见,$\hat{a}=\dfrac{1}{3}(X_1+X_2+X_3)$ 比 $\hat{a}=\dfrac{1}{2}X_1+\dfrac{1}{3}X_2+\dfrac{1}{6}X_3$ 有效.

例 5　正态总体 $X\sim N(\mu,\sigma^2)$,有样本 $X_1,X_2,\cdots,X_n$,样本均值和样本中位数都是 μ 的估计,$\hat{\mu}=\overline{X}$,$\hat{\mu}=\widetilde{X}$,且

$$\overline{X}\sim N\left(\mu,\dfrac{\sigma^2}{n}\right),\ \widetilde{X}\sim N\left(\mu,\dfrac{\pi}{2n}\sigma^2\right),$$

可见这两个估计都是无偏估计,但前者比后者有效,因为 $\dfrac{\sigma^2}{n}<\dfrac{\pi}{2n}\sigma^2$,即 $D(\overline{X})<D(\widetilde{X})$.

三、一致性

若 θ 有估计量:$\hat{\theta}=g(X_1,X_2,\cdots,X_n)$,我们自然会想到,样本容量 n 越大,估计量 $\hat{\theta}$ 与真值 θ 的偏差是否越小? 这就是一致性要讨论的问题.

定义　对任意的 $\varepsilon>0$,若 $\lim\limits_{n\to+\infty}P\{|g(X_1,X_2,\cdots,X_n)-\theta|<\varepsilon\}=1$,则称 $\hat{\theta}=g(X_1,X_2,\cdots,X_n)$ 是 θ 的一致估计.

例 6　由大数定理

$$\lim_{n\to+\infty}P\left(\left|\dfrac{1}{n}\sum_{i=1}^{n}X_i-E(X)\right|<\varepsilon\right)=1,$$

可知,样本均值 $\overline{X}=\dfrac{1}{n}\sum\limits_{i=1}^{n}X_i$ 是总体均值 $E(X)$ 的一致估计.

事实上,可以证明样本 k 阶矩 $A_k=\dfrac{1}{n}\sum\limits_{i=1}^{n}X_i^k$ 是总体 k 阶矩 $E(X^k)$ 的一致估计,从而,参数的矩估计是一致估计.

例 7　设 $X_1,X_2,\cdots,X_n$ 是总体 $X\sim N(0,\sigma^2)$ 的样本,σ^2 的两个估计量为 $\hat{\sigma}_1^2=\dfrac{1}{n}\sum\limits_{i=1}^{n}X_i^2$ 和 $\hat{\sigma}_2^2=\dfrac{1}{n-1}\sum\limits_{i=1}^{n}(X_i-\overline{X})^2=S^2$,(1) 试证明 $\hat{\sigma}_1^2$ 和 $\hat{\sigma}_2^2$ 都是 σ^2 的无偏估计;(2) 试比较 $\hat{\sigma}_1^2$ 和 $\hat{\sigma}_2^2$ 的有效性;(3) 试证明 $\hat{\sigma}_1^2$ 和 $\hat{\sigma}_2^2$ 都是 σ^2 的一致估计.

解　由 χ^2 分布的构造和性质知

$$\frac{1}{\sigma^2}\sum_{i=1}^n X_i^2 \sim \chi^2(n), \ E\left[\frac{1}{\sigma^2}\sum_{i=1}^n X_i^2\right] = n, \ D\left[\frac{1}{\sigma^2}\sum_{i=1}^n X_i^2\right] = 2n,$$

由 $$\frac{(n-1)S^2}{\sigma^2} \sim \chi^2(n-1), \quad E\left[\frac{(n-1)S^2}{\sigma^2}\right] = n-1,$$

$$D\left[\frac{(n-1)S^2}{\sigma^2}\right] = 2(n-1),$$

(1) $E(\hat{\sigma}_1^2) = E\left[\frac{1}{n}\sum_{i=1}^n X_i^2\right] = \frac{\sigma^2}{n} \cdot E\left[\frac{1}{\sigma^2}\sum_{i=1}^n X_i^2\right] = \frac{\sigma^2}{n} \cdot n = \sigma^2,$

$$E(\hat{\sigma}_2^2) = \frac{\sigma^2}{n-1}E\left[\frac{(n-1)S^2}{\sigma^2}\right] = \frac{\sigma^2}{n-1} \cdot (n-1) = \sigma^2,$$

即 $\hat{\sigma}_1^2$ 和 $\hat{\sigma}_2^2$ 都是 σ^2 的无偏估计.

(2) $D(\hat{\sigma}_1^2) = D\left[\frac{1}{n}\sum_{i=1}^n X_i^2\right] = \frac{\sigma^4}{n^2}D\left[\frac{1}{\sigma^2}\sum_{i=1}^n X_i^2\right] = \frac{\sigma^4}{n^2} \cdot 2n = \frac{2\sigma^4}{n},$

$$D(\hat{\sigma}_2^2) = \frac{\sigma^4}{(n-1)^2}D\left[\frac{(n-1)S^2}{\sigma^2}\right] = \frac{\sigma^4}{(n-1)^2} \cdot 2(n-1) = \frac{2\sigma^4}{n-1},$$

即 $\hat{\sigma}_2^2$ 比 $\hat{\sigma}_1^2$ 有效.

(3) 由切比雪夫不等式,并考虑 $n \to +\infty$,

$$P(|\hat{\sigma}_1^2 - \sigma^2| \leqslant \varepsilon) \geqslant 1 - \frac{D(\hat{\sigma}_1^2)}{\varepsilon^2} = 1 - \frac{2\sigma^4}{n\varepsilon^2} \to 1,$$

$$P(|\hat{\sigma}_2^2 - \sigma^2| \leqslant \varepsilon) \geqslant 1 - \frac{D(\hat{\sigma}_2^2)}{\varepsilon^2} = 1 - \frac{2\sigma^4}{(n-1)\varepsilon^2} \to 1,$$

即 $\hat{\sigma}_1^2$ 和 $\hat{\sigma}_2^2$ 都是 σ^2 的一致估计.

习题 7.3(A)

1. 设总体 X 服从区间 $(a,1)$ 上的均匀分布,有样本 $X_1, X_2, \cdots, X_n$,样本均值 $\overline{X}$,证明 $\hat{a} = 2\overline{X} - 1$ 是 a 的无偏估计.

2. 设总体 X, $E(X) = a$, $D(X) = b^2$,有样本 X_1, X_2, X_3,参数 a 有三个估计量:(1) $\hat{a}_1 = \frac{1}{3}(X_1 + X_2 + X_3)$; (2) $\hat{a}_2 = \frac{1}{5}X_1 + \frac{3}{5}X_2 + \frac{1}{5}X_3$; (3) $\hat{a}_3 = \frac{1}{2}X_1 + \frac{1}{3}X_2 + \frac{1}{4}X_3$. 试说明哪几个是 a 的无偏估计量;在无偏估计量中,哪一个最有效?

3. 设 $\hat{\theta}_1$ 和 $\hat{\theta}_2$ 都是参数 θ 的无偏估计,设 $\hat{\theta}_3 = k_1\hat{\theta}_1 + k_2\hat{\theta}_2$, k_1, k_2 为正常数,

   (1) 当 k_1, k_2 满足什么条件时, $\hat{\theta}_3$ 是 θ 的无偏估计?

   (2) 若 $\hat{\theta}_1$ 与 $\hat{\theta}_2$ 互不相关,且具有相同的有效性,则 k_1, k_2 取什么值时, $\hat{\theta}_3$ 的方差最小?

习题 7.3(B)

1. 设总体 $X \sim \pi(\lambda)$,有样本 $X_1, X_2, \cdots, X_n$,证明 $a\overline{X} + (1-a)S^2$ 是参数 λ 的无偏估计 $(0 < a < 1)$.

2. 设总体 X, $E(X) = a$, $D(X) = b^2$,有两个相互独立的样本 $X_1, X_2, \cdots, X_{n_1}$, 和 $Y_1, Y_2, \cdots,$

Y_{n_2},样本均值 $\overline{X}$ 和 $\overline{Y}$,设 $\hat{a}=k_1\overline{X}+k_2\overline{Y}$,$k_1$,$k_2$ 为正常数,(1) k_1,k_2 满足什么条件时,$\hat{a}$ 是 a 的无偏估计?(2) k_1,k_2 取什么值时,使 $\hat{a}$ 的方差最小?

3. 设总体 X,$E(X)=a$,$D(X)=b^2$,有样本 $X_1,X_2,\cdots,X_n$,(1) 试证明 $\dfrac{1}{n}\sum_{i=1}^{n}(X_i-a)^2$ 是总体方差 b^2 的无偏估计;(2) k 取什么值时,$k\sum_{i=1}^{n}(X_{i+1}-X_i)^2$ 是 b^2 的无偏估计?

§7.4 参数的区间估计

前面我们讨论了参数的点估计,在实际问题中,有时仅给出未知参数的一个估计值并没有什么价值,而是需要估计其取值范围,例如每天的气温预报,有最低气温和最高气温,这可以看做是一个区间估计.

现在,考察对南方某地 8 月份某一天的气温预报.若预报为:$-50℃\rightarrow50℃$,这很可笑,但 100% 正确;若改进为:$15℃\rightarrow40℃$,这只有 95% 的把握;再改进:$25℃\rightarrow35℃$,这还差不多,但也许只有 85% 的可靠度了.

这一例子说明了区间估计的思想:即在给出区间的同时,还必须有一个相应的把握程度.参数的区间估计的概念叙述如下.

总体 X 有未知参数 θ,有样本 $X_1,X_2,\cdots X_n$,对给定的 $1-\alpha$(α 取 0.01,0.02,0.05,0.1 等值),用适当的方法构造统计量

$$g_1(X_1,X_2,\cdots,X_n)\text{和}g_2(X_1,X_2,\cdots,X_n),$$

使 $\quad P\{g_1(X_1,X_2,\cdots,X_n)<\theta<g_2(X_1,X_2,\cdots,X_n)\}=1-\alpha,$

称 $(g_1(X_1,\cdots,X_n),g_2(X_1,\cdots,X_n))$ 为 θ 的置信度为 $1-\alpha$ 的置信区间.

可见,区间估计的关键在于如何根据给定的置信度 $1-\alpha$ 构造统计量.下面通过例子加以说明.

例 1 总体 $X\sim N(\mu,\sigma^2)$,μ 未知,σ^2 已知,有样本 $X_1,\cdots,X_n$,求 μ 的置信度为 $1-\alpha$ 的置信区间.

解 根据题意,想到在 §6.3 给出的定理 1,

$$\frac{\overline{X}-\mu}{\sigma/\sqrt{n}}\sim N(0,1),$$

由标准正态的双侧 α 分位点(见 §6.2),

$$P\left\{-Z_{\alpha/2}<\frac{\overline{X}-\mu}{\sigma/\sqrt{n}}<Z_{\alpha/2}\right\}=1-\alpha,$$

即 $\quad P\left\{\overline{X}-\dfrac{\sigma}{\sqrt{n}}Z_{\alpha/2}<\mu<\overline{X}+\dfrac{\sigma}{\sqrt{n}}Z_{\alpha/2}\right\}=1-\alpha,$

则 μ 的置信度为 $1-\alpha$ 的置信区间是:

$$\left(\overline{X} - \frac{\sigma}{\sqrt{n}} Z_{a/2}, \ \overline{X} + \frac{\sigma}{\sqrt{n}} Z_{a/2} \right).$$

若 $\sigma^2 = 0.015^2$，有 $n=9$ 的样本，$\bar{x} = 0.5090$，取 $\alpha = 0.05$，查标准正态分布表，$Z_{0.025} = 1.96$，则 μ 的置信度为 95% 的置信区间为：

$$\left(0.5090 - \frac{0.015}{\sqrt{9}} \times 1.96, \ 0.5090 + \frac{0.015}{\sqrt{9}} \times 1.96 \right).$$

即 $(0.4992, 0.5188)$.

由例 1 可见，构造未知参数 θ 的置信区间需要一个统计量，该统计量除包含有未知参数 θ 外，其他都是已知的，且该统计量的分布已知. 再由给定的置信度，利用 α 分位点，解不等式得到置信区间.

例 2 例 1 中，若总体方差 σ^2 未知，试求 μ 的置信度为 $1-\alpha$ 的置信区间.

解 因为总体方差 σ^2 是未知的，但有了样本，我们可以得到样本方差

$$S^2 = \frac{1}{n-1} \sum_{i=1}^{n} (X_i - \overline{X})^2,$$

于是，选用统计量（§6.3 定理 3）

$$\frac{\overline{X} - \mu}{S / \sqrt{n}} \sim t(n-1),$$

由 t 分布的双侧分位点（见 §6.2），

$$P\left\{ -t_{a/2}(n-1) < \frac{\overline{X} - \mu}{S / \sqrt{n}} < t_{a/2}(n-1) \right\} = 1 - \alpha,$$

即

$$P\left\{ \overline{X} - \frac{S}{\sqrt{n}} t_{a/2}(n-1) < \mu < \overline{X} + \frac{S}{\sqrt{n}} t_{a/2}(n-1) \right\} = 1 - \alpha,$$

则 μ 的置信度为 $1-\alpha$ 的置信区间是：

$$\left(\overline{X} - \frac{S}{\sqrt{n}} t_{a/2}(n-1), \ \overline{X} + \frac{S}{\sqrt{n}} t_{a/2}(n-1) \right).$$

若有 $n=9$ 的样本，$\bar{x} = 0.5090$，$s^2 = 0.02^2$，取 $\alpha = 0.05$，查 t 分布表，$t_{0.025}(8) = 2.3060$，则 μ 的置信度为 95% 的置信区间为：

$$\left(0.5090 - \frac{0.02}{\sqrt{9}} \times 2.3060, \ 0.5090 + \frac{0.02}{\sqrt{9}} \times 2.3060 \right),$$

即 $(0.4936, 0.5244)$.

例 3 总体 $X \sim N(\mu, \sigma^2)$，σ^2 未知，有样本 $X_1, X_2, \cdots, X_n$，求 σ^2 的置信度为 $1-\alpha$ 的置信区间，求 σ 的置信度为 $1-\alpha$ 的置信区间.

解 根据题意，我们选用统计量（§6.3 定理 2）

$$\frac{(n-1)S^2}{\sigma^2} \sim \chi^2(n-1),$$

由 χ^2 分布的 α 分位点，

$$P\left\{\chi_{1-\alpha/2}^2(n-1)<\frac{(n-1)S^2}{\sigma^2}<\chi_{\alpha/2}^2(n-1)\right\}=1-\alpha,$$

即
$$P\left\{\frac{(n-1)S^2}{\chi_{\alpha/2}^2(n-1)}<\sigma^2<\frac{(n-1)S^2}{\chi_{1-\alpha/2}^2(n-1)}\right\}=1-\alpha,$$

则 σ^2 的置信度为 $1-\alpha$ 的置信区间为：

$$\left(\frac{(n-1)S^2}{\chi_{\alpha/2}^2(n-1)},\frac{(n-1)S^2}{\chi_{1-\alpha/2}^2(n-1)}\right).$$

σ 的置信度为 $1-\alpha$ 的置信区间为：

$$\left(\sqrt{\frac{(n-1)S^2}{\chi_{\alpha/2}^2(n-1)}},\sqrt{\frac{(n-1)S^2}{\chi_{1-\alpha/2}^2(n-1)}}\right).$$

如某厂生产的滚珠，其直径 $X\sim N(\mu,\sigma^2)$，有 $n=6$ 的样本：14.6，15.1，14.9，14.8，15.2，15.1，得 $s^2=0.051$，取 $\alpha=0.02$，查 χ^2 分布表，$\chi_{0.01}^2(5)=15.086$，$\chi_{0.99}^2(5)=0.554$，则 σ^2 的置信度为 98% 的置信区间为：

$$\left(\frac{(6-1)\times0.051}{15.086},\frac{(6-1)\times0.051}{0.554}\right),$$

即 $(0.017,0.46)$.

σ 的置信度为 98% 的置信区间为：$(0.13,0.68)$.

说　明

1. 由于 $\overline{X}$ 是 μ 的无偏估计，即 μ 的值在 $\overline{X}$ 的附近，μ 的置信区间是以 $\overline{X}$ 为中心加减 $\frac{\sigma}{\sqrt{n}}Z_{\alpha/2}$（$\sigma$ 已知，如例1）或 $\frac{S}{\sqrt{n}}t_{\alpha/2}(n-1)$（$\sigma$ 未知，如例2）；而 S^2 是 σ^2 的无偏估计，σ^2 的值在 S^2 的附近，σ^2 的置信区间是包含 S^2 值的区间.

2. 置信区间是随机区间，如例1中的 $\left(\overline{X}-\frac{\sigma}{\sqrt{n}}Z_{\alpha/2},\overline{X}+\frac{\sigma}{\sqrt{n}}Z_{\alpha/2}\right)$，因为样本 $X_1,\cdots,X_n$ 是随机的. 置信度 $1-\alpha$ 的含义是：若反复抽样获得多个样本（样本大小都是 n），可得到多个置信区间，在这些区间中包含 μ 的约占 $1-\alpha$. 对于一个具体的样本，得到一个具体的置信区间，例1中的 $(0.4992,0.5188)$，这已经不是随机区间，它包含 μ 的可能性是 $1-\alpha$.

3. 置信区间并不是惟一的，如例1中，μ 的置信区间也可以取为

$$\left(\overline{X}-\frac{\sigma}{\sqrt{n}}Z_{0.04},\overline{X}+\frac{\sigma}{\sqrt{n}}Z_{0.01}\right),$$

置信度仍然是 0.95，但区间长度比原来的增大：

$$\frac{\sigma}{\sqrt{n}}Z_{0.01}+\frac{\sigma}{\sqrt{n}}Z_{0.04}=4.08\frac{\sigma}{\sqrt{n}}>\frac{2\sigma}{\sqrt{n}}Z_{0.025}=3.95\frac{\sigma}{\sqrt{n}}.$$

当 n 的置信度 $1-\alpha$ 相同时，置信区间越小，表示估计精度越高，自然，应选

择区间较短的. 像正态分布和 t 分布, 其密度函数是对称的, 两边各取 $\alpha/2$, 置信区间长度是最小的; 而像 χ^2 分布等, 其密度函数是不对称的, 两边各取 $\alpha/2$ 所得置信区间, 其长度并不是最小的. 为了方便和习惯, 仍是两边各取 $\alpha/2$.

4. 若参数 θ 的置信区间是 (g_1, g_2), 而参数 β 是 θ 的函数: $\beta = h(\theta)$, 且 $h(\theta)$ 是单值函数, 则 β 的置信区间是 $(h(g_1), h(g_2))$, 如例 3 中 σ 的置信区间.

习题 7. 4(A)

1. 纤度是衡量纤维粗细程度的一个量, 某厂生产的化纤纤度 $X \sim N(\mu, \sigma^2)$, 抽取 9 根纤维, 测量其纤度为: 1.36, 1.49, 1.43, 1.41, 1.27, 1.40, 1.32, 1.42, 1.47, 试求 μ 的置信度为 0.95·的置信区间, (1) 若已知 $\sigma^2 = 0.048^2$; (2) 若 σ^2 未知.

2. 为分析某地游客日平均消费额, 随机调查 36 名游客, 平均日消费额为 205 元, 标准差是 60 元, 设日消费额服从正态分布, 求该地游客日平均消费额的期望值 μ 的置信区间, (1) 取置信度为 0.95; (2) 取置信度为 0.99.

3. 为分析某自动设备加工的零件的精度, 抽查 16 个零件, 测量其长度, 得 $\bar{x} = 12.075$ 毫米, $s = 0.0494$ 毫米, 设零件长度 $X \sim N(\mu, \sigma^2)$, (1) 求 σ^2 的置信度为 0.95 的置信区间; (2) 求 σ 的置信度为 0.95 的置信区间.

4. 设总体 $X \sim N(\mu, \sigma^2)$, μ 未知, σ^2 已知, 有容量为 n 的样本, 为使 μ 的置信度为 $1 - \alpha$ 的置信区间的长度不大于 L, 则 n 至少应取多大?

习题 7. 4(B)

1. 为确定两点之间距离的精确值, 用某一方法重复测量 n 次, 设各次测量结果相互独立, 同服从 $N(a, 0.2^2)$, 以 n 次测量结果的平均值 $\overline{X}$ 作为 a 的值, 为使绝对误差不超过 0.1 的概率大于 0.95, 至少应该测量多少次?

2. 总体 $X \sim N(\mu, 1.4^2)$, 有 $n = 8$ 的样本, 样本中位数 $\widetilde{x} = 11.5$, 试求 μ 的置信度为 0.90 的置信区间.

3. 总体 $X \sim N(1, \sigma^2)$, σ^2 未知, 有样本: 1.30, 0.78, 0.06, 1.98, 求 (1) σ^2 的置信度为 0.95 的置信区间; (2) σ 的置信度为 0.95 的置信区间.

4. 总体 $X \sim N(\mu, \sigma^2)$, 当样本容量 $n > 30$ 时, 可以证明样本均方差 S 近似地服从 $N(\sigma, \sigma^2/2n)$, 求由此构造的 σ 的置信度为 $1 - \alpha$ 的近似置信区间.

5. 设总体 X 服从参数为 λ 的指数分布, 有样本 $X_1, X_2, \cdots, X_n$, 样本均值为 $\overline{X}$, 可以证明, $2n\lambda\overline{X} \sim \chi^2(2n)$, 求由此构造的参数 λ 的置信度为 $1 - \alpha$ 的置信区间.

6. 设 0.50, 1.25, 0.80, 2.00 是来自总体 X 的样本, 已知 $Y = \ln X$ 服从正态分布 $N(\mu, 1)$, (1) 求 X 的数学期望 $E(X)$ (记 $E(X)$ 为 b); (2) 求 μ 的置信度为 0.95 的置信区间; (3) 利用上述结果求 b 的置信度为 0.95 的置信区间.

§7.5 两个正态总体的参数的区间估计

在上一节,我们讨论了区间估计的问题和思想,并通过对一个正态总体下有关参数的区间估计的求解,说明了区间估计的一般解法.在实际问题中,还需要解决两个正态总体下有关参数的区间估计.

设总体 $X \sim N(\mu_1, \sigma_1^2)$,有样本 $X_1, X_2, \cdots, X_{n_1}$,样本均值和样本方差分别为:

$$\overline{X} = \frac{1}{n_1} \sum_{i=1}^{n_1} X_i, \quad S_1^2 = \frac{1}{n_1 - 1} \sum_{i=1}^{n_1} (X_i - \overline{X})^2.$$

设总体 $Y \sim N(\mu_2, \sigma_2^2)$,有样本 $Y_1, Y_2, \cdots, Y_{n_2}$,样本均值和样本方差分别为:

$$\overline{Y} = \frac{1}{n_2} \sum_{i=1}^{n_2} Y_i, \quad S_2^2 = \frac{1}{n_2 - 1} \sum_{i=1}^{n_2} (Y_i - \overline{Y})^2,$$

且两个样本相互独立.主要有三类问题:

(1) 在 σ_1^2, σ_2^2 已知时,求 $\mu_1 - \mu_2$ 的置信度为 $1-\alpha$ 的置信区间;

(2) 在 σ_1^2, σ_2^2 未知,但两者相同时,求 $\mu_1 - \mu_2$ 的置信度为 $1-\alpha$ 的置信区间;

(3) 求 σ_1^2 / σ_2^2 的置信度为 $1-\alpha$ 的置信区间.

对这三类问题,可以分别利用 §6.4 的定理 4,5,6 中的三个统计量来求解.

例 1 甲、乙两厂生产的同一种电子元件的电阻值分别为:$X \sim N(\mu_1, \sigma_1^2)$,$Y \sim N(\mu_2, \sigma_2^2)$,从甲厂产品中随机地抽取 4 个,从乙厂产品中随机地抽取 5 个,测量它们的电阻值(单位:欧姆),分别是:

0.143, 0.142, 0.143, 0.137;

0.140, 0.142, 0.136, 0.138, 0.140.

(1) 根据长期生产情况知,$\sigma_1^2 = 7 \times 10^{-6}, \sigma_2^2 = 6 \times 10^{-6}$,试在 0.99 置信度下求 $\mu_1 - \mu_2$ 的置信区间;

(2) 若 σ_1^2, σ_2^2 未知,但两者相同,试在 0.99 置信度下求 $\mu_1 - \mu_2$ 的置信区间.

解 (1) 这是对两个正态总体在 σ_1^2, σ_2^2 已知时,求 $\mu_1 - \mu_2$ 的区间估计.一般我们用 $\overline{X} - \overline{Y}$ 作为 $\mu_1 - \mu_2$ 的点估计,由 §6.4 的定理 4

$$\frac{(\overline{X} - \overline{Y}) - (\mu_1 - \mu_2)}{\sqrt{\dfrac{\sigma_1^2}{n_1} + \dfrac{\sigma_2^2}{n_2}}} \sim N(0, 1),$$

由标准正态的双侧 α 分位点,

$$P\left\{ -Z_{\alpha/2} < \frac{(\overline{X} - \overline{Y}) - (\mu_1 - \mu_2)}{\sqrt{\sigma_1^2/n_1 + \sigma_2^2/n_2}} < Z_{\alpha/2} \right\} = 1 - \alpha,$$

这等价于

$$P\left\{(\overline{X}-\overline{Y})-\sqrt{\frac{\sigma_1^2}{n_1}+\frac{\sigma_2^2}{n_2}}Z_{\alpha/2}<\mu_1-\mu_2<(\overline{X}-\overline{Y})+\sqrt{\frac{\sigma_1^2}{n_1}+\frac{\sigma_2^2}{n_2}}Z_{\alpha/2}\right\}=1-\alpha,$$

则 $\mu_1-\mu_2$ 的置信度为 $1-\alpha$ 的置信区间是：

$$\left((\overline{X}-\overline{Y})-\sqrt{\frac{\sigma_1^2}{n_1}+\frac{\sigma_2^2}{n_2}}Z_{\alpha/2},\ (\overline{X}-\overline{Y})+\sqrt{\frac{\sigma_1^2}{n_1}+\frac{\sigma_2^2}{n_2}}Z_{\alpha/2}\right).$$

由样本计算得 $\overline{x}=0.14125$，$\overline{y}=0.13920$，由 $\alpha=0.01$，查标准正态分布表，$Z_{0.005}=2.575$，与 $n_1=4$，$n_2=5$，$\sigma_1^2=7\times10^{-6}$，$\sigma_2^2=6\times10^{-6}$ 一并代入，得 $\mu_1-\mu_2$ 的置信度为 0.99 的置信区间为：$(-0.0024,0.0065)$.

(2) 因 σ_1^2，σ_2^2 未知，但两者相同，由 §6.4 的定理 5

$$\frac{(\overline{X}-\overline{Y})-(\mu_1-\mu_2)}{S_w\sqrt{\frac{1}{n_1}+\frac{1}{n_2}}}\sim t(n_1+n_2-2),$$

其中　　$S_w^2=\dfrac{(n_1-1)S_1^2+(n_2-1)S_2^2}{n_1+n_2-2}.$

由 t 分布的双侧 α 分位点，得 $\mu_1-\mu_2$ 的置信度为 $1-\alpha$ 的置信区间是：

$$\left((\overline{X}-\overline{Y})-S_w\sqrt{\frac{1}{n_1}+\frac{1}{n_2}}t_{\alpha/2}(n_1+n_2-2),\right.$$

$$\left.(\overline{X}-\overline{Y})+S_w\sqrt{\frac{1}{n_1}+\frac{1}{n_2}}t_{\alpha/2}(n_1+n_2-2)\right).$$

由样本计算得 $\overline{x}=0.14125$，$\overline{y}=0.13920$，$s_1^2=8.25\times10^{-6}$，$s_2^2=5.2\times10^{-6}$，于是 $s_w=0.0025$，又由 $\alpha=0.01$，查 t 分布表，$t_{0.005}(7)=3.4995$，与 $n_1=4$，$n_2=5$ 等一并代入，得 $\mu_1-\mu_2$ 置信度为 0.99 的置信区间为：$(-0.0039,0.008)$.

例 2　为比较两种枪弹速度（单位：米/秒）的波动大小，在相同条件下进行速度测定，对枪弹甲测试 $n_1=25$ 枚，得样本方差 $s_1^2=110.4^2$；对枪弹乙测试 $n_2=21$ 枚，得样本方差 $s_2^2=105.0^2$. 设枪弹速度服从正态分布，试在置信度为 0.90 下求两种枪弹速度方差之比的置信区间.

解　由 §6.4 的定理 6

$$\frac{S_1^2}{S_2^2}\cdot\frac{\sigma_2^2}{\sigma_1^2}\sim F(n_1-1,n_2-1),$$

由 F 分布的双侧 α 分位点，

$$P\left\{F_{1-\alpha/2}(n_1-1,n_2-1)<\frac{S_1^2}{S_2^2}\cdot\frac{\sigma_2^2}{\sigma_1^2}<F_{\alpha/2}(n_1-1,n_2-1)\right\}=1-\alpha,$$

得 $\dfrac{\sigma_1^2}{\sigma_2^2}$ 的置信度为 $1-\alpha$ 的置信区间是：

$$\left(\frac{S_1^2}{S_2^2}\cdot\frac{1}{F_{\alpha/2}(n_1-1,n_2-1)},\ \frac{S_1^2}{S_2^2}\cdot\frac{1}{F_{1-\alpha/2}(n_1-1,n_2-1)}\right).$$

由 $\alpha=0.1$,查 F 分布表,

$$F_{0.05}(24,20)=2.08,F_{1-0.05}(24,20)=\frac{1}{F_{0.05}(20,24)}=\frac{1}{2.03}=0.4926,$$

与 $n_1=25,n_2=21,s_1^2=110.4^2,s_2^2=105.0^2$ 等一并代入,得 $\frac{\sigma_1^2}{\sigma_2^2}$ 的置信度为 0.99 的置信区间为 $(0.5351,2.2442)$.

习题 7.5(A)

1. 在一次数学统考中,随机抽取甲校 70 个学生的试卷,平均成绩 85 分,随机抽取乙校 50 个学生的试卷,平均成绩 81 分,设两校学生数学成绩分别为:$X\sim N(\mu_1,8^2)$,$Y\sim N(\mu_2,6^2)$,试在 0.95 置信度下求 $\mu_1-\mu_2$ 的置信区间.

2. 在饲养了 4 个月的某一品种的鸡群中随机地抽取 12 只公鸡和 10 只母鸡,平均体重分别为 $\overline{x}=2.14$ 千克,$\overline{y}=1.92$ 千克,标准差分别为 $s_1=0.11$ 千克,$s_2=0.18$ 千克,设公鸡和母鸡的体重分别是 $X\sim N(\mu_1,\sigma_1^2)$ 和 $Y\sim N(\mu_2,\sigma_2^2)$,试在 0.95 置信度下求 $\mu_1-\mu_2$ 的置信区间.

3. 对两种毛织物的拉力测试结果如下(单位:牛/厘米^2).设两种织物的拉力都是正态分布,试在置信度为 0.90 下求两种织物的拉力方差之比的置信区间.
   第一种:96.6, 88.9, 93.8, 87.5, 91.5, 90.1;
   第二种:88.8, 95.7, 91.0, 90.5, 93.8.

§7.6 区间估计的两种特殊情形

在区间估计中,还有两个问题需要作进一步说明,一是单侧置信区间;二是非正态总体下的参数的区间估计问题.

一、单侧置信区间

上两节介绍的是双侧置信区间,即有置信下限和置信上限. 在有些实际问题中,只需要置信下限,或只需要置信上限. 例如对材料强度来说,一般平均强度偏大是没有问题的,关心的是平均强度的下限是什么,这时,可以把平均强度的置信上限取为 $+\infty$,只需确定置信下限. 又如对生产成本来说,可以把置信下限取为 0,而只需确定置信上限. 这类只有上限或只有下限的区间估计称为置信度为 $1-\alpha$ 的单侧置信区间. 本节通过实例说明单侧置信区间的构造方法.

例 1 设某种器件的有效工作时间 X(单位:万小时)服从参数为 μ 和 σ^2 的正态分布,随机调查了 5 个器件的使用结果,分别是:4.38, 4.02, 4.75, 3.96, 4.55.试求 μ 的置信度为 0.95 的置信下限.

解 $X\sim N(\mu,\sigma^2)$,μ 的置信度为 $1-\alpha$ 的置信下限,即要确定统计量 g,使得
$$P(g<\mu)=1-\alpha,$$

利用统计量 $\dfrac{\overline{X}-\mu}{S/\sqrt{n}} \sim t(n-1)$,

由 t 分布的右侧 α 分位点,

$$P\left\{\frac{\overline{X}-\mu}{S/\sqrt{n}} < t_\alpha(n-1)\right\} = 1-\alpha.$$

这等价于

$$P\left\{\mu > \overline{X} - \frac{S}{\sqrt{n}}t_\alpha(n-1)\right\} = 1-\alpha.$$

由此,μ 的置信度为 $1-\alpha$ 的置信下限是: $g = \overline{X} - \dfrac{S}{\sqrt{n}}t_\alpha(n-1)$.

由样本得 $\overline{x} = 4.33$,$s = 0.3392$,由 $\alpha = 0.05$,$n-1 = 4$,查 t 分布表,$t_{0.05}(4)$ $= 2.1318$,于是,μ 的置信度为 0.95 的置信下限是 4.01.

例 2 总体 $X \sim N(\mu, \sigma^2)$,有 $n = 6$ 的样本,样本方差 $s^2 = 0.051$,求 σ 的置信度为 0.95 的置信上限.

解 利用 $\dfrac{(n-1)S^2}{\sigma^2} \sim \chi^2(n-1)$,由 χ^2 分布的左侧 α 分位点,

$$P\left\{\frac{(n-1)S^2}{\sigma^2} > \chi^2_{1-\alpha}(n-1)\right\} = 1-\alpha,$$

即

$$P\left\{\sigma^2 < \frac{(n-1)S^2}{\chi^2_{1-\alpha}(n-1)}\right\} = 1-\alpha.$$

由 $n = 6$,$\alpha = 0.05$,查 χ^2 分布表,$\chi^2_{0.95}(5) = 1.145$,则 σ 的置信上限为:

$$\left(\frac{(n-1)S^2}{\chi^2_{1-\alpha}(n-1)}\right)^{1/2} = 0.472.$$

若需求置信下限,则由右侧 α 分位点,

$$P\left\{\frac{(n-1)S^2}{\sigma^2} < \chi^2_\alpha(n-1)\right\} = 1-\alpha,$$

即

$$P\left\{\sigma^2 > \frac{(n-1)S^2}{\chi^2_\alpha(n-1)}\right\} = 1-\alpha,$$

则 σ 的置信下限为

$$\left(\frac{(n-1)S^2}{\chi^2_\alpha(n-1)}\right)^{1/2}.$$

由 $n = 6$,$\alpha = 0.05$,查 χ^2 分布表,$\chi^2_{0.05}(5) = 11.071$,计算得 σ 的置信度为 0.95 的置信下限为 0.152.

双侧置信区间与单侧置信区间的主要差别是,前者用双侧 α 分位点,后者用单侧 α 分位点.

二、非正态总体下的参数的区间估计

前面讨论的是在正态总体下有关参数的区间估计问题. 对正态总体有六个

分布已知的统计量,可分别用来构造相应参数的双侧置信区间和单侧置信区间. 在非正态总体的情况下,如果能找到分布已知的统计量,则有关参数的区间估计问题也可以解决,如习题 7.4(B) 的第 5 题,但这一般是很困难的. 当样本容量较大 $(n \geqslant 30)$ 时,可以利用中心极限定理得到近似的区间估计. 请看例子.

例 3　设总体 X 服从 0-1 分布,$P(X=1)=p$,$P(X=0)=1-p=q$,p 未知,有样本 $X_1, X_2, \cdots, X_n$,求 p 的置信度为 $1-\alpha$ 的近似置信区间.

解　由中心极限定理,当 n 较大时,近似地有

$$\frac{\overline{X}-E(X)}{\sqrt{D(X)/n}} \sim N(0,1),$$

这里 $E(X)=p$,$D(X)=p(1-p)$,由标准正态分布的双侧 α 分位点,

$$P\left\{-Z_{\alpha/2} < \frac{\overline{X}-p}{\sqrt{p(1-p)/n}} < Z_{\alpha/2}\right\} = 1-\alpha.$$

解不等式 $-Z_{\alpha/2} < \dfrac{\overline{X}-p}{\sqrt{p(1-p)/n}} < Z_{\alpha/2}$,可得

$$\frac{1}{2a}(-b-\sqrt{b^2-4ac}) < p < \frac{1}{2a}(-b+\sqrt{b^2-4ac})$$

其中　　$a=n+Z_{\alpha/2}^2$,$b=-(2n\overline{X}+Z_{\alpha/2}^2)$,$c=n\overline{X}^2$.

如从一大批产品中,随机地抽取 100 个样品,经检测,有 60 个是合格品,求这批产品的合格品率 p 的置信度为 0.95 的置信区间.

在这里,$n=100$,$\overline{x}=60/100=0.6$,$1-\alpha=0.95$,$\alpha/2=0.025$,由标准正态分布表,$Z_{0.025}=1.96$,经计算 $a=103.84$,$b=-123.84$,$c=36$,于是,p 的置信度为 0.95 的近似置信区间为 $(0.50,0.69)$.

习题 7.6(A)

1. 纤度是衡量纤维粗细程度的一个量,某厂生产的化纤纤度 $X \sim N(\mu, 0.048^2)$,抽取 9 根纤维,测量其纤度为:1.36, 1.49, 1.43, 1.41, 1.27, 1.40, 1.32, 1.42, 1.47,试求:μ 的置信度为 0.95 的置信下限.

2. 接种某种疫苗后,麻疹发病率明显下降,对接种该疫苗后的 8 个群体的调查,发病率(十万分之一)为:37.3, 35.8, 40.7, 31.9, 39.0, 36.1, 39.9, 38.0,设发病率服从正态分布,试求平均发病率 μ 的置信度为 0.95 的置信上限.

3. 在谷氨酸生产过程中,需对钝齿棒状杆菌 T_6-13 进行多种诱变选育处理,采用铜激光照射处理后,谷氨酸产量有明显提高,现对照射处理前后各抽取 $n_1=7$,$n_2=8$ 次,得谷氨酸产量 (g/ml) 如下. 设在处理前和处理后,谷氨酸产量分别是均值为 μ_1 和 μ_2 的正态分布,求 $\mu_1 - \mu_2$ 的置信度为 0.95 的置信上限.

处理前:5.9, 5.3, 6.1, 5.6, 5.9, 6.0, 5.8;

处理后:7.5, 7.4, 7.7, 7.0, 7.6, 7.5, 7.9, 7.4.

4. 设 $X_1,X_2,\cdots,X_n$ 是总体 $X\sim\pi(\lambda)$ 的样本,求参数 λ 的置信度为 $1-\alpha$ 的近似置信区间.

5. 设总体 $X\sim U(0,a)$,对 X 进行 48 次独立观察,观察的平均值为 $\bar{x}=0.5$,试求(1) a 的置信度为 0.95 的近似置信区间;(2) a 的置信度为 0.95 的近似置信下限.

小　　结

【内容提要】

1. 参数的点估计:

点估计的主要方法有顺序统计量法、矩估计法、极大似然估计法.

2. 估计量的评价标准:

(1)无偏性. 若有 $E[g(X_1,X_2,\cdots,X_n)]=\theta$,则称 $\hat{\theta}=g(X_1,X_2,\cdots,X_n)$ 是 θ 的无偏估计量.

(2)有效性. 若 $D[g_1(X_1,X_2,\cdots,X_n)]<D[g_2(X_1,X_2,\cdots,X_n)]$,则称 $\hat{\theta}=g_1(X_1,X_2,\cdots,X_n)$ 比 $\hat{\theta}=g_2(X_1,X_2,\cdots,X_n)$ 有效.

(3)一致性. 若 $\lim\limits_{n\to+\infty}P\{|g(X_1,X_2,\cdots,X_n)-\theta|<\varepsilon\}=1$,则称 $\hat{\theta}=g(X_1,X_2,\cdots,X_n)$ 是 θ 的一致估计.

3. 一个正态总体下,常用参数的区间估计:

参数	μ		σ^2
条件	σ^2 已知	σ^2 未知	μ 未知
统计量及分布	$\dfrac{\overline{X}-\mu}{\sigma/\sqrt{n}}\sim N(0,1)$	$\dfrac{\overline{X}-\mu}{S/\sqrt{n}}\sim t(n-1)$	$\dfrac{(n-1)S^2}{\sigma^2}\sim\chi^2(n-1)$
双侧区间	$\left(\overline{X}-\dfrac{\sigma}{\sqrt{n}}Z_{\alpha/2},\right.$ $\left.\overline{X}+\dfrac{\sigma}{\sqrt{n}}Z_{\alpha/2}\right)$	$\left(\overline{X}-\dfrac{S}{\sqrt{n}}t_{\alpha/2}(n-1),\right.$ $\left.\overline{X}+\dfrac{S}{\sqrt{n}}t_{\alpha/2}(n-1)\right)$	$\left(\dfrac{(n-1)S^2}{\chi^2_{\alpha/2}(n-1)},\dfrac{(n-1)S^2}{\chi^2_{1-\alpha/2}(n-1)}\right)$
置信上限	$\overline{X}+\dfrac{\sigma}{\sqrt{n}}Z_\alpha$	$\overline{X}+\dfrac{S}{\sqrt{n}}t_\alpha(n-1)$	$(n-1)S^2/\chi^2_{1-\alpha}(n-1)$
置信上限	$\overline{X}-\dfrac{\sigma}{\sqrt{n}}Z_\alpha$	$\overline{X}-\dfrac{S}{\sqrt{n}}t_\alpha(n-1)$	$(n-1)S^2/\chi^2_\alpha(n-1)$

4. 两个正态总体下, 常用参数的区间估计:

参数	$\mu_1 - \mu_2$		σ_1^2 / σ_2^2
条件	σ_1^2, σ_2^2 已知	σ_1^2, σ_2^2 未知但相同	μ_1, μ_2 未知
统计量 及分布	$\dfrac{(\overline{X}-\overline{Y})-(\mu_1-\mu_2)}{\sqrt{\sigma_1^2/n_1+\sigma_2^2/n_2}}$ $\sim N(0,1)$	$\dfrac{(\overline{X}-\overline{Y})-(\mu_1-\mu_2)}{S_\omega \sqrt{1/n_1+1/n_2}}$ $\sim t(n_1+n_2-2)$	$\dfrac{S_1^2}{S_2^2} \cdot \dfrac{\sigma_2^2}{\sigma_1^2} \sim F(n_1-1, n_2-1)$
双侧 区间	$(\overline{X}-\overline{Y})$ $\pm\sqrt{\dfrac{\sigma_1^2}{n_1}+\dfrac{\sigma_2^2}{n_2}}$ $\cdot Z_{\alpha/2}$	$(\overline{X}-\overline{Y})$ $\pm S_\omega \sqrt{\dfrac{1}{n_1}+\dfrac{2}{n_2}}$ $\cdot t_{\alpha/2}(n_1+n_2-2)$	$\left(\dfrac{S_1^2}{S_2^2}\dfrac{1}{F_{\alpha/2}(n_1-1,n_2-1)},\right.$ $\left.\dfrac{S_1^2}{S_2^2}\dfrac{1}{F_{1-\alpha/2}(n_1-1,n_2-1)}\right)$
置信 上限	$(\overline{X}-\overline{Y})$ $+\sqrt{\dfrac{\sigma_1^2}{n_1}+\dfrac{\sigma_2^2}{n_2}}$ $\cdot Z_\alpha$	$(\overline{X}-\overline{Y})$ $+S_\omega \sqrt{\dfrac{1}{n_1}+\dfrac{1}{n_2}}$ $\cdot t_\alpha(n_1+n_2-2)$	$\dfrac{S_1^2}{S_2^2}\dfrac{1}{F_{1-\alpha}(n_1-1,n_2-1)}$
置信 下限	$(\overline{X}-\overline{Y})$ $-\sqrt{\dfrac{\sigma_1^2}{n_1}+\dfrac{\sigma_2^2}{n_2}}$ $\cdot Z_\alpha$	$(\overline{X}-\overline{Y})$ $-S_\omega \sqrt{\dfrac{1}{n_1}+\dfrac{1}{n_2}}$ $\cdot t_\alpha(n_1+n_2-2)$	$\dfrac{S_1^2}{S_2^2}\dfrac{1}{F_\alpha(n_1-1,n_2-1)}$

【重点】

掌握参数的矩估计、极大似然估计, 掌握正态总体的参数的区间估计. 掌握无偏性的判定.

【难点】

非正态总体的参数的区间估计. 有效性、一致性的判定.

第8章 假设检验

【教学内容】

　　假设检验是数理统计的一类基本而重要的问题,特别在质量控制中有普遍的应用.假设检验的内容很多,这里只介绍最基本的参数的假设检验.希望通过例子,帮助读者理解实际问题中哪些属于假设检验问题,并掌握假设检验的思想和方法.

　　本章共分为 5 节,在 5 个课时内完成.

【基本要求】

　　1. 理解假设检验的概念和思想.

　　2. 熟练掌握单个正态总体参数的检验问题.

　　3. 掌握两个正态总体参数的检验问题.

　　4. 了解假设检验的三种特殊情形.

【关键词和主题】

　　假设检验,假设检验的基本步骤,原假设,备选假设,接受域,拒绝域,显著性水平,假设检验的概率基础,关于 α,假设检验的两类错误,接受域的表示,区间估计与假设检验的比较,右边假设检验,左边假设检验,单边假设检验;

　　总体均值和方差的假设检验,一个正态总体参数的假设检验,两个正态总体参数的假设检验,基于成对数据的假设检验,非正态总体参数的假设检验.

§8.1　假设检验的基本概念

　　本节首先通过例子说明假设检验问题的提出、解决的思想和具体做法.

　　例　由某一自动包装机生产 0.5 千克装的小包装,包的重量是一个随机变量,该自动包装机生产的全体小包装看做一个总体 X, $X \sim N(\mu, \sigma^2)$. 在生产过程中,每间隔一定时间需要随机抽查若干包,测定它们的重量,以检验小包装是否符合规格. 现随机抽查了 9 包,称得平均重量为 $\bar{x} = 0.5090$,设总体方差已知: $\sigma^2 = 0.015^2$,问该包装机工作是否正常?

　　首先需要明确以下几点:

（1）所谓规格是指总体均值 μ 的值为 0.5，而包重是随机的，每一包允许有合理的误差；

（2）"是否正常"即是否符合规格，指 μ 的值与 0.5 是否有明显的差异，明显偏大或偏小，就是不正常．应注意，μ 真正的值，我们也许永远无法知道；

（3）随机抽查 n 包，分别称重，这是一个样本，利用样本判断是否正常．

现在假设自动包装机工作是正常的，即假设 μ 与 0.5 没有明显的差异，写为

$$H_0: \mu = 0.5.$$

由 §6.3 知，$\overline{X} \sim N\left(0.5, \dfrac{\sigma^2}{n}\right)$，即 $\overline{X}$ 也是随机的，它在 0.5 附近取值，而 $\overline{X}$ 的方差很小，只有总体 X 的方差的 $\dfrac{1}{n}$，即 $D(\overline{X}) = \sigma^2/n$.

$\overline{X}$ 的值与 0.5 会有一定的偏差，适当的偏差是正常的，假设 H_0 是可接受的，即 μ 与 0.5 没有明显差异；若 $\overline{X}$ 与 0.5 的偏差太大，就是不正常，即 μ 与 0.5 有明显差异．

什么是适当的偏差？需给出定量的描述，以便能具体地判定.

确定 k_1, k_2，如图 8.1 所示．当 $\overline{X}$ 的值落在 (k_1, k_2) 内时，可以认为是正常的，即接受假设 $H_0: \mu = 0.5$；当 $\overline{X}$ 的值超出该范围时，认为是不正常的，即拒绝接受假设 H_0，认为 μ 与 0.5 有明显的差异.

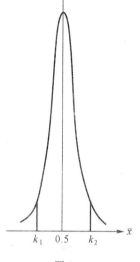

图 8.1

如何确定 k_1, k_2？当 H_0 成立时，有

$$\frac{\overline{X} - 0.5}{\sigma/\sqrt{n}} \sim N(0,1),$$

由标准正态分布的双侧 α 分位点，

$$P\left\{-Z_{\alpha/2} < \frac{\overline{X} - 0.5}{\sigma/\sqrt{n}} < Z_{\alpha/2}\right\} = 1 - \alpha,$$

$$P\left\{0.5 - \frac{\sigma}{\sqrt{n}} Z_{\alpha/2} < \overline{X} < 0.5 + \frac{\sigma}{\sqrt{n}} Z_{\alpha/2}\right\} = 1 - \alpha,$$

即　　$$(k_1, k_2) = \left(0.5 - \frac{\sigma}{\sqrt{n}} Z_{\alpha/2},\ 0.5 + \frac{\sigma}{\sqrt{n}} Z_{\alpha/2}\right),$$

称 (k_1, k_2) 为 H_0 的关于 $\overline{X}$ 的接受域.

现在，$\sigma^2 = 0.015^2$，$n = 9$，若取 $\alpha = 0.05$，查标准正态分布表 $Z_{0.05/2} = 1.96$，则接受域为

$$\left(0.5-\frac{0.015}{\sqrt{9}}\times1.96,\ 0.5+\frac{0.015}{\sqrt{9}}\times1.96\right)=(0.4902,0.5098),$$

有 $\overline{x}=0.5090$，落在接受域中，接受假设 H_0，即认为 μ 与 0.5 没有明显的差异，该包装机工作是正常的.

从上例可见，假设检验的基本步骤如下.

(1) 根据问题实际提出假设，

$$H_0:\mu=0.5,\quad H_1:\mu\neq0.5,$$

称 H_0 为原假设，称 H_1 为备选假设. 检验的目的是在原假设 H_0 和备选假设 H_1 两者之间作一抉择.

(2) 在 H_0 成立的条件下，确定接受域 (k_1,k_2).

α 是给定的，根据具体问题，选定一个分布已知的统计量，利用 α 分位点，构造接受域 (k_1,k_2)，或拒绝域 $(-\infty,k_1),(k_2,+\infty)$.

(3) 由样本计算 $\overline{x}$，若 $\overline{x}$ 落在接受域 (k_1,k_2) 内，则接受 H_0，认为 μ 与 0.5 没有显著差异；若 $\overline{x}$ 不落在 (k_1,k_2) 内，则拒绝 H_0，认为 μ 与 0.5 有显著的差异.

什么是有显著的差异，什么是没有显著的差异？"显著"也必须有定量的描述，这是 α 的作用，称 α 为显著性水平. α 是根据对检验的严格程度的要求，事先给定的.

假设检验的具体运算并不复杂，但假设检验所包含的概率思想非常丰富. 正确理解这些思想，对应用假设检验去解决实际问题是非常重要的. 我们将在下一节具体说明有关的思想.

习题 8.1(A)

1. 某种电子元件的电阻值（欧姆）$X\sim N(1000,400)$，随机抽取 25 个元件，测得平均电阻值 $\overline{x}=992$，试在 $\alpha=0.1$ 下检验电阻值的期望 μ 是否符合要求.

2. 在上题中，若 σ^2 未知，而 25 个元件电阻的均方差 $s=25$，则需如何检验，结论是什么？

3. 在本节自动包装机的例中，若 σ^2 未知，但样本方差 $s^2=0.01^2$，则检验的结果如何？

4. 设总体 X 服从参数为 λ 的指数分布，有样本 $X_1,X_2,\cdots,X_n$，可以证明 $2\lambda n\overline{X}\sim\chi^2(2n)$，试以显著性水平 α 给出下列假设检验关于 $\overline{X}$ 的接受域，其中 λ_0 是给定常数.

$$H_0:\lambda=\lambda_0,\quad H_1:\lambda\neq\lambda_0.$$

§8.2　假设检验的说明

在上一节，我们介绍了假设检验的基本概念，指出了假设检验的基本步骤：(1) 提出假设——原假设 H_0 和备选假设 H_1；(2) 构造接受域或拒绝域；(3) 由具体样本判定，是接受 H_0 还是拒绝 H_0.

上一节的例子是：

自动包装机生产 0.5 千克装的小包装，包重 $X \sim N(\mu, 0.015^2)$，随机抽查了 9 包，得 $\overline{x} = 0.5090$，问该包装机工作是否正常？

(1) 提出假设

$\quad H_0: \mu = 0.5, \ H_1: \mu \neq 0.5.$

(2) 在 H_0 成立的条件下，利用 $\dfrac{\overline{X} - 0.5}{\sigma / \sqrt{n}} \sim N(0,1)$ 和 α 分位点，确定关于 $\overline{X}$ 的接受域：

$$(k_1, k_2) = \left(0.5 - \frac{\sigma}{\sqrt{n}} Z_{\alpha/2}, \ 0.5 + \frac{\sigma}{\sqrt{n}} Z_{\alpha/2} \right),$$

取 $\alpha = 0.05$，则接受域为 $(k_1, k_2) = (0.4902, 0.5098)$.

(3) 由 $\overline{x} = 0.5090 \in (k_1, k_2)$，结论是接受 H_0.

假设检验所包含的概率思想非常丰富，现在，我们继续结合上面的例子，对假设检验作进一步的说明.

1. 假设检验的概率基础.

假设检验的概率基础是"实际推断原理"，即"小概率事件原理"：小概率事件在一次试验中几乎是不可能发生的.

当 H_0 成立(μ 是 0.5)时，$\overline{X}$ 落在拒绝域中是小概率事件，概率为 α. 一次试验(抽取一个样本)就使 $\overline{X} \notin (k_1, k_2)$，这几乎不可能发生，若发生了，则怀疑甚至否定"$\overline{X}$ 落在拒绝域中"是小概率事件，原因是 μ 与 0.5 有较大的偏差，从而拒绝 H_0.

2. 关于 α.

例中，$\overline{x} = 0.5090$，

取 $\alpha = 0.05$，$Z_{\alpha/2} = 1.96$，接受域为 $(0.4902, 0.5098)$，结论是接受 H_0；

若取 $\alpha = 0.01$，α 减小，$Z_{\alpha/2} = 2.575$ 增大，由

$$(k_1, k_2) = \left(0.5 - \frac{\sigma}{\sqrt{n}} Z_{\alpha/2}, \ 0.5 + \frac{\sigma}{\sqrt{n}} Z_{\alpha/2} \right),$$

可知，接受域扩大为 $(0.4871, 0.5129)$，结论是当然接受 H_0；

若取 $\alpha = 0.1$，α 增大，$Z_{\alpha/2} = 1.645$ 减小，接受域缩小为 $(0.4918, 0.5082)$，结论与上面截然相反，是拒绝 H_0.

可见，α 的取值具有决定性的作用，它带有人为的意志，反映检验的严格程度. α 称为显著性水平，定量地描述了差异的显著程度. α 取得小，表示检验的严格程度低，α 取得大，表示检验的严格程度高.

由此也说明最后的结论是接受 H_0，还是拒绝 H_0 不是绝对的结论，而是在给定的 α 下根据当前的样本所推测的一种倾向性意见.

3. 可能的错误.

既然接受 H_0, 还是拒绝 H_0 不是绝对的结论, 那么就有可能犯错误. 错误分为两类.

第一类错误: H_0 真而被拒绝. 显然, 犯第一类错误的概率为

$$p_1 = P(拒绝\ H_0 | H_0\ 真) = \alpha.$$

如在上例中, 当 H_0 成立, 即 μ 确实是 0.5 时, 若随机抽取的 9 包都是偏小的, 则使 $\bar{x} < k_1$, 或者抽取的 9 包都是偏大的, 使 $\bar{x} > k_2$, 从而得出拒绝 H_0 的结论, 就犯了第一类错误. 其可能性大小就是显著性水平 α, 如图8.2 所示.

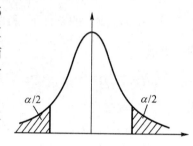

图 8.2

第二类错误: H_0 不真而被接受. 其概率表示为

$$p_2 = P(接受\ H_0 | H_0\ 不真).$$

如上例中, 若 μ 的真值是 $\mu_1 = 0.515$, H_0 不成立. 检验员并不了解这一点, 仍按 $\mu = 0.5$ 的接受域 $(k_1, k_2) = (0.4902, 0.5098)$ 进行检验, 则当 μ 是 0.515 时, $\bar{X}$ 落在 $(0.4902, 0.5098)$ 中的概率就是犯第二类错误的概率, 如图8.3 所示.

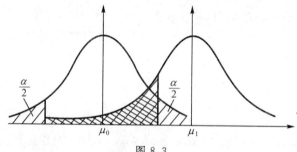

图 8.3

这一概率可计算如下:

当 μ 是 0.515 时, $\bar{X} \sim N\left(0.515, \dfrac{0.015^2}{9}\right)$,

$$
\begin{aligned}
p_2 &= P(0.4902 < \bar{X} < 0.5098) \\
&= \Phi\left(\frac{0.5098 - 0.515}{0.015/3}\right) - \Phi\left(\frac{0.4902 - 0.515}{0.015/3}\right) \\
&= \Phi(-1.04) - \Phi(-4.96) = 2 - \Phi(1.04) - \Phi(4.96) \approx 0.15.
\end{aligned}
$$

一般, 当 H_0 不成立时, μ 的真值并不知道, 所以犯第二类错误的概率就无法计算.

p_1 即 α 是被检方承担的风险, 而 p_2 是验收方所承担的风险.

当 n 固定时, 两类错误的概率不能同时减小, 减小 α, 则 p_2 增大; 增大 α, 则

p_2 减小.惟一的方法是:固定 α,增大 n,从而减小 p_2.

4. 接受域的表示.

$$-Z_{\alpha/2}<\frac{\overline{X}-0.5}{\sigma/\sqrt{n}}<Z_{\alpha/2},$$

等价于　$0.5-\dfrac{\sigma}{\sqrt{n}}Z_{\alpha/2}<\overline{X}<0.5+\dfrac{\sigma}{\sqrt{n}}Z_{\alpha/2},$

所以,关于 $\overline{X}$ 的接受域是 $\left(0.5-\dfrac{\sigma}{\sqrt{n}}Z_{\alpha/2},0.5+\dfrac{\sigma}{\sqrt{n}}Z_{\alpha/2}\right).$

关于 $\dfrac{\overline{X}-0.5}{\sigma/\sqrt{n}}$ 的接受域是 $(-Z_{\alpha/2},Z_{\alpha/2})$,即若 $\left|\dfrac{\overline{X}-0.5}{\sigma/\sqrt{n}}\right|<Z_{\alpha/2}$,则接受 H_0,否则拒绝 H_0.

5. 与区间估计比较.

相同点:区间估计与假设检验都需利用一个适当的分布已知的统计量,都需利用 α 分位点.

区别:在区间估计中,对 μ 并不了解,希望得到 μ 的取值区间.而在假设检验中,对 μ 是比较了解的,因为一般来说 μ 与 0.5 不会有显著的差异,这也是取原假设为 $H_0:\mu=0.5$ 的理由.在假设检验中,对 H_0 采取保护政策,以 $1-\alpha$ 保护 H_0,不轻易否定 H_0,除非偏离太大.

6. 关于非正态总体的参数的假设检验.

与在区间估计中一样,对正态总体的参数的假设检验,有 6 个分布已知的统计量可以利用.对非正态总体的情形,若能找到合适的分布已知的统计量,则参数的假设检验问题也可以解决,如上一节的习题 4,但这一般是很困难的.当 n 较大时,可利用中心极限定理作近似的检验.这种方法将在 §8.5 中讨论.

7. 双边检验与单边检验.

在上例中,μ 偏大于 0.5 或 μ 偏小于 0.5 都属不正常,故提出双边假设

$$H_0:\mu=0.5,\quad H_1:\mu\neq0.5.$$

H_1 包含了 $\mu<0.5$ 和 $\mu>0.5$,给出双边接受域 (k_1,k_2),若 $\overline{X}<k_1$ 或 $\overline{X}<k_2$ 都将拒绝 H_0.但在许多实际问题中,不是双边,而是单边.

例如某厂生产的元件,改用新工艺生产后,寿命均值 μ 是否比原来 μ_0 有所提高? 故提出的假设为 $H_0:\mu=\mu_0,H_1:\mu>\mu_0$,这称为右边假设检验.

又例如某河流水质指标浊度,通过环境治理后,浊度均值 μ 是否比原来 μ_0 有所降低? 故提出的假设为 $H_0:\mu=\mu_0,H_1:\mu<\mu_0$,这称为左边假设检验.

右边假设检验和左边假设检验统称为单边假设检验,单边假设检验的处理方法和实例将在下面几节中讨论.

习题 8.2(A)

1. 下述命题正确的是( ).
   (1) 第一类错误的概率是 $P(拒绝 H_0)$
   (2) 第一类错误和第二类错误概率之和是 1
   (3) 当 n 增大时,两类错误的概率同时减小
   (4) 固定 n,增大显著性水平 α,则第二类错误的概率减小

2. 在假设检验中,原假设为 H_0,显著性水平 α,则正确的是( ).
   (1) $P\{接受 H_0 | H_0 真\} = \alpha$ (2) $P\{拒绝 H_0 | H_0 真\} = \alpha$
   (3) $P\{接受 H_0 | H_0 不真\} = 1 - \alpha$ (4) $P\{拒绝 H_0 | H_0 不真\} = 1 - \alpha$

习题 8.2 (B)

1. 某厂生产同一型号两种规格的产品,规格 A 的质量指标 $X \sim N(100,25)$,规格 B 的同一质量指标 $Y \sim N(102,25)$. 用户向厂方订购一批规格 A 的产品,厂方错把规格 B 的产品发给用户,用户随机抽取 25 个样品,作假设检验 $H_0: \mu = 100, H_1: \mu \neq 100$,求犯第二类错误的概率.

2. 设第一道工序后,半成品的某一质量指标 $X \sim N(\mu, 64)$,品质管理部规定在进入下一工序前必需对该质量指标作假设检验 $H_0: \mu = \mu_0, H_1: \mu \neq \mu_0, n = 16$,当 $\overline{X}$ 与 μ_0 的绝对偏差不超过 3.29 时,允许进入下一工序,试推算该检验的显著性水平.

3. 总体 X 有分布律: $\begin{array}{c|ccc} X & 0 & 1 & 2 \\ \hline p_i & r^2 & 2r(1-r) & (1-r)^2 \end{array}$,为检验 $H_0: r = 0.2$,随机抽取 $n = 3$ 的样本,规定如下:若样本值是 3 个 1,则拒绝 H_0,(1) 求犯第一类错误的概率;(2) 若 r 的真值是 0.5,求犯第二类错误的概率.

4. 已知取 $\alpha = 0.01$ 时,对某一假设检验是接受 H_0,则取 $\alpha = 0.1$ 时仍然能接受 H_0 的概率是多大?

§8.3 一个正态总体下参数的假设检验

　　在前两节,我们介绍了假设检验的基本概念、基本方法,还对假设检验的思想作了深入的分析.假设检验是数理统计的基本而重要的内容,它在实际中有广泛的应用,特别是在质量管理中,假设检验是十分重要的工具.

　　如果在假设检验中使用标准正态分布,则称为 U 检验;如果使用 t 分布,则称为 t 检验;如果使用 χ^2 分布,则称为 χ^2 检验;如果使用 F 分布,则称为 F 检验.

　　这一节将讨论在一个正态总体下有关参数的假设检验.下一节讨论在两个正态总体下有关参数的假设检验.

首先,回顾在一个正态总体下的三个统计量及其分布:

(1) $\dfrac{\overline{X}-\mu}{\sigma/\sqrt{n}}\sim N(0,1)$,用于 σ^2 已知时,对 μ 的假设检验;

(2) $\dfrac{(n-1)S^2}{\sigma^2}\sim\chi^2(n-1)$,用于 μ 未知时,对 σ^2 的假设检验;

(3) $\dfrac{\overline{X}-\mu}{S/\sqrt{n}}\sim t(n-1)$,用于 σ^2 未知时,对 μ 的假设检验.

例 1　医生测得 10 例某种慢性病患者的脉搏(次/分钟)为:54,67,68,78,70,66,67,70,65,69,设患者的脉搏 $X\sim N(\mu,\sigma^2)$,试问患者的脉搏均值与正常人的脉搏均值 72 是否有显著的差异(取 $\alpha=0.05$)?

解　由题意,这是对 μ 的双边检验,故提出假设

$$H_0:\mu=72,\quad H_1:\mu\neq72,$$

且总体方差未知,应利用统计量(3)进行 t 检验.

当 H_0 成立时,$\dfrac{\overline{X}-72}{S/\sqrt{n}}\sim t(n-1)$,

由 t 分布的双侧 α 分位点,

$$P\left\{-t_{\alpha/2}(n-1)<\frac{\overline{X}-72}{S/\sqrt{n}}<t_{\alpha/2}(n-1)\right\}=1-\alpha,$$

则对 H_0 的接受域是:

$$\left|\frac{\overline{X}-72}{S/\sqrt{n}}\right|<t_{\alpha/2}(n-1).$$

由样本得 $\overline{x}=67.4$,$s=5.9292$,经计算:

$$\left|\frac{\overline{x}-72}{s/\sqrt{n}}\right|=\left|\frac{67.4-72}{5.9292/\sqrt{10}}\right|=2.4534,$$

查 t 分布表,$t_{0.05/2}(9)=2.2622$.

因 $2.4534>2.2622$,故拒绝 H_0,即认为患者的脉搏均值与正常人的脉搏均值 72 有显著的差异.

例 2　某厂生产的元件寿命(小时)$X\sim N(\mu,\sigma^2)$,$\sigma^2=100^2$,改用新工艺生产后,抽查 25 件,平均寿命 $\overline{x}=970$,问寿命均值是否比原来的值 950 有所提高($\alpha=0.05$)?

解　问题的回答,是在"没有提高"和"提高"两者之间进行选择,这是右边检验,故假设

$$H_0:\mu=950(没有提高),\quad H_1:\mu>950(有显著提高).$$

样本均值 $\overline{X}$ 是总体均值 μ 的点估计,从表面上看,改用新工艺后抽查的 25 件的平均寿命 $\overline{x}=970$,超过原来 μ 的值 950,但这不能断定 μ 已提高,因为当 μ 是原值 950 时,$\overline{X}$ 在 μ 附近取值,$\overline{X}$ 适当大于 950 是完全可能的.我们还是倾向

于 μ 没有提高,对"新工艺使寿命均值 μ 提高"这一结论应从严控制,故设 H_0 是 $\mu=950$(以 $1-\alpha$ 保护 H_0),设 H_1 为 $\mu>950$,即是右边检验. 这不是思想保守,而是科学推断.

然而,当 $\overline{X}$ 的值超过 μ 的原值 950 有一定幅度时,那就另当别论了,所以,对 H_0 的接受域的形式应该是:$\overline{X}<k$,k 待定.

当 H_0 成立时,$\dfrac{\overline{X}-950}{\sigma/\sqrt{n}}\sim N(0,1)$,

由标准正态分布的右侧 α 分位点,

$$P\left(\frac{\overline{X}-950}{\sigma/\sqrt{n}}<Z_\alpha\right)=1-\alpha,$$

H_0 的接受域是:$\dfrac{\overline{X}-950}{\sigma/\sqrt{n}}<Z_\alpha$,或 $\overline{X}<950+\dfrac{\sigma}{\sqrt{n}}Z_\alpha$.

由 $\alpha=0.05$,查标准正态表,$Z_{0.05}=1.645$,计算:$950+\dfrac{\sigma}{\sqrt{n}}Z_\alpha=982.9$.

$\overline{x}=970<982.9$,接受 H_0,因此认为寿命均值没有显著的提高.

例 3 自来水厂水源浊度 $X\sim N(\mu,\sigma^2)$,$\sigma^2=0.5^2$,对水源周边环境进行整治后,为检测水源浊度是否有所改善,取水样 12 个,分别测量浊度,得 $\overline{x}=1.75$,问浊度均值是否低于标准值 $2.0(\alpha=0.05)$?

解 由题意,这是左边检验. 提出假设

$$H_0:\mu=2.0, \quad H_1:\mu<2.0.$$

当 H_0 成立时,$\dfrac{\overline{X}-2.0}{\sigma/\sqrt{n}}\sim N(0,1)$,

由标准正态分布的左侧 α 分位点,

$$P\left(\frac{\overline{X}-2.0}{\sigma/\sqrt{n}}>-Z_\alpha\right)=1-\alpha,$$

接受域为 $U=\dfrac{\overline{X}-2.0}{\sigma/\sqrt{n}}>-Z_\alpha$,

$$U=\frac{1.75-2.0}{0.5/\sqrt{12}}=-1.732, \quad U<-Z_\alpha=-1.645.$$

故拒绝 H_0,认为近期水源浊度均值显著低于标准值.

例 4 对某次统考成绩,随机抽查 26 份试卷,$s^2=162$,问考试成绩的方差是否超过标准值 $\sigma^2=12^2$(即成绩的两极分化程度是否增大). 设考试成绩 $X\sim N(\mu,\sigma^2)$,取 $\alpha=0.05$.

解 由题意,$H_0:\sigma^2=12^2, \quad H_1:\sigma^2>12^2$.

当 H_0 成立时,$\dfrac{(n-1)S^2}{12^2}\sim\chi^2(n-1)$,

由 χ^2 分布的右侧 α 分位点,

$$P\left\{\frac{(n-1)S^2}{12^2}<\chi_\alpha^2(n-1)\right\}=1-\alpha,$$

接受域为 $\dfrac{(n-1)S^2}{12^2}<\chi_\alpha^2(n-1)$.

$\alpha=0.05$,查 χ^2 分布表,$\chi_{0.05}^2(25)=37.652$,

$$\frac{(n-1)S^2}{12^2}=28.1<37.652.$$

故接受 H_0,认为方差没有显著地大于标准值.

习题 8.3(A)

1. 酒精生产过程中,精馏塔中部的温度(精中温度)最佳参数为 86.5℃,随机检测 8 次,精中温度为:86.4,87.0,87.3,86.1,85.9,86.8,87.5,87.4,问是否可以认为精中温度保持在最佳水平? 设精中温度 $X\sim N(\mu,0.6^2)$,取 $\alpha=0.1$.

2. 某物质有效含量 $X\sim N(0.75,0.06^2)$.为鉴别该物质库存两年后有效含量是否下降,检测 30 个样品,得平均有效含量为 $\bar{x}=0.73$,设库存两年后有效含量仍然是正态分布,且方差不变,试问库存两年后有效含量是否显著下降(取 $\alpha=0.05$)?

3. 成年男子肺活量为 $\mu=3750$ 毫升的正态分布,选取 20 名成年男子参加某项体育锻炼一定时期后,测定他们的肺活量,得平均值为 $\bar{x}=3808$ 毫升,设方差为 $\sigma^2=120^2$,试检验肺活量均值的提高是否显著(取 $\alpha=0.02$)?

4. 某种心脏病用药旨在适当提高病人的心率,对 16 名服药病人测定其心率增加值为(次/分钟):8,7,10,3,15,11,9,10,11,13,6,9,8,12,0,4,设心率增加量服从正态分布,问心率增加量的均值是否符合该药的期望值 $\mu=10$(次/分钟)(取 $\alpha=0.1$)?

5. 在上题中,试以 $\alpha=0.05$ 检验总体方差是否为 9,即检验假设 $H_0:\sigma^2=9,H_1:\sigma^2\neq9$.

6. 由模酸可的松经氧化脱氢制取腊酸强的松的过程中,罐温 X(C)服从正态分布,采用优化控制后,随机检测 10 次,罐温的样本方差为 $S^2=0.3$,则罐温的方差是否比原来 $\sigma^2=0.5$ 有显著的减小($\alpha=0.1$)?

习题 8.3(B)

1. 设总体 $X\sim N(\mu,\sigma^2)$,σ^2 未知,有样本 $X_1,X_2,\cdots,X_n$,则检验 $H_0:\mu=\mu_0$ 时,应选用(　　　).

(1) $\dfrac{\overline{X}-\mu}{\sigma/\sqrt{n}}\sim N(0,1)$ 　　　(2) $\dfrac{\overline{X}-\mu}{S/\sqrt{n}}\sim t(n-1)$

(3) $\dfrac{\overline{X}-\mu_0}{S/\sqrt{n}}\sim t(n-1)$ 　　　(4) $\displaystyle\sum_{i=1}^{n}\frac{(X_i-\mu_0)^2}{\sigma^2}\sim\chi^2(n)$

2. 设总体 $X\sim N(\mu,\sigma^2)$,已知 $\mu=0$,有样本 $X_1,X_2,\cdots,X_n$,则检验 $H_0:\sigma^2=1$ 时,应选用(　　　).

(1) $\displaystyle\sum_{i=1}^{n}X_i^2\sim\chi^2(n)$ 　　　(2) $(n-1)S^2\sim\chi^2(n-1)$

(3) $\dfrac{\overline{X}}{S/\sqrt{n}} \sim t(n-1)$　　　(4) $\sqrt{n}\,\overline{X} \sim N(0,1)$

3. 设总体 $X \sim N(\mu, \sigma^2)$，μ 已知，样本 $X_1, X_2, \cdots, X_n$，则以显著性水平 α 检验 $H_0 : \sigma^2 = \sigma_0^2$ 时，应

 选用 $T = \dfrac{1}{\sigma_0^2} \sum\limits_{i=1}^{n} (X_i - \mu)^2 \sim \chi^2(n)$，试分别写出检验假设的接受域. (1) $H_0 : \sigma^2 = \sigma_0^2$，$H_1 : \sigma^2$
 $\neq \sigma_0^2$；(2) $H_0 : \sigma^2 = \sigma_0^2$，$H_1 : \sigma^2 < \sigma_0^2$；

 (3) $H_0 : \sigma^2 = \sigma_0^2$，$H_1 : \sigma^2 > \sigma_0^2$.

4. 设总体 $X \sim N(\mu, \sigma^2)$，σ^2 已知，有容量为 n 的样本，样本中位数 $\tilde{X} \sim N\left(\mu, \dfrac{\pi}{2n}\sigma^2\right)$，试根据 $\tilde{X}$
 分别写出假设检验的接受域. (1) $H_0 : \mu = \mu_0$，$H_1 : \mu \neq \mu_0$；(2) $H_0 : \mu = \mu_0$，$H_1 : \mu < \mu_0$；
 (3) $H_0 : \mu = \mu_0$，$H_1 : \mu > \mu_0$.

§8.4　两个正态总体下参数的假设检验

　　上一节讨论了在一个正态总体下有关参数的假设检验. 这一节讨论在两个
正态总体下有关参数的假设检验.

　　首先，回顾在两个正态总体下的三个统计量及其分布：

　　(1) $\dfrac{(\overline{X} - \overline{Y}) - (\mu_1 - \mu_2)}{\sqrt{\sigma_1^2/n_1 + \sigma_2^2/n_2}} \sim N(0,1)$，用于 σ_1^2, σ_2^2 已知时，对 $\mu_1 - \mu_2$ 的假设检

验；

　　(2) $\dfrac{(\overline{X} - \overline{Y}) - (\mu_1 - \mu_2)}{S_\omega \sqrt{1/n_1 + 1/n_2}} \sim t(n_1 + n_2 - 2)$，

其中　　　$S_\omega^2 = \dfrac{(n_1 - 1)S_1^2 + (n_2 - 1)S_2^2}{n_1 + n_2 - 2}$，

用于当 σ_1^2, σ_2^2 未知，但两者相等时，对 $\mu_1 - \mu_2$ 的假设检验；

　　(3) $\dfrac{S_1^2}{S_2^2} \cdot \dfrac{\sigma_2^2}{\sigma_1^2} \sim F(n_1 - 1, n_2 - 1)$，用于对 σ_1^2/σ_2^2 的假设检验.

　　例 1　在纺织品的漂白工艺中，需要研究漂白温度对织物断裂强力的影响.
为了比较在 70℃ 和 80℃ 两种温度下对织物断裂强力的影响是否有差别，对两种
温度下漂白的织物抽取 $n_1 = 8$ 和 $n_2 = 9$ 的独立样本，分别测试断裂强力，得 $\overline{x} =$
20.4 千克，$\overline{y} = 19.4$ 千克. 已知两种温度下织物断裂强力 X, Y 分别为 $X \sim$
$N(\mu_1, 0.76)$，$Y \sim N(\mu_2, 0.82)$，试检验两种温度下织物断裂强力的均值是否有
显著的差异（取 $\alpha = 0.05$）？

　　解　由题意，这是对 $\mu_1 - \mu_2$ 的双边检验，故提出假设

　　　　$H_0 : \mu_1 = \mu_2$，　　$H_1 : \mu_1 \neq \mu_2$，

（或写为　$H_0 : \mu_1 - \mu_2 = 0$，　$H_1 : \mu_1 - \mu_2 \neq 0$）

且两个总体方差已知,应利用统计量(1)进行 U 检验.

当 H_0 成立时,$\dfrac{\overline{X}-\overline{Y}}{\sqrt{\sigma_1^2/n_1+\sigma_2^2/n_2}}\sim N(0,1)$,

由标准正态分布的双侧 α 分位点,

$$P\left\{-Z_{a/2}<\frac{\overline{X}-\overline{Y}}{\sqrt{\sigma_1^2/n_1+o_2^2/n_2}}<Z_{a/2}\right\}=1-\alpha,$$

则对 H_0 的接受域是:

$$|U|=\left|\frac{\overline{X}-\overline{Y}}{\sqrt{\sigma_1^2/n_1+\sigma_2^2/n_2}}\right|<Z_{a/2}.$$

经计算,$|U|=2.32>Z_{0.05/2}=1.96$.

$|U|$ 的值落在拒绝域中,故拒绝 H_0,即认为两种温度下织物断裂强力的均值有显著的差异.

例 2 某种物品需进行脱脂处理,为分析脱脂效果,对未经脱脂和经过脱脂处理的物品,分别检测了 $n_1=10$,$n_2=11$ 个样品的含脂率,结果如下:

0.19, 0.18, 0.21, 0.30, 0.56, 0.42, 0.15, 0.12, 0.30, 0.27;

0.15, 0.13, 0.00, 0.07, 0.24, 0.24, 0.19, 0.04, 0.08, 0.20, 0.12.

设脱脂处理前后物品含脂率都服从正态分布,问

(1) 脱脂处理前后含脂率的方差是否相同($\alpha=0.1$)?

(2) 脱脂处理后含脂率的期望值是否有显著的降低($\alpha=0.05$)?

解 (1) 这是对两个正态总体的方差 σ_1^2,σ_2^2 是否相同的检验,称为方差齐性检验,是双边检验,故假设

$$H_0:\sigma_1^2=\sigma_2^2,\qquad H_1:\sigma_1^2\neq\sigma_2^2.$$

(或写为 $H_0:\dfrac{\sigma_1^2}{\sigma_2^2}=1,\qquad H_1:\dfrac{\sigma_1^2}{\sigma_2^2}\neq1$)

当 H_0 成立时,$\dfrac{S_1^2}{S_2^2}\sim F(n_1-1,n_2-1)$,

由 F 分布的双侧 α 分位点,

$$P\left\{F_{1-a/2}(n_1-1,n_2-1)<\frac{S_1^2}{S_2^2}<F_{a/2}(n_1-1,n_2-1)\right\}=1-\alpha,$$

H_0 的接受域是:

$$\left(F_{1-a/2}(n_1-1,n_2-1)<\frac{S_1^2}{S_2^2}<F_{a/2}(n_1-1,n_2-1)\right).$$

由 $\alpha=0.1$,查 F 分布表,$F_{0.05}(9,10)=3.02$,

$$F_{0.95}(9,10)=\frac{1}{F_{0.05}(10,9)}=\frac{1}{3.14}=0.318,$$

由样本计算得 $s_1^2=0.01816$，$s_2^2=0.00642$，$s_1^2/s_2^2=2.828$.

有 $0.318<2.828<3.02$ 成立，接受 H_0，可以认为脱脂处理前后含脂率的方差是相同的.

(2) 由题意，这是对两个正态总体的均值之差 $\mu_1-\mu_2$ 的右边检验，σ_1^2，σ_2^2 未知，但由(1)知 σ_1^2 与 σ_2^2 相同. 故提出假设

$$H_0:\mu_1=\mu_2, \qquad H_1:\mu_1>\mu_2,$$

(或写为 $\quad H_0:\mu_1-\mu_2=0, \qquad H_1:\mu_1-\mu_2>0$)

利用统计量，$\dfrac{(\overline{X}-\overline{Y})-(\mu_1-\mu_2)}{S_\omega\sqrt{1/n_1+1/n_2}}\sim t(n_1+n_2-2)$.

当 H_0 成立时，$\dfrac{(\overline{X}-\overline{Y})}{S_\omega\sqrt{1/n_1+1/n_2}}\sim t(n_1+n_2-2)$，

拒绝域为：$T=\dfrac{(\overline{X}-\overline{Y})}{S_\omega\sqrt{1/n_1+1/n_2}}>t_\alpha(n_1+n_2-2)$.

由 $\alpha=0.05$，查 t 分布表，$t_{0.05}(19)=1.7291$，由样本，$\bar{x}=0.27$，$\bar{y}=0.1327$，$s_\omega=0.1095$，

于是有 $T=2.8698>1.7291$，故拒绝 H_0，认为脱脂处理后含脂率的期望值有显著的降低.

习题 8.4(A)

1. 设 26.9，25.1，22.9，27.0，25.8 和 23.3，22.4，26.6，23.1，24.0，22.1 是来自总体 $X\sim N(\mu_1,2.5)$，$Y\sim N(\mu_2,2.4)$ 的两个独立样本，试检验假设($\alpha=0.05$)

$$H_0:\mu_1=\mu_2, \qquad H_1:\mu_1\neq\mu_2.$$

2. 设甲乙两市人均月自来水消费分别为 $X\sim N(\mu_1,1)$ 和 $Y\sim N(\mu_2,0.6)$. 现对甲市调查 25 人，得人均用水 $\bar{x}=2.5$ 米^3，对乙市调查 20 人，人均月用水 $\bar{y}=2.1$ 米^3，问甲市人均月用水是否显著高于乙市($\alpha=0.05$)?

3. 某医院随机选取 11 个新生男婴和 10 个新生女婴，平均体重和均方差分别为 $\bar{x}=3.35$ 千克，$\bar{y}=3.08$ 千克，$s_1=0.69$ 千克，$s_2=0.64$ 千克，设男婴和女婴体重都是正态分布，且方差相同，问男婴和女婴的体重均值是否有显著的差异($\alpha=0.05$)?

4. 为比较甲、乙两位电脑打字员的出错情况，抽查甲输入的文件 8 页，各页出错字数为：3，2，5，0，1，2，2，4；抽查乙输入的文件 9 页，各页出错字数为：4，2，3，1，5，5，2，4，6. 不妨设甲、乙两人页出错字数都服从正态分布，试检验

   (1) 甲、乙页均出错方差是否相同($\alpha=0.02$)；

   (2) 甲页均出错是否显著少于乙($\alpha=0.05$).

5. 某厂生产的一种机械手表和一种电子手表 24 小时的走时绝对误差(单位：秒)分别为 $X\sim N(\mu_1,\sigma_1^2)$ 和 $Y\sim N(\mu_2,\sigma_2^2)$，分别测试 6 只机械手表和 6 只电子手表，24 小时的走时绝对误

差分别为:4，9，4，6，5，7 和 4，2，6，3，1，3.

(1) 以 $\alpha=0.1$ 检验两种手表绝对误差方差没有显著的差异；

(2) 以 $\alpha=0.01$ 检验机械手表绝对误差均值是否显著地大于电子手表？

习题 8.4(B)

1. 设总体 $X\sim N(\mu_1,\sigma_1^2)$ 和 $Y\sim N(\mu_2,\sigma_2^2)$ 有容量 n_1 和 n_2 的独立样本,样本均值分别为 $\overline{X}$ 和 $\overline{Y}$,σ_1^2 与 σ_2^2 已知,

　(1) 为检验 $H_0:\mu_1=2\mu_2$,应选用什么统计量？并写出显著性水平 α 下,检验假设 $H_0:\mu_1=2\mu_2$，$H_1:\mu_1\neq 2\mu_2$ 的接受域.

　(2) 为检验 $H_0:\mu_1=\mu_2+a$(a 为已知常数),应选用什么统计量？并写出显著性水平 α 下,检验假设 $H_0:\mu_1=\mu_2+a$，$H_1:\mu_1<\mu_2+a$ 的接受域.

2. 设总体 $X\sim N(\mu_1,\sigma_1^2)$ 和 $Y\sim N(\mu_2,\sigma_2^2)$ 有容量 n_1 和 n_2 的独立样本,样本方差分别为 S_1^2 和 S_2^2,为检验 $H_0:\sigma_1^2=a\sigma_2^2$($a$ 为已知常数)应选用什么统计量？并写出显著性水平 α 下,检验假设 $H_0:\sigma_1^2=a\sigma_2^2$，$H_1:\sigma_1^2>a\sigma_2^2$ 的接受域.

§8.5　假设检验的三种特殊情形

在假设检验中,还有三个问题需要作进一步说明,一是基于成对数据的假设检验；二是非正态总体下参数的假设检验；三是总体均值和方差的假设检验.

一、基于成对数据的假设检验

前一节介绍的是在两个正态总体下的参数的假设检验问题,要求有两个相互独立的样本.在有些实际问题中,并非如此,请看下例.

例 1　某医院新购两台血色素测定仪,为鉴定它们的测量结果是否有显著的差异,选取 10 个不同的血液样品,用这两台血色素测定仪分别对每一个样品的血色素各测量一次,得 10 对血色素值

x_i: 6.2, 8.5, 11.3, 10.1, 5.4, 12.8, 10.3, 9.6, 8.9, 7.7；

y_i: 6.0, 9.0, 10.9, 10.4, 5.5, 13.0, 10.1, 9.6, 8.5, 8.0.

试问这两台血色素测定仪的测量结果是否有显著的差异(取 $\alpha=0.05$)？

解　注意到上述结果不是两个独立样本,而是对同组样品用两台仪器分别测量的成对结果,一对数据与另一对数据之间的差异是由样品的不同来源引起的,而在同一对中两个数据的差异是由两台仪器的性能的差异引起的.我们的目的正是要考察这两台仪器的性能的差异,需要排除其他因素引起的差异.为此,作数据对的差 $d_i=x_i-y_i$,

d_i: 0.2, −0.5, 0.4, −0.3, −0.1, −0.2, 0.2, 0.0, 0.4, −0.3.

若两台仪器的性能相同,不存在系统误差,则各对数据的差是随机误差,而

随机误差可以认为是均值为零的正态分布,因此,该题归结为来自一个正态总体 $N(\mu, \sigma^2)$ 的样本 $d_1, d_2, \cdots, d_{10}$,检验假设

$$H_0: \mu = 0, \quad H_1: \mu \neq 0,$$

且总体方差未知,应利用统计量(3)进行 t 检验.

当 H_0 成立时,$\dfrac{\overline{d}}{S/\sqrt{n}} \sim t(n-1)$,

由 t 分布的双侧 α 分位点,

$$P\left\{-t_{\alpha/2}(n-1) < \frac{\overline{d}}{S/\sqrt{n}} < t_{\alpha/2}(n-1)\right\} = 1 - \alpha,$$

则对 H_0 的接受域是:

$$\left|\frac{\overline{d}}{S/\sqrt{n}}\right| < t_{\alpha/2}(n-1).$$

由样本得 $\overline{d} = 0.06$,$s = 0.306$,经计算

$$\left|\frac{\overline{d}}{s/\sqrt{n}}\right| = \left|\frac{0.06}{0.306/\sqrt{10}}\right| = 0.62.$$

查 t 分布表 $t_{0.05/2}(9) = 2.2622$.

因 $0.62 < 2.2622$,故接受 H_0,即认为这两台血色素测定仪的测量结果没有显著的差异.

当两个总体 $X \sim N(\mu_1, \sigma_1^2)$ 和 $Y \sim N(\mu_2, \sigma_2^2)$ 中,σ_1^2 和 σ_2^2 未知,且不相等时,若分别有 $n_1 = n_2 = n$ 的独立样本 $X_1, X_2, \cdots, X_n$ 和 $Y_1, Y_2, \cdots, Y_n$,为检验假设 $H_0: \mu_1 = \mu_2$,也可采用上述方法.

二、非正态总体下参数的假设检验

前面讨论的是在正态总体下的有关参数的假设检验问题,对正态总体有六个分布已知的统计量,可分别用来构造相应的接受域或拒绝域.那么,在非正态总体的情况下,如何解决参数的假设检验问题?对非正态总体,如果也能找到分布已知的统计量,则有关参数的假设检验问题也可以解决,但这一般是很困难的.当样本容量较大($n \geqslant 30$)时,可以利用中心极限定理作近似的假设检验,请看例子.

例 2　有一批产品,要求其一级品率 p 不得低于 75%,现抽查了 100 件,发现有 70 件是一级品,问这批产品是否符合要求(取 $\alpha = 0.05$)?

解　本例所关心的是一级品率 p 是否低于 75%,于是,需要检验的假设是

$$H_0: p = 0.75, \quad H_1: p < 0.75,$$

总体 X 服从 0-1 分布,$P(X=1) = p$,$P(X=0) = 1 - p = q$,p 未知,

$$E(X) = p, \quad D(X) = p(1-p).$$

设　$X_i=\begin{cases}1 & 第\ i\ 件是一级品 \\ 0 & 第\ i\ 件不是一级品\end{cases}$，　$i=1,2,\cdots,100$，

由中心极限定理，当 n 较大时，近似地有

$$\frac{\overline{X}-p}{\sqrt{p(1-p)/n}}\sim N(0,1),$$

由标准正态分布的左侧 α 分位点，

$$P\left\{\frac{\overline{X}-p}{\sqrt{p(1-p)/n}}>-Z_a\right\}=1-\alpha.$$

当 H_0 成立时，

$$P\left\{\frac{\overline{X}-0.75}{\sqrt{0.75(1-0.75)/n}}>-Z_a\right\}=1-\alpha,$$

接受域为：

$$U=\frac{\overline{X}-0.75}{\sqrt{0.75(1-0.75)/n}}>-Z_a.$$

由样本可得 $\overline{x}=70/100=0.7$. 由标准正态分布表，$Z_{0.05}=1.645$.

经计算可得 $U=-1.1547>-1.645$，故接受 H_0，即认为这批产品是符合要求的.

三、总体均值和方差的假设检验

事实上，假设检验的内容很多，前面介绍的都是有关参数的假设检验，另外还有均值和方差的假设检验、总体分布的假设检验等等. 下面看一个总体均值检验的例子.

例 3　一批固定电阻，要求其总体均值保持在 2.64 欧姆，现检测 100 个电阻，得样本均值为 $\overline{x}=2.62$ 欧姆，样本均方差为 $s=0.07$ 欧姆，问这批电阻是否符合要求（取 $\alpha=0.01$）？

解　本例需要检验的假设是

$$H_0:E(X)=2.64,\quad H_1:E(X)\neq2.64.$$

由中心极限定理，当 H_0 成立时，近似地有

$$U=\frac{\overline{X}-2.64}{S/\sqrt{n}}\sim N(0,1),$$

接受域为：

$$|U|<Z_{a/2}=2.57.$$

而　$|U|=\left|\dfrac{2.62-2.64}{0.07/\sqrt{100}}\right|=2.857$，

可见，应拒绝 H_0，即认为这批电阻不符合要求.

习题 8.5（A）

1. 为校验一台称重计的正确性，随机地选取 8 个标准重码（单位：千克），用这台称重计分别

称重,结果如下.设各对数据的差 $d_i = x_i - y_i$, $i=1,2,\cdots,8$,来自正态总体,问这台称重计称重是否有显著的差异(取 $\alpha=0.05$)?

标准重码 x_i: 0.25, 0.50, 1.00, 1.30, 1.80, 2.10, 3.00, 5.00;

称　　重 y_i: 0.25, 0.49, 0.98, 1.32, 1.81, 2.07, 2.98, 4.96.

2. 通过某公路路段每分钟的车流量为泊松分布 $\pi(\lambda)$,现随机地从现场检测 120 个分钟,平均每分钟车流量为 5.4 辆,以 $\alpha=0.05$ 检验假设 $H_0:\lambda=5$,　$H_1:\lambda>5$.

3. 总体 $X\sim U(-a,a)$,有 $n=48$ 的样本,$\bar{x}=0.15$,试以 $\alpha=0.05$ 检验假设 $H_0:a=1,H_1:a\neq 1$.

4. 总体 X 的密度函数为 $f(x)=\begin{cases}\theta x^{\theta-1} & 0<x<1 \\ 0 & \text{其他}\end{cases}$,根据经验猜测 $\theta=2$,对总体独立观察 50 次,观察值总和为 30,问上述猜测能否被接受($\alpha=0.05$)?

5. 为分析某地区日用邮量,选取该地区 60 个工作日的收发邮件数,得日平均 2605 件,均方差为 415 件,试以 $\alpha=0.02$ 检验对日收发邮件数的期望 $E(X)$ 的假设 $H_0:E(X)=2500$,$H_1:E(X)\neq 2500$.

小　　结

【内容提要】

1. 假设检验问题的提出、解决的思想和具体做法.

2. 假设检验的概率基础、关于 α 的作用、两类错误及概率.

3. 一个正态总体下,常用参数的双边检验与单边检验:

检验参数	条件	$H_0:$	$H_1:$	检验统计量及分布	接受域
μ	σ^2 已知	$\mu=\mu_0$	$\mu\neq\mu_0$	$U=\dfrac{\overline{X}-\mu_0}{\sigma/\sqrt{n}}$ $\sim N(0,1)$	$\|U\|<Z_{\alpha/2}$
			$\mu>\mu_0$		$U<Z_\alpha$
			$\mu<\mu_0$		$U>-Z_\alpha$
	σ^2 未知	$\mu=\mu_0$	$\mu\neq\mu_0$	$T=\dfrac{\overline{X}-\mu_0}{S/\sqrt{n}}$ $\sim t(n-1)$	$\|T\|<t_{\alpha/2}(n-1)$
			$\mu>\mu_0$		$T<t_\alpha(n-1)$
			$\mu<\mu_0$		$T>-t_\alpha(n-1)$
σ^2	μ 未知	$\sigma^2=\sigma_0^2$	$\sigma^2\neq\sigma_0^2$	$\chi^2=\dfrac{(n-1)S^2}{\sigma_0^2}$ $\sim\chi^2(n-1)$	$\chi^2_{1-\alpha/2}(n-1)<\chi^2$ $<\chi^2_{\alpha/2}(n-1)$
			$\sigma^2>\sigma_0^2$		$\chi^2<\chi^2_\alpha(n-1)$
			$\sigma^2<\sigma_0^2$		$\chi^2>\chi^2_{1-\alpha}(n-1)$

4. 两个正态总体下,常用参数的双边检验与单边检验:

检验参数	条件	H_0：H_1：	检验统计量及分布	接受域
μ_1 和 μ_2	σ_1^2 和 σ_2^2 已知	$\mu_1=\mu_2$　$\mu_1\neq\mu_2$ $\mu_1>\mu_2$ $\mu_1<\mu_2$	$U=\dfrac{\overline{X}-\overline{Y}}{\sqrt{\dfrac{\sigma_1^2}{n_1}+\dfrac{\sigma_2^2}{n_2}}}$ $\sim N(0,1)$	$\lvert U\rvert<Z_{a/2}$ $U<Z_a$ $U>-Z_a$
	σ_1^2 和 σ_2^2 未知 但相同	$\mu_1=\mu_2$　$\mu_1\neq\mu_2$ $\mu_1>\mu_2$ $\mu_1<\mu_2$	$T=\dfrac{\overline{X}-\overline{Y}}{S_\omega\sqrt{\dfrac{1}{n_1}+\dfrac{1}{n_2}}}$ $\sim t(n_1+n_2-2)$	$\lvert T\rvert<t_{a/2}(n_1+n_2-2)$ $T<t_a(n_1+n_2-2)$ $T>-t_a(n_1+n_2-2)$
σ_1^2 和 σ_2^2	μ_1 和 μ_2 未知	$\sigma_1^2=\sigma_2^2$　$\sigma_1^2\neq\sigma_2^2$ $\sigma_1^2>\sigma_2^2$ $\sigma_1^2<\sigma_2^2$	$F=\dfrac{S_1^2}{S_2^2}$ $\sim F(n_1-1,n_2-1)$	$F_{1-a/2}(n_1-1,n_2-1)<F$ $<F_{a/2}(n_1-1,n_2-1)$ $F<F_a(n_1-1,n_2-1)$ $F>F_{1-a}(n_1-1,n_2-1)$

5. 非正态总体等特殊问题的假设检验.

【重点】

理解假设检验的思想和方法,掌握正态总体下有关参数的双边检验与单边检验.

【难点】

理解假设检验中 α 的作用、两类错误的概念.

第9章　方差分析和回归分析初步

【教学内容】

方差分析和回归分析是数理统计中两个极为重要的组成部分.它们都包含非常丰富的内容,都是解决许多实际问题的有效工具.本章仅介绍有关它们的最基本的知识,使学生对方差分析和回归分析的概念有基本的了解.

本章共分为 5 节,在 5 个课时内完成.

【基本要求】

1. 知道方差分析和回归分析的基本概念.
2. 了解单因素试验的方差分析.
3. 了解双因素无重复试验和等重复试验的方差分析.
4. 了解一元线性回归,会求回归模型系数的估计.

【关键词和主题】

方差分析,试验指标,因素,水平,单因素重复试验,双因素无重复试验,双因素等重复试验,交互作用;

总偏差平方和及其分解,因素效应平方和,误差平方和,交互效应平方和;

回归分析,一元线性回归,相关性检验.

§9.1　基本概念

一、方差分析的基本概念

在 §8.4 中我们曾讨论了两个正态总体在方差相同的条件下,两个均值是否有显著差异的假设检验.简要地说,方差分析是解决多个正态总体在方差相同的条件下,它们的均值是否有显著差异的假设检验.请看下面几个实例.

例 1　为分析钢质弹簧生产的回火工艺中不同的回火温度对弹簧弹性的影响,组织了如下试验:取三个不同的回火温度,分别为 $440℃,460℃$ 和 $500℃$,保持其他条件不变,如在同一个回火设备上试验;用同一材料制造的同一型号的弹簧;选用弹簧单件重量相同;保持相同的保温时间;由同一个工人操作;使用同一台仪器测定弹簧弹性等.在三个不同温度下分别独立试验了 $n_1=4,n_2=4,n_3=3$

只弹簧,测得它们的弹性值如表 9.1. 据此,我们要分析不同回火温度对弹簧弹性是否有显著影响? 若有影响,那么在什么回火温度下弹性较好?

表 9.1

温度	440℃	460℃	500℃
样本	359	361	353
	360	356	350
	359	357	351
	363	356	

表 9.2

	B_1	B_2
A_1	363	359
A_2	362	348
A_3	351	349

我们把衡量试验结果的指标(弹簧弹性)称为试验指标,它当然应该是可测的(可定量测定的). 影响试验指标的条件称为因素. 在上例中,是考察一个因素(回火温度)对试验指标的影响,而保持其他因素不变. 当然,所考察的因素是可控的而不是不可控的(如气象条件、测量误差等). 把考察的因素控制在几个不同的状态,称为该因素的不同的水平. 上例中,分别在回火温度这一个因素的三个水平($440,460,500$)下分别重复试验了 $n_1=4, n_2=4, n_3=3$ 次,我们称这一试验为单因素三水平不等重复试验,当每个水平下重复试验次数相同时,称为单因素等重复试验.

把在三个水平下试验所得的指标结果看做来自三个总体的样本,并假设这三个总体分别是方差相同的正态分布 $N(\mu_1, \sigma^2), N(\mu_2, \sigma^2)$ 和 $N(\mu_3, \sigma^2)$,于是,因素的三个水平对试验指标有无显著影响的问题,可以表示为检验假设

$$H_0: \mu_1 = \mu_2 = \mu_3,$$

显然,备选假设是 $H_1: \mu_1, \mu_2, \mu_3$ 中至少有两个存在显著差异.

例 2　在弹簧生产的回火工艺中,除考察不同的回火温度(因素 A)以外,还需考察不同的回火保温时间(因素 B)对弹簧弹性有无显著影响. 根据实际经验,保温时间通常为 3 分钟或 4 分钟,也就是因素 B 取两个水平,$B_1=3, B_2=4$. 在因素 A 各水平($440℃, 460℃, 500℃$)和 B 各水平的搭配($A_1B_1, A_1B_2, A_2B_1, A_2B_2, A_3B_1, A_3B_2$)下,分别进行一次独立试验,测量它们的弹簧弹性如表 9.2 所示. 由此分析:不同的回火温度对弹性有无显著影响? 若有影响,哪个温度较好? 不同的保温时间对弹性有无显著影响? 若有影响,哪个保温时间较好?

例 2 中的试验称为双因素无重复试验.

把在因素 A 的三个水平下试验所得指标结果(不管因素 B 的不同水平)看做来自三个总体的样本,假设这三个总体分别是方差同为 σ^2 的正态分布 $N(\mu_{11}, \sigma^2), N(\mu_{12}, \sigma^2)$ 和 $N(\mu_{13}, \sigma^2)$;而把在因素 B 的两个水平下试验所得指标结果(不分因素 A 的不同水平)看做来自两个总体的样本,也假设这两个总体分别是方

差同为 σ^2 的正态分布 $N(\mu_{21},\sigma^2)$ 和 $N(\mu_{22},\sigma^2)$,于是,我们的问题归结为检验假设

$$H_{01}:\mu_{11}=\mu_{12}=\mu_{13}, \quad H_{11}:\mu_{11},\mu_{12},\mu_{13}\text{不全相同},$$
$$H_{02}:\mu_{21}=\mu_{22}, \quad H_{12}:\mu_{21},\mu_{22}\text{不全相同}.$$

在实际问题中,会出现下列四种不同的情况:

(1) 因素 A 的不同水平和因素 B 的不同水平对指标均无显著影响,即接受 H_{01} 和 H_{02}.

(2) 因素 A 对指标无显著影响,而因素 B 对指标有显著影响,即接受 H_{01},拒绝 H_{02},并进一步确定 B 因素的哪一个水平下较优(或 A 与 B 的上述结论相反).

(3) 单独考虑因素 A 时,在某一水平(如 A_1)下较优;单独考虑因素 B 时,在某一水平(如 B_1)下较优,简单的情况是 A_1 与 B_1 搭配的条件下就是较优.

(4) 比较复杂的情况是:并非 A_1 与 B_1 搭配的条件下较优,因为因素 A 与 B 存在相互影响的作用,只有当 A 的水平与 B 的水平有合理搭配时,才能产生最好的效果.对这种情况,我们称因素 A 与 B 有交互作用.若要分析 A 与 B 是否有交互作用,仅作双因素的不重复试验是无法分析的,必须作双因素的有重复试验.

如在因素 A 和 B 的各水平的搭配下分别独立试验了两次,各次试验下测得弹簧弹性如表 9.3 所示.

表 9.3

B \ A	B_1	B_2
A_1	363, 360	359, 355
A_2	362, 364	348, 346
A_3	351, 349	349, 350

这是双因素等重复试验.同样假设每次独立试验的结果都是方差相同的正态总体的一次独立抽样,我们的目的是由样本检验:因素 A 各水平下总体均值有无显著差异;因素 B 各水平下的总体均值有无显著差异;还要检验因素 A 与 B 的不同搭配对各均值有无显著影响.

完成上述问题中的假设的检验,主要从分析样本的方差着手,所以称为方差分析.

在方差分析中,有三条最基本也是最重要的假定,除上面提到的正态性和方差齐性以外,还有一条是线性性假定,即每一个样本点的值是由各因素的影响的

线性叠加组成的,这在下面的具体分析中可以看到.这三条假定是不可分割且必须同时具备的.如果有一条不成立,则方差分析便失去了理论依据,无法进行.

随着因素个数、各因素水平数、不同水平搭配下重复试验次数的增加,总的试验次数将迅速增加,分析难度也将增加.在保证达到试验目的的前提下,如何科学合理地安排试验,尽可能减少试验次数,是正交试验、试验设计等领域讨论的问题.本书在以下两节中分别讨论单因素试验和双因素试验的方差分析.

二、回归分析的基本概念

无论在自然科学还是社会科学领域中,常常要研究变量之间的关系.这种关系大致可以分为两类.一类是确定性关系,例如,圆半径 x 和圆面积 y 之间的数量关系,可用公式 $y=\pi x^2$ 来表示.当 x 给定某一值时,有确定的 y 值和它对应;当 y 给定某一值时,有确定的 x 值和它对应.这种确定性关系通常称为函数关系,若设 x 为自变量,y 为因变量,则可表示为 $y=f(x)$.另一类是不确定关系,例如人的身高和体重之间的关系,一般来说,个子较高的人体重较大,但对身高为某一值的人来说,体重并不惟一确定;反之,对体重为某一值的人来说,其身高也不惟一确定,但我们不能排除身高与体重之间有某种关系.这类关系称为相关关系,回归分析是研究这种相关关系的一个方法.

虽然把变量之间的关系划分为两类,但它们之间并没有严格的界限,也并不是绝对的,当考虑测量误差、计算误差及其他随机因素的干扰时,确定性关系也可以转化为不确定关系;而当科学发展到一定程度,对造成不确定性的因素认识清楚时,或者忽略某些相对较小的误差时,相关关系也可以转化为确定的函数关系.

事实上,具有相关关系的变量都是随机变量,当身高取为某一值 x 时,体重是一个随机变量 Y,Y 就有它的分布.如图 9.1 中,当身高为 x_i 时,Y 有密度函数 $g_i(y)$(设 Y 是连续型).容易理解,如果考虑同一身高 x 下体重的均值 $E(Y)$

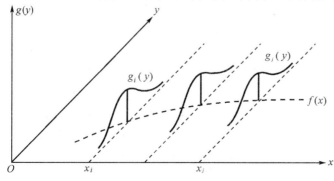

图 9.1

与 x 的关系,那么这两者的关系比单个体重值与 x 的关系更明朗、更确定. 于是我们考虑 $E(Y)$ 与 x 之间的函数关系(严格地说,等号左边为条件期望 $E(Y|X=x)$):

$$E(Y)=f(x).$$

用这种形式来表达变量 Y 与 x 的相关关系称为 Y 关于 x 的回归,上式称为 Y 关于 x 的理论回归方程,$f(\cdot)$ 称为回归函数. 当 $f(x)$ 是线性函数时,称为一元线性回归;当 $f(x)$ 是非线性函数时,称为一元非线性回归;当 $f(\cdot)$ 中变量不是一个,而是多于一个时,称为多元回归(多元线性或多元非线性回归).

一旦建立了 Y 与 x 之间的回归,那么当 x 为某一定值时,可以估计 Y 的取值情况,这是所谓预测问题;反过来,调节变量 x 的取值,使 Y 在给定的范围内取值,这是所谓控制问题.

两个随机变量之间的相关关系的紧密程度是不同的,有些比较松散,即 X 对 Y 的影响很小;有些比较紧密,即 X 略有变化,Y 马上就有强烈反应. 相关关系越松散,回归方程的代表性、真实性就越差,相关关系越紧密,回归方程就越能精确地反应变量之间的真实关系. 因此,判明变量之间相关关系的紧密程度,对于指导回归方程的建立具有重要意义,对于评价回归方程的价值也具有重要的意义. 研究变量之间的相关关系的问题称为相关分析,相关分析本身是一个内容丰富的独立的领域,在回归分析中的作用是它的一个具体应用.

在实际问题中,一般能获得 n 对数值 $(x_1,y_1),(x_2,y_2),\cdots,(x_n,y_n)$,称它们为一个样本. 这一样本可以是对随机变量 X 和 Y 同时进行独立观察而得到的,也可以是把 X 精确地控制在不全相同的 n 个值 $x_1,x_2,\cdots,x_n$ 上,进行独立试验,得到相应的观察值 $y_1,y_2,\cdots,y_n$,此时,把 Y 看做一个随机变量,而把 X 看做一个普通变量更合适. 在具体的分析中,我们正是基于这样的观点.

那么,对一个实际问题,如何由样本估计回归函数 $f(\cdot)$ 呢? 如何选定参与回归的变量和回归函数 $f(\cdot)$ 的形式呢?这除了借助于专业知识以外,还可利用相关分析以及直觉、经验等. 通过使用一定的方法估计回归函数 $f(\cdot)$ 中的有关系数,进而由样本得到回归函数的估计 $\hat{f}(\cdot)$,这称为样本回归方程,记为 $\hat{y}=\hat{f}(\cdot)$. 由样本估计回归函数的过程就是俗称的"配曲线".

§9.2　单因素试验的方差分析

一般地,设因素 A 有 r 个水平 $A_1,A_2,\cdots,A_r$,在水平 $A_j(j=1,2,\cdots,r)$ 下,进行 $n_j(n_j\geqslant2)$ 次独立试验,用 $X_{1j},X_{2j},\cdots,X_{n_j}(j=1,2,\cdots,r)$ 表示各次试验的指标量,$x_{1j},x_{2j},\cdots,x_{n_j}(j=1,2,\cdots,r)$ 是对应的指标值,如表 9.4.

表 9.4

水　　平	A_1	A_2	$\cdots$	A_r
样　　本	x_{11}	x_{12}	$\cdots$	x_{1r}
	x_{21}	x_{22}	$\cdots$	x_{2r}
	$\vdots$	$\vdots$		$\vdots$
	$x_{n_1 1}$	$x_{n_2 2}$	$\cdots$	$x_{n_r r}$
样本均值	$\bar{x}_{\cdot 1}$	$\bar{x}_{\cdot 2}$	$\cdots$	$\bar{x}_{\cdot r}$

一、单因素方差分析的数学模型

在正态性和方差齐性的条件下,把水平 A_j 下的试验结果看成来自第 j 个正态总体 $N(\mu_j, \sigma^2)$ 的样本,于是有

$$X_{ij} \sim N(\mu_j, \sigma^2), \quad i=1,2,\cdots,n_j, \quad j=1,2,\cdots,r,$$

这里 μ_j 和 σ^2 都是未知参数. 我们需要检验的是 r 个同方差的正态总体的均值是否相等,即检验假设

$$H_0: \mu_1 = \mu_2 = \cdots = \mu_r, \quad H_1: \mu_1, \mu_2, \cdots, \mu_r \text{ 不全相等},$$

由于 $X_{ij} \sim N(\mu_j, \sigma^2)$,故有 $\varepsilon_{ij} = X_{ij} - \mu_j \sim N(0, \sigma^2)$,且 ε_{ij} 相互独立,即

$$X_{ij} = \mu_j + \varepsilon_{ij}, \quad \varepsilon_{ij} \sim N(0, \sigma^2), \quad i=1,2,\cdots,n_j, \quad j=1,2,\cdots,r,$$

引进总均值 μ,即 μ_j 的加权平均

$$\mu = \frac{1}{n} \sum_{j=1}^{r} \sum_{i=1}^{n_j} E(X_{ij}) = \frac{1}{n} \sum_{j=1}^{r} \sum_{i=1}^{n_j} \mu_j = \frac{1}{n} \sum_{j=1}^{r} n_j \mu_j,$$

记 $\delta_j = \mu_j - \mu$,于是

$$X_{ij} = \mu + \delta_j + \varepsilon_{ij}, \quad \varepsilon_{ij} \sim N(0, \sigma^2),$$

各 ε_{ij} 相互独立, $i=1,2,\cdots,n_j, j=1,2,\cdots,r; n=n_1+n_2+\cdots+n_r$,易证 $n_1\delta_1 + n_2\delta_2 + \cdots + n_r\delta_r = 0$. 检验假设 H_0, H_1 可改写成

$$H_0': \delta_1 = \delta_2 = \cdots = \delta_r = 0, \quad H_1': \delta_1, \delta_2, \cdots, \delta_r \text{ 不全为零}.$$

产生试验结果 X_{ij} 之间差异的原因有两个,一是由各种无法控制的偶然因素引起的随机误差(或试验误差),即 ε_{ij};二是由各水平下均值 μ_j 之间的差异 δ_j 引起的, δ_j 称为系统误差或条件误差,在方差分析中称 δ_j 为水平 A_j 的效应. 随机误差 ε_{ij} 是不可避免的,关键是分析是否存在系统误差 δ_j,这就是假设 H_0' 和 H_1' 表达的意义. 我们把 X_{ij} 表示为 $\mu, \delta_j, \varepsilon_{ij}$ 的和,这就是上节提到的线性性假定,上面 μ 和 X_{ij} 的表达式称为单因素方差分析的数学模型.

二、用于检验假设的统计量

检验假设 H_0, H_1 的关键是构造一个合适的统计量.

1. 总偏差平方和的分解.

引进

样本总平均：$\bar{x} = \dfrac{1}{n} \sum\limits_{j=1}^{r} \sum\limits_{i=1}^{n_j} x_{ij}$,

样本总偏差平方和：$S_T = \sum\limits_{j=1}^{r} \sum\limits_{i=1}^{n_j} (x_{ij} - \bar{x})^2$,

水平 A_j 下样本均值：$\bar{x}._j = \dfrac{1}{n_j} \sum\limits_{i=1}^{n_j} x_{ij}$, $j = 1, 2, \cdots, r$,

则有

$$
\begin{aligned}
S_T &= \sum_{j=1}^{r} \sum_{i=1}^{n_j} (x_{ij} - \bar{x})^2 = \sum_{j=1}^{r} \sum_{i=1}^{n_j} \left[(x_{ij} - \bar{x}._j) + (\bar{x}._j - \bar{x}) \right]^2 \\
&= \sum_{j=1}^{r} \sum_{i=1}^{n_j} (x_{ij} - \bar{x}._j)^2 + \sum_{j=1}^{r} \sum_{i=1}^{n_j} (x_{ij} - \bar{x}._j)(\bar{x}._j - \bar{x}) \\
&\quad + \sum_{j=1}^{r} \sum_{i=1}^{n_j} (\bar{x}._j - \bar{x})^2,
\end{aligned}
$$

注意到上式中间项有

$$
\sum_{j=1}^{r} \sum_{i=1}^{n_j} (x_{ij} - \bar{x}._j)(\bar{x}._j - \bar{x})^2 = \sum_{j=1}^{r} (\bar{x}._j - \bar{x}) \left[\sum_{i=1}^{n_j} x_{ij} - n_j \bar{x}._j \right] = 0,
$$

于是总偏差平方和 S_T 就分解为两个平方和之和

$$
S_T = S_E + S_A,
$$

其中

$$
S_E = \sum_{j=1}^{r} \sum_{i=1}^{n_j} (x_{ij} - \bar{x}._j)^2;
$$

$$
S_A = \sum_{j=1}^{r} \sum_{i=1}^{n_j} (\bar{x}._j - \bar{x})^2 = \sum_{j=1}^{r} n_j (\bar{x}._j - \bar{x})^2.
$$

2. 分解式的意义.

样本总平均 $\bar{x}$ 是总均值 μ 的估计，则 $x_{ij} - \bar{x}$ 可作为样本值 x_{ij} 与总均值 μ 之差的估计. 它既包含了由随机误差对 x_{ij} 带来的偏差，也包含了由 A_j 水平下的系统误差（即效应 δ_j）对 x_{ij} 带来的偏差，于是 S_T 是各个样本值所包含的总偏差平方和.

由 $E(\overline{X}) = \mu$, $E(\overline{X}._j) = \mu_j$, 得 $E(\overline{X}._j - \overline{X}) = \mu_j - \mu = \delta_j$, 即 $\overline{X}._j - \bar{x}$ 是 δ_j 的无偏估计，则 $\overline{X}._j - \overline{X}$ 主要反映了 A_j 下的效应 δ_j 所带来的偏差. 可见，S_A 是 r 个水平下的效应带来的偏差平方和，称 S_A 为因素效应平方和.

A_j 下的样本均值 $\bar{x}._j$ 是 μ_j 的无偏估计，则 $\bar{x}_{ij} - \bar{x}._j$ 反映了随机误差 ε_{ij} 给 x_{ij}

带来的偏差,于是,S_E 是各样本值由随机误差带来的偏差的平方和,称 S_E 为误差平方和.

因此,分解式 $S_T = S_E + S_A$ 把样本总偏差分解成随机误差产生的偏差和因素的各个水平下均值的差异产生的偏差两部分,其直观的思想是:只要比较 S_E 和 S_A 两者的相对大小,就能检验假设 H_0 和 H_1.

3. S_E 和 S_A 的统计特性.

定理 1 $S_E/\sigma^2 \sim \chi^2(n-r)$.

证 $\dfrac{1}{n_j-1}\sum\limits_{i=1}^{n_j}(x_{ij}-\overline{x}_{.j})^2$ 是水平 A_j 下的样本方差,由 §6.3 定理 2,

$$\sum_{i=1}^{n_j}(x_{ij}-\overline{x}_{.j})^2/\sigma^2 \sim \chi^2(n_j-1),\ j=1,2,\cdots,r,$$

由样本的独立性和 χ^2 分布的可加性,

$$S_E/\sigma^2 = \sum_{j=1}^{r}\Big[\sum_{i=1}^{n_j}(x_{ij}-\overline{x}_{.j})^2\Big]/\sigma^2 \sim \chi^2\Big[\sum_{j=1}^{r}(n_j-1)\Big],$$

因 $\sum\limits_{j=1}^{r}(n_j-1)=n-r$,则

$$S_E/\sigma^2 \sim \chi^2(n-r).$$

定理 2 (1) $E[S_A/(r-1)] = \sigma^2 + \dfrac{1}{r-1}\sum\limits_{j=1}^{r}n_j\delta_j^2$,

(2) 当 H_0 为真时,$S_A/\sigma^2 \sim \chi^2(r-1)$,

S_E 与 S_A 相互独立.(证略)

由定理 2 及 χ^2 分布可加性知,当 H_0 为真时,$S_T = S_E + S_A \sim \chi^2(n-1)$.

4. 假设 H_0 和 H_1 的统计检验.

由定理 1,$E(S_E/\sigma^2)=n-r$,或 $E[S_E/(n-r)]=\sigma^2$,即 $S_E/(n-r)$ 是 σ^2 的无偏估计,且与 H_0 是否成立无关.

由定理 2 的 (1),当 H_0 为真时,$\sum\limits_{j=1}^{r}n_j\delta_j^2 = 0$,有 $E[S_A/(r-1)]=\sigma^2$,即 $S_A/(r-1)$ 也是 σ^2 的无偏估计;而当 H_0 不真时,$\sum\limits_{j=1}^{r}n_j\delta_j^2 > 0$,有 $E[S_A/(r-1)] > \sigma^2$,即 $S_A/(r-1)$ 有偏大于 σ^2 的可能.

当 $S_A/(r-1)$ 和 $S_E/(n-r)$ 的值比较接近时,表明样本值的偏差完全是由随机误差造成的,故接受 H_0,当 $S_A/(r-1)$ 偏大于 $S_E/(n-r)$ 时,则认为样本值的偏差除了随机误差外,还是各水平下的效应不同所造成的,故拒绝 H_0.于是,比值

$$F = \frac{S_A/(r-1)}{S_E/(n-r)},$$

当 H_0 不真时,有偏大的趋势.只要给出临界值 a,当 $F>a$ 时,就拒绝 H_0.

由定理 1、定理 2 的(2)及§6.4 定理 6 可知,当 H_0 为真时,统计量 $F\sim$ $F(r-1,n-r)$,因此,对给定的显著性水平 α,临界值 $a=F_\alpha(r-1,n-r)$,即当 $F>F_\alpha(r-1,n-r)$ 时,拒绝 H_0.

三、单因素方差分析表

称 $S_A/(r-1)$ 和 $S_E/(n-r)$ 为 S_A 和 S_E 的均方,分别记为 $\overline{S}_A$ 和 $\overline{S}_E$.把上述有关量列成表 9.5,称为单因素方差分析表.

表 9.5

方差来源	平方和	自由度	均方	F 比
因素 A	S_A	$r-1$	$\overline{S}_A$	$F=\overline{S}_A/\overline{S}_E$
误　差	S_E	$n-r$	$\overline{S}_E$	
总　和	S_T	$n-1$		

为计算方便,容易证明 S_T,S_A 和 S_E 有如下计算式:

$$S_T = \sum_{j=1}^{r} \sum_{i=1}^{n_j} x_{ij}^2 - \frac{1}{n}(\sum_{j=1}^{r} \sum_{i=1}^{n_j} x_{ij})^2,$$

$$S_A = \sum_{j=1}^{r} \frac{1}{n_j}(\sum_{i=1}^{n_j} x_{ij})^2 - \frac{1}{n}(\sum_{j=1}^{r} \sum_{i=1}^{n_j} x_{ij})^2,$$

$$S_E = S_T - S_A.$$

例 1　求解上节中例 1,取 $\alpha=0.05$.

解　该例中 $r=3,n_1=n_2=4,n_3=3,n=11$.首先由样本直接计算有关值如表 9.6,于是有

表 9.6

水　平	440℃	460℃	500℃
样　本	359	361	353
	360	356	350
	359	357	351
	363	356	
$\sum_{j} x_{ij}$	1441	1429	1054
$(\sum_{j} x_{ij})^2$	2076481	2042041	1110916
$\sum_{j} x_{ij}^2$	519131	510529	370310

$$\sum_{j=1}^{3}\sum_{i=1}^{n_j}x_{ij}^2=519131+510529+370310=1399975,$$

$$\sum_{j=1}^{3}\frac{1}{n_j}(\sum_{i=1}^{n_j}x_{ij})^2=\frac{2076481}{4}+\frac{2042041}{4}+\frac{1110916}{3}=1399935.833,$$

$$\frac{1}{n}(\sum_{j=1}^{3}\cdot\sum_{i=1}^{n_j}x_{ij})^2=\frac{1}{11}(1441+1429+1054)^2=1399797.818,$$

则有

$$S_T=1399975-1399797.818=172.182,$$

$$S_A=1399935.833-1399797.818=138.015,$$

$$S_E=S_T-S_A=172.182-138.015=34.167.$$

填入方差分析表,得表 9.7,比值 $F=16.157$. 由 $\alpha=0.05$,自由度$(r-1,$ $n-r)=(2,8)$,查 F 分布表得 $F_{0.05}(2,8)=4.46$,可见 $F>F_{0.05}(2,8)$,则拒绝 H_0,即三种回火温度下的弹簧弹性有较显著的差异.

表 9.7

方差来源	平方和	自由度	均方	F 比
因素 A	138.015	2	69.008	16.157
误　差	34.167	8	4.271	
总　和	172.182	10		

四、未知参数的估计

在水平 A_j 下的总体均值 $\mu_j,i=1,2,\cdots,r$,或者水平 A_j 下的效应 $\delta_j,j=1,$ $2,\cdots,r$ 都是未知参数,特别当 H_0 被拒绝后,表明各水平下的均值有显著差异,为此需要进一步判断哪个水平下较优,这就必须对上述未知参数进行估计.事实上,由前面的分析可知,它们的无偏估计为

$$\hat{\mu}_j=\bar{x}._j,\hat{\delta}_j=\bar{x}._j-\bar{x},\quad j=1,2,\cdots,r,$$

又由

$$\bar{x}._j-\bar{x}._k\sim N[\mu._j-\mu._k,\sigma^2(1/n_j+1/n_k)],$$

及由定理 1

$$S_E/\sigma^2\sim\chi^2(n-r),$$

且 $\bar{x}._j-\bar{x}._k$ 与 S_E 的独立性,知

$$\frac{(\bar{x}._j-\bar{x}._k)-(\mu._j-\mu._k)}{\sqrt{S_E(1/n_j+1/n_k)}}$$

$$= \overline{(\overline{x}_{.j} - \overline{x}_{.k}) - (\mu_{.j} - \mu_{.k})} \Big/ \sqrt{\frac{S_E}{\sigma^2}/(n-r)} \sim t(n-r)$$

由此可得 $\mu_{.j} - \mu_{.k}$ 的置信度为 $1-\alpha$ 的置信区间为

$$\left((\overline{x}_{.j} - \overline{x}_{.k}) \pm t_{\alpha/2}(n-r) \sqrt{\overline{S}_E(1/n_j + 1/n_k)} \right).$$

另外,方差 σ^2 也是未知参数. 由定理 1 可知,无论 H_0 是否成立,都有 $E[S_E(n-r)] = \sigma^2$,即 σ^2 的无偏估计为 $\hat{\sigma}^2 = S_E/(n-r) = \overline{S}_E$.

在例 1 中,$\hat{\sigma}^2 = 4.271, \hat{\mu}_1 = 360.25, \hat{\mu}_2 = 357.25, \hat{\mu}_3 = 351.33, \hat{\delta}_1 = 3.52, \hat{\delta}_2 = 0.53, \hat{\delta}_3 = -5.4$. 对弹簧弹性来说,当然是大的好,于是我们认为在回火温度为 $A_1 = 440℃$ 时较优,且 A_1 下均值与 A_3 下均值之差 $\mu_1 - \mu_2$ 的置信度为 0.95 的置信区间为

$$\left((360.25 - 351.33) \pm 1.8595 \sqrt{4.271(1/4 + 1/4)} \right) = (6.2027, 11.6373).$$

习题 9.2(A)

1. 某饮料厂对同一质量的饮料采用三种包装:拉罐、玻璃瓶和塑料袋,为比较不同包装对销售量的影响,厂方按随机化原则调查了 4 家零售商店,得这种饮料三类包装的日销量如表所示,问这三种包装的销售量有无显著差异($\alpha = 0.05$)?

包装	拉罐	玻璃瓶	塑料袋
日	30	42	18
销	40	48	26
售	18	38	40
量	24	36	36

2. 为比较 5 个省的城市每百人移动电话的拥有量,分别在这 5 个省中随机抽查 4 个城市,得各市每百人移动电话拥有量(部)如表所示,试以显著性水平 $\alpha = 0.01$ 检验五省中城市移动电话拥有量有无显著差异?

省	A_1	A_2	A_3	A_4	A_5
拥	4.3	6.1	6.5	9.3	9.5
有	7.8	7.3	8.3	8.7	8.8
量	3.2	4.2	8.6	7.2	11.4
	6.5	4.1	8.2	10.1	7.8

§9.3 双因素无重复试验的方差分析

双因素无重复试验是在因素 A 每一个水平和因素 B 每一个水平的搭配下都作一次独立试验,目的是分析因素 A 的各水平对试验指标有无显著差异,分析因素 B 的各水平对试验指标有无显著差异,其分析方法基本上和单因素试验的分析方法相同,也是通过对总偏差平方和的分解构造检验的统计量.

设因素 A 有 r 个水平 $A_1, A_2, \cdots, A_r$；因素 B 有 s 个水平 $B_1, B_2, \cdots, B_s$；各种搭配下的试验结果如表 9.8 所示.表中还列出了由样本直接计算的量:行总和 $T_i.$，行平均 $\bar{x}_i.$，列总和 $T._j$，列平均 $\bar{x}._j$，以及样本总和 T 与总平均 $\bar{x}$.

表 9.8

因素 A ＼ 因素 B	B_1	B_2	$\cdots$	B_s	行总和 $T_i. = \sum\limits_j x_{ij}$	行平均 $\bar{x}_i. = T_i./s$
A_1	x_{11}	x_{12}	$\cdots$	x_{1s}	$T_1.$	$\bar{x}_1.$
A_2	x_{21}	x_{22}	$\cdots$	x_{2s}	$T_2.$	$\bar{x}_2.$
$\vdots$	$\vdots$	$\vdots$		$\vdots$	$\vdots$	$\vdots$
A_r	x_{r1}	x_{r2}	$\cdots$	x_{rs}	$T_r.$	$\bar{x}_r.$
列总和 $T._j = \sum\limits_i x_{ij}$	$T._1$	$T._2$	$\cdots$	$T._s$	$T = \sum\limits_j T._j = \sum\limits_i T_i.$	
列平均 $\bar{x}._j = T._j/r$	$\bar{x}._1$	$\bar{x}._2$	$\cdots$	$\bar{x}._s$		$\bar{x} = \dfrac{T}{rs}$

假设每一样本点都是方差相同的正态分布.方差分析的目的是检验假设

H_{01}:因素 A 对试验指标无显著影响,

H_{02}:因素 B 对试验指标无显著影响.

考虑模型:

$$x_{ij} = \mu + \alpha_i + \beta_j + \varepsilon_{ij},$$

各 ε_{ij} 相互独立,且 $\varepsilon_{ij} \sim N(0, \sigma^2)$，$i = 1, 2, \cdots, r$，$j = 1, 2, \cdots, s$，而 μ, α_i, β_j 及 σ^2 都是未知参数,但有 $\sum\limits_i \alpha_i = 0$，$\sum\limits_j \beta_j = 0$，于是上述假设可表示为

$$H_{01}: \alpha_1 = \alpha_2 = \cdots = \alpha_r = 0, \quad H_{11}: \alpha_1, \alpha_2, \cdots, \alpha_r \text{ 不全为零},$$

$$H_{02}: \beta_1 = \beta_2 = \cdots = \beta_s = 0, \quad H_{12}: \beta_1, \beta_2, \cdots, \beta_s \text{ 不全为零}.$$

需要构造一个统计量,用于检验该假设.事实上,样本总偏差平方和 S_T 可以分解为

$$\begin{aligned}
S_T &= \sum_i \sum_j (x_{ij} - \bar{x})^2 \\
&= \sum_i \sum_j [(x_{ij} - \bar{x}_i. - \bar{x}._j + \bar{x}) + (\bar{x}_i. - \bar{x}) + (\bar{x}._j - \bar{x})]^2 \\
&= \sum_i \sum_j (x_{ij} - \bar{x}_i. - \bar{x}._j + \bar{x})^2 + \sum_i \sum_j (\bar{x}_i. - \bar{x})^2 \\
&\quad + \sum_i \sum_j (\bar{x}._j - \bar{x})^2,
\end{aligned}$$

上述平方展开式中的两两交叉乘积项皆为 0.若记上式右边三项分别为 S_E, S_A 和 S_B,则有

$$S_T = S_E + S_A + S_B,$$

它们的计算式分别为

$$S_T = \sum_i \sum_j (x_{ij} - \overline{x})^2 = \sum_i \sum_j x_{ij}^2 - \frac{1}{rs}T^2,$$

$$S_A = \sum_i \sum_j (x_{i\cdot} - \overline{x})^2 = s\sum_i (\overline{x}_{i\cdot} - \overline{x})^2 = \frac{1}{s}\sum_i T_{i\cdot}^2 - \frac{1}{rs}T^2,$$

$$S_B = \sum_i \sum_j (x_{\cdot j} - \overline{x})^2 = r\sum_j (\overline{x}_{\cdot j} - \overline{x})^2 = \frac{1}{r}\sum_j T_{\cdot j}^2 - \frac{1}{rs}T^2,$$

$$S_E = S_T - S_A - S_B.$$

容易理解,S_E 是由随机误差产生的偏差,称为误差平方和;S_A 主要反映因素 A 的各水平差异产生的偏差,称为因素 A 的效应平方和;S_B 主要反映因素 B 产生的偏差,称为因素 B 的效应平方和.

与单因素方差分析类似地有

$$E(S_E) = \sigma^2(r-1)(s-1),$$
$$E(S_A) = \sigma^2(r-1) + s\sum_i \alpha_i^2,$$
$$E(S_B) = \sigma^2(s-1) + r\sum_j \beta_j^2,$$

于是,

无论 H_{01} 和 H_{02} 是否为真,都有 $S_E/\sigma^2 \sim \chi^2[(r-1)(s-1)]$,而

当 H_{01} 为真时,$S_A/\sigma^2 \sim \chi^2(r-1)$,$E(S_A) = \sigma^2(r-1)$,

当 H_{02} 为真时,$S_B/\sigma^2 \sim \chi^2(s-1)$,$E(S_B) = \sigma^2(s-1)$,

当 H_{01},H_{02} 都为真时,$S_T/\sigma^2 \sim \chi^2(rs-1)$.

引用均方

$$\overline{S}_E = S_E/[(r-1)(s-1)],\quad \overline{S}_A = S_A/(r-1),\quad \overline{S}_B = S_B/(s-1),$$

则

$$F_A = \frac{\overline{S}_A}{\overline{S}_E} \sim F[(r-1),(r-1)(s-1)],$$

$$F_B = \frac{\overline{S}_B}{\overline{S}_E} \sim F[(s-1),(r-1)(s-1)].$$

对给定的显著性水平 α,有临界值 $F_\alpha[(r-1),(r-1)(s-1)]$ 和 $F_\alpha[(s-1),(r-1)(s-1)]$,当

$$F_A > F_\alpha[(r-1),(r-1)(s-1)] \text{时拒绝 } H_{01},$$

$$F_B > F_\alpha[(s-1),(r-1)(s-1)] \text{时拒绝 } H_{02}.$$

把上述结果汇总成表 9.9,称为双因素试验方差分析表.

表 9.9

方差来源	平方和	自由度	均方	F 比
因素 A	S_A	$r-1$	$\overline{S}_A$	F_A
因素 B	S_B	$s-1$	$\overline{S}_B$	F_B
误　差	S_E	$(r-1)(s-1)$	$\overline{S}_E$	
总　　和	S_T	$rs-1$		

有关未知参数的点估计分别为：

$$\hat{\mu}=\overline{x},\ \hat{\alpha}_i=\overline{x}_i.-\overline{x},\ i=1,2,\cdots,r,$$
$$\hat{\beta}_j=\overline{x}._j-\overline{x},\ j=1,2,\cdots,s,$$
$$\hat{\sigma}^2=\overline{S}_E.$$

例 1　求解 §9.1 中例 2，取 $\alpha=0.05$.

解　样本及一些初级计算如表 9.10，计算各平方和 s_A,s_B,s_E,s_T，汇总成方差分析表如表 9.11. 由 F 分布表得 $F_{0.05}(2,2)=19.00$，显然，$F_A<19.00$，而 $F_{0.05}(1,2)=18.51,F_B<18.51$，则接受 H_{01} 和 H_{02}，即不同的回火温度和不同的时间对弹簧弹性都无显著影响.

表 9.10

	B_1	B_2	$T_i.$	$\overline{x}_i.$
A_1	363	359	722	361
A_2	362	348	710	355
A_3	351	349	700	350
$T._j$	1076	1056	$T=2132$	
$\overline{x}._j$	358.67	352		

表 9.11

方差来源	平方和	自由度	均方	F 比
因素 A	121.33	2	66.665	$F_A=2.94$
因素 B	66.67	1	66.67	$F_B=3.23$
误　差	41.33	2	20.665	
总　和	229.33	5		

习题 9.3(A)

1. 某厂通过分析胶压板制造中压力(因素 B)和受压时间(因素 A)对胶压板质量有无显著影响，进一步寻求最佳压力和受压时间. 根据经验，取受压时间为 9 分钟和 2 分钟两个水平，取压力为 9，10，11，12 千克四个水平，在各种搭配下进行独立试验，对产品质量的综合评定指标值如表所示，试分析因素 A 和 B 对胶压板质量有无显著影响（取 $\alpha=0.1$）？

A \ B	8	10	11	12
9	22	11	5	10
12	19	13	4	17

§9.4 双因素等重复试验的方差分析

双因素等重复试验与双因素无重复试验的区别是：在因素 A 的每一个水平和因素 B 的每一个水平的搭配下，都重复进行了 $t(t>1)$ 次独立试验．样本及有关计算见表 9.12．

表 9.12

A \ B	B_1	B_2	$\cdots$	B_s	$T_{i\cdot\cdot}$ $\bar{x}_{i\cdot\cdot}$
A_1	$x_{111}\ x_{112}\cdots x_{11t}$ $T_{11\cdot}=\sum\limits_{k=1}^{t}x_{11k}$ $\bar{x}_{11\cdot}=T_{11\cdot}/t$	$x_{121}\ x_{122}\cdots x_{12t}$ $T_{12\cdot}=\sum\limits_{k=1}^{t}x_{12k}$ $\bar{x}_{12\cdot}=T_{12\cdot}/t$	$\cdots$	$x_{1s1}\ x_{1s2}\cdots x_{1st}$ $T_{1s\cdot}=\sum\limits_{k=1}^{t}x_{1sk}$ $\bar{x}_{1s\cdot}=T_{1s\cdot}/t$	$T_{1\cdot\cdot}=\sum\limits_{j=1}^{s}T_{1j\cdot}$ $\bar{x}_{1\cdot\cdot}=T_{1\cdot\cdot}/s$
A_2	$x_{211}\ x_{212}\cdots x_{21t}$ $T_{21\cdot}=\sum\limits_{k=1}^{t}x_{21k}$ $\bar{x}_{21\cdot}=T_{21\cdot}/t$	$x_{221}\ x_{222}\cdots x_{22t}$ $T_{22\cdot}=\sum\limits_{k=1}^{t}x_{22k}$ $\bar{x}_{22\cdot}=T_{22\cdot}/t$	$\cdots$	$x_{2s1}\ x_{2s2}\cdots x_{2st}$ $T_{2s\cdot}=\sum\limits_{k=1}^{t}x_{2sk}$ $\bar{x}_{2s\cdot}=T_{2s\cdot}/t$	$T_{2\cdot\cdot}=\sum\limits_{j=1}^{s}T_{2j\cdot}$ $\bar{x}_{2\cdot\cdot}=T_{2\cdot\cdot}/s$
$\vdots$	$\vdots$	$\vdots$		$\vdots$	$\vdots$
A_r	$x_{r11}\ x_{r12}\cdots x_{r1t}$ $T_{r1\cdot}=\sum\limits_{k=1}^{t}x_{r1k}$ $\bar{x}_{r1\cdot}=T_{r1\cdot}/t$	$x_{r21}\ x_{r22}\cdots x_{r2t}$ $T_{r2\cdot}=\sum\limits_{k=1}^{t}x_{r2k}$ $\bar{x}_{r2\cdot}=T_{r2\cdot}/t$	$\cdots$	$x_{rs1}\ x_{rs2}\cdots x_{rst}$ $T_{rs\cdot}=\sum\limits_{k=1}^{t}x_{rsk}$ $\bar{x}_{rs\cdot}=T_{rs\cdot}/t$	$T_{r\cdot\cdot}=\sum\limits_{j=1}^{s}T_{rj\cdot}$ $\bar{x}_{r\cdot\cdot}=T_{r\cdot\cdot}/s$
$T_{\cdot j\cdot}$ $\bar{x}_{\cdot j\cdot}$	$T_{\cdot1\cdot}=\sum\limits_{i=1}^{r}T_{i1\cdot}$ $\bar{x}_{\cdot1\cdot}=T_{\cdot1\cdot}/r$	$T_{\cdot2\cdot}=\sum\limits_{i=1}^{r}T_{i2\cdot}$ $\bar{x}_{\cdot2\cdot}=T_{\cdot2\cdot}/r$	$\cdots$	$T_{\cdot s\cdot}=\sum\limits_{i=1}^{r}T_{is\cdot}$ $\bar{x}_{\cdot s\cdot}=T_{\cdot s\cdot}/r$	$T=\sum\limits_{i=1}^{r}T_{i\cdot\cdot}=\sum\limits_{j=1}^{s}T_{\cdot j\cdot}$ $\bar{x}=T/(rst)$

在正态性、方差齐性和线性性假定下，有

$$\begin{cases} x_{ijk}\sim N(\mu_{ij},\sigma^2), \quad i=1,\cdots,r,\ j=1,\cdots,s,\ k=1,\cdots,t \\ \text{各 } x_{ijk} \text{ 相互独立} \end{cases},$$

或写成

$$\begin{cases} x_{ijk}=\mu_{ij}+\varepsilon_{ijk}, \quad i=1,\cdots,r,\ j=1,\cdots,s,\ k=1,\cdots,t \\ \varepsilon_{ijk}\sim N(0,\sigma^2), \quad \text{各 } \varepsilon_{ijk} \text{ 相互独立} \end{cases},$$

引入

总均值：$\mu = \dfrac{1}{rs} \sum\limits_{i=1}^{r} \sum\limits_{j=1}^{s} \mu_{ij}$,

A_i 下均值：$\mu_{i\cdot} = \dfrac{1}{s} \sum\limits_{j=1}^{s} \mu_{ij}$, $i = 1, \cdots, r$,

B_j 下均值：$\mu_{\cdot j} = \dfrac{1}{r} \sum\limits_{i=1}^{r} \mu_{ij}$, $j = 1, \cdots, s$,

A_i 的效应：$\alpha_i = \mu_{i\cdot} - \mu$, $i = 1, \cdots, r$,

B_j 的效应：$\beta_j = \mu_{\cdot j} - \mu$, $j = 1, \cdots, s$,

这样可以把 μ_{ij} 表示成

$$\mu_{ij} = \mu + \alpha_i + \beta_j + (\mu_{ij} - \mu_{i\cdot} - \mu_{\cdot j} + \mu) = \mu + \alpha_i + \beta_j + \gamma_{ij},$$
$$i = 1, \cdots, r, \ j = 1, \cdots, s,$$

其中 $\gamma_{ij} = \mu_{ij} - \mu_{i\cdot} - \mu_{\cdot j} + \mu$ 称为水平 A_i 和水平 B_j 的交互效应. 显然有

$$\sum_{i=1}^{r} \alpha_i = 0, \quad \sum_{j=1}^{s} \beta_j = 0, \quad \sum_{i=1}^{r} \gamma_{ij} = 0, \quad \sum_{j=1}^{s} \gamma_{ij} = 0,$$

这样 x_{ijk} 可以写成：

$$x_{ijk} = \mu + \alpha_i + \beta_j + \gamma_{ij} + \varepsilon_{ijk},$$

且 $\varepsilon_{ijk} \sim N(0, \sigma^2)$, 各 ε_{ijk} 相互独立, $i = 1, \cdots, r, \ j = 1, \cdots, s, \ k = 1, \cdots, t$,
其中 $\mu, \alpha_i, \beta_j, \gamma_{ij}$ 及 σ^2 都是未知参数.

上式就是双因素等重复试验的数学模型, 针对这一模型, 我们要检验的假设是以下三个.

$$H_{01}: \alpha_1 = \alpha_2 = \cdots = \alpha_r = 0, \qquad H_{11}: \alpha_1, \alpha_2, \cdots, \alpha_r \ 不全为零,$$
$$H_{02}: \beta_1 = \beta_2 = \cdots = \beta_s = 0, \qquad H_{12}: \beta_1, \beta_2, \cdots, \beta_s \ 不全为零,$$
$$H_{03}: \gamma_{11} = \gamma_{12} = \cdots = \gamma_{rs} = 0, \qquad H_{13}: \gamma_{11}, \gamma_{12}, \cdots, \gamma_{rs} \ 不全为零.$$

类似地, 对这些假设的检验也是建立在总偏差平方和 S_T 的分解上：

$$S_T = \sum_{i=1}^{r} \sum_{j=1}^{s} \sum_{k=1}^{t} (x_{ijk} - \bar{x})^2$$
$$= \sum_{i=1}^{r} \sum_{j=1}^{s} \sum_{k=1}^{t} [(x_{ijk} - \bar{x}_{ij\cdot}) + (\bar{x}_{i\cdot\cdot} - \bar{x}) + (\bar{x}_{\cdot j\cdot} - \bar{x})$$
$$\qquad + (\bar{x}_{ij\cdot} - \bar{x}_{i\cdot\cdot} - \bar{x}_{\cdot j\cdot} + \bar{x})]^2$$
$$= \sum_{i=1}^{r} \sum_{j=1}^{s} \sum_{k=1}^{t} (x_{ijk} - \bar{x}_{ij\cdot})^2 + st \sum_{i=1}^{r} (\bar{x}_{i\cdot\cdot} - \bar{x})^2 + rt \sum_{j=1}^{s} (\bar{x}_{\cdot j\cdot} - \bar{x})^2$$
$$\qquad + t \sum_{i=1}^{r} \sum_{j=1}^{s} (\bar{x}_{ij\cdot} - \bar{x}_{i\cdot\cdot} - \bar{x}_{\cdot j\cdot} + \bar{x})^2,$$

上述平方展开式中各交叉乘积项都为零.

引入

误差平方和：$S_E = \sum\limits_{i=1}^{r} \sum\limits_{j=1}^{s} \sum\limits_{k=1}^{t} (x_{ijk} - \bar{x}_{ij.})^2$，

因素 A 的效应平方和：$S_A = st \sum\limits_{i=1}^{r} (\bar{x}_{i..} - \bar{x})^2$，

因素 B 的效应平方和：$S_B = rt \sum\limits_{j=1}^{s} (\bar{x}_{.j.} - \bar{x})^2$，

A 和 B 交互效应平方和：$S_{A \times B} = t \sum\limits_{i=1}^{r} \sum\limits_{j=1}^{s} (\bar{x}_{ij.} - \bar{x}_{i..} - \bar{x}_{.j.} + \bar{x})^2$，

则总偏差平方和 S_T 可以分解为

$$S_T = S_E + S_A + S_B + S_{A \times B}.$$

可以证明，S_T, S_E, S_A, S_B 和 $S_{A \times B}$ 的自由度分别为 $rst - 1, rs(t-1), r-1$，$s-1$ 和 $(r-1)(s-1)$，且有

$$E\left[\frac{S_E}{rs(t-1)}\right] = \sigma^2,$$

$$E\left(\frac{S_A}{r-1}\right) = \sigma^2 + st \sum\limits_{i=1}^{r} \alpha_i^2 / (r-1),$$

$$E\left(\frac{S_B}{s-1}\right) = \sigma^2 + rt \sum\limits_{j=1}^{s} \beta_j^2 / (s-1),$$

$$E\left[\frac{S_{A \times B}}{(r-1)(s-1)}\right] = \sigma^2 + t \sum\limits_{i=1}^{r} \sum\limits_{j=1}^{s} \gamma_{ij}^2 / [(r-1)(s-1)].$$

可以证明，

当 H_{01} 成立时，$S_A / \sigma^2 \sim \chi^2(r-1)$，

当 H_{02} 成立时，$S_B / \sigma^2 \sim \chi^2(s-1)$，

当 H_{03} 成立时，$S_{A \times B} / \sigma^2 \sim \chi^2[(r-1)(s-1)]$，

当 H_{01}, H_{02}, H_{03} 都成立时，$S_T / \sigma^2 \sim \chi^2(rst-1)$，

无论 H_{01}, H_{02}, H_{03} 是否成立，$S_E / \sigma^2 \sim \chi^2[rs(t-1)]$．

当 H_{01}, H_{02}, H_{03} 成立时，$S_A, S_B, S_{A \times B}, S_E$ 相互独立，于是有统计量

$$F_A = \frac{\bar{S}_A}{\bar{S}_E} = \frac{S_A/(r-1)}{S_E/[rs(t-1)]} \sim F[r-1, rs(t-1)],$$

$$F_B = \frac{\bar{S}_B}{\bar{S}_E} = \frac{S_B/(s-1)}{S_E/[rs(t-1)]} \sim F[s-1, rs(t-1)],$$

$$F_{A \times B} = \frac{\bar{S}_{A \times B}}{\bar{S}_E} = \frac{S_{A \times B}/[(r-1)(s-1)]}{S_E/[rs(t-1)]}$$
$$\sim F[(r-1)(s-1), rs(t-1)].$$

对给定的显著性水平 α，

当 $F_A > F_a[r-1, rs(t-1)]$ 时,拒绝假设 H_{01},

当 $F_B > F_a[s-1, rs(t-1)]$ 时,拒绝假设 H_{02},

当 $F_{A \times B} > F_a[(r-1)(s-1), rs(t-1)]$ 时,拒绝假设 H_{03}.

以上结果汇总成双因素等重复试验方差分析表为表 9.13.

表 9.13

方差来源	平方和	自由度	均　　　方	F 比
因素　A	S_A	$r-1$	$\bar{S}_A = S_A/(r-1)$	$F_A = \bar{S}_A/\bar{S}_E$
因素　B	S_B	$s-1$	$\bar{S}_B = S_B/(s-1)$	$F_B = \bar{S}_B/\bar{S}_E$
交互作用	S_{AXB}	$(r-1)(s-1)$	$\bar{S}_{A \times B} = S_{A \times B}/[(r-1)(s-1)]$	$F_{A \times B} = \bar{S}_{A \times B}/\bar{S}_E$
误　　差	S_E	$rs(t-1)$	$\bar{S}_E = S_E/[rs(t-1)]$	
总　　和	S_T	$rst-1$		

各平方和可用下述简单公式计算:

$$S_T = \sum_{i=1}^{r} \sum_{j=1}^{s} \sum_{k=1}^{t} x_{ijk}^2 - \frac{T^2}{rst},$$

$$S_A = \frac{1}{st} \sum_{i=1}^{r} T_{i \cdot \cdot}^2 - \frac{T^2}{rst},$$

$$S_B = \frac{1}{rt} \sum_{j=1}^{s} T_{\cdot j \cdot}^2 - \frac{T^2}{rst},$$

$$S_{A \times B} = \frac{1}{t} \sum_{i=1}^{r} \sum_{j=1}^{s} T_{ij \cdot}^2 - \frac{T^2}{rst} - S_A - S_B,$$

$$S_E = S_T - S_A - S_B - S_{A \times B}.$$

例 1　求解 §9.1 例 2.假设符合双因素方差分析所需的条件,试在显著性水平 $\alpha = 0.005$ 下检验不同的回火温度(因素 A)、不同的保温时间(因素 B)下,对弹簧弹性有否显著影响? 交互作用是否显著?

表 9.14

A ＼ B	B_1	B_2	$T_{i \cdot \cdot}$
A_1	363,360(723)	359,355(714)	1437
A_2	362,364(726)	348,346(694)	1420
A_3	351,349(700)	349,350(699)	1399
$T_{\cdot j \cdot}$	2149	2107	$T = 4256$

解　按照题意需检验假设 H_{01}, H_{02}, H_{03} 是否为真. 样本及初级计算见表 9.14, 表中括号内为 T_{ij}. 本题 $r=3, s=2, t=2$, 可得

$$S_T = (363^2 + 360^2 + \cdots + 350^2) - \frac{4256^2}{3 \times 2 \times 2} = 476.6667,$$

$$S_A = \frac{1437^2 + 1420^2 + 1399^2}{2 \times 2} - \frac{4256^2}{3 \times 2 \times 2} = 181.1667,$$

$$S_B = \frac{2149^2 + 2107^2}{3 \times 2} - \frac{4256^2}{3 \times 2 \times 2} = 147.0000,$$

$$S_{A \times B} = \frac{723^2 + 714^2 + \cdots + 699^2}{2 \times 1} - S_A - S_B - \frac{4256^2}{3 \times 2 \times 2} = 129.5000,$$

$$S_E = S_T - S_A - S_B - S_{A \times B} = 19.0000.$$

得方差分析表如表 9.15.

表 9.15

方差来源	平方和	自由度	均方	F 比
因素　A	181.1667	2	90.5834	$F_A = 28.6050$
因素　B	147.0000	1	147.0000	$F_B = 46.4206$
交互作用	129.5000	2	64.7500	$F_{A \times B} = 20.4472$
误　　差	19.0000	6	3.1667	
总　　和	476.6667	11		

由于 $F_A > F_{0.005}(2.6) = 14.54$, 所以在水平 $\alpha = 0.005$ 下拒绝 H_{01}, 即不同回火温度对弹簧弹性有显著差异. 由于 $F_B > F_{0.005}(1.6) = 18.63$, 所以在水平 $\alpha = 0.005$ 下拒绝 H_{02}, 即不同保温时间对弹簧弹性有显著差异. 由于 $F_{A \times B} > F_{0.005}(2,6) = 14.54$, 所以在水平 $\alpha = 0.005$ 下拒绝 H_{03}, 即交互效应是显著的.

在这里, 尽管显著性水平 α 取得比较小, F 比值仍然超过临界值很多, 这说明上述三个差异是很显著的.

由表 9.14 可见, 对 A 因素是 A_1 水平下较好, 对 B 因素是 B_1 水平下较好, 但从因素 A 与 B 的搭配来看, 是 (A_2, B_1) 下最好, 而与 (A_1, B_1) 下相差不多. 考虑到经济效益, 应该选择 (A_1, B_1), 即选择回火温度为 400℃, 保温时间为 3 分钟.

习题 9.4(A)

1. 某化工厂采用甲、乙两种不同的催化剂和 5%, 6%, 7% 三种的用碱量, 在各种搭配下独立试产 2 次, 产品转化率(%)如表所列, 试分析不同催化剂、不同用碱量对产品转化率有无显著影响? 并分析催化剂和用碱量之间有无交互作用(取 $\alpha = 0.05$)?

	5%	6%	7%
催化剂甲	41,45	50,52	54,55
催化剂乙	39,41	44,47	53,55

§9.5　一元回归分析

现在考虑一元线性回归

$$E(Y) = f(x) = a + bx.$$

假设对于某个范围内的每一个值 x，对应的 Y 是方差同为 σ^2 的正态分布，则由上式

$$Y \sim N(a + bx, \sigma^2),$$

其中 a 和 b 及 σ^2 都是不依赖于 x 的未知参数. 这一正态性假设相当于假设

$$Y = a + bx + \varepsilon, \ \varepsilon \sim N(0, \sigma^2).$$

这称为一元线性回归模型. 它的含义是：Y 由两部分叠加而成，一部分是 x 的线性函数，即回归函数 $f(x) = a + bx$；另一部分是随机误差项 ε. 我们的工作在于估计回归函数 $f(x) = a + bx$，即由样本得到 a 和 b 的估计值 $\hat{a}$ 和 $\hat{b}$. 样本回归方程是

$$\hat{y} = \hat{a} + \hat{b}x.$$

下面我们具体讨论一元线性回归函数估计的有关问题.

一、a 和 b 的估计

样本 $(x_1, y_1), (x_2, y_2), \cdots, (x_n, y_n)$ 在坐标上描点而成的图，称为散点图，具体样图可参见本节例 1 中的图 9.2. 这些样本点基本上在一条直线附近波动，但这样的直线可以作出不止一条. 求一元线性回归方程，就是要确定这一条直线，为此必须建立一个准则. 对每一 (x_i, y_i) 有

$$y_i = a + bx_i + \varepsilon_i, \ \varepsilon_i \sim N(0, \sigma^2), \ i = 1, 2, \cdots, n,$$

称 $\hat{y}_i = a + bx_i$ 为 y_i 的回归值，则误差为

$$\varepsilon_i = y_i - \hat{y}_i = y_i - a - bx_i.$$

自然地，我们要选择这样的 a, b，以使误差平方和

$$Q = \sum_{i=1}^{n} \varepsilon_i^2 = \sum_{i=1}^{n} (y_i - a - bx_i)^2$$

达到极小，这称为最小二乘法的准则.

上式分别对 a 和 b 求偏导数，并令其为零，即

$$\frac{\partial Q}{\partial a} = -2\sum_{i=2}^{n}(y_i - a - bx_i) = 0,$$

$$\frac{\partial Q}{\partial b} = -2\sum_{i=1}^{n}(y_i - a - bx_i)x_i = 0.$$

整理为方程组

$$\begin{cases} na + nb\bar{x} = n\bar{y} \\ an\bar{x} + b\sum_{i=1}^{n}x_i^2 = \sum_{i=1}^{n}x_iy_i \end{cases},$$

其中　　$\bar{x} = \dfrac{1}{n}\sum_{i=1}^{n}x_i$, $\bar{y} = \dfrac{1}{n}\sum_{i=1}^{n}y_i$. 该方程组称为正规方程. 由于 x_i 不完全相同, 故正规方程组的系数行列式

$$\begin{vmatrix} n & n\bar{x} \\ n\bar{x} & \sum_{i=1}^{n}x_i^2 \end{vmatrix} = n\sum_{i=1}^{n}x_i(x_i - \bar{x}) \neq 0.$$

方程组有惟一解:

$$\hat{b} = \frac{\sum_{i=1}^{n}x_iy_i - n\bar{x}\cdot\bar{y}}{\sum_{i=1}^{n}x_i^2 - n\bar{x}^2}, \quad \hat{a} = \bar{y} - \hat{b}\bar{x}.$$

由最小二乘法准则得到的 $\hat{a}$ 和 $\hat{b}$ 称为 a 和 b 的最小二乘估计. 将 $\hat{a} = \bar{y} - \hat{b}\bar{x}$ 代入回归方程得

$$\hat{y} = \bar{y} - \hat{b}\bar{x} + \hat{b}x = \bar{y} + \hat{b}(x - \bar{x}),$$

即　　　　$\hat{y} - \bar{y} = \hat{b}(x - \bar{x}).$

当 $x = \bar{x}$ 时, $\hat{y} = \bar{y}$. 这表明回归直线 $\hat{y} = \hat{a} + \hat{b}x$ 通过"几何中心"点 $(\bar{x}, \bar{y})$, 这对于回归直线的理解和作图是有帮助的.

为了计算上的方便, 我们引入下述记号:

$$S_{xx} = \sum_{i=1}^{n}(x_i - \bar{x})^2 = \sum_{i=1}^{n}x_i^2 - n\bar{x}^2,$$

$$S_{yy} = \sum_{i=1}^{n}(y_i - \bar{y})^2 = \sum_{i=1}^{n}y_i^2 - n\bar{y}^2,$$

$$S_{xy} = \sum_{i=1}^{n}(x_i - \bar{x})(y_i - \bar{y}) = \sum_{i=1}^{n}x_iy_i - n\bar{x}\bar{y},$$

这样 a 和 b 的估计可写成

$$\hat{b} = S_{xy}/S_{xx}, \quad \hat{a} = \bar{y} - \hat{b}\bar{x}.$$

必须指出:用最小二乘法估计 a 和 b, 并不需要对 y 的正态性进行假定, 这

从上面的推导过程中完全可以看出来. 当 y 为正态分布时, a 和 b 也可以用极大似然估计法求得, 它的结果与最小二乘法完全相同.

例 1　某乡镇企业 8 年的年产值 x 和年利润 y(单位:万元)如表 9.16 中第 2、第 3 列所示, 试进行一元线性回归分析.

表 9.16

年	x	y	x^2	y^2	xy
1	22	4.2	484	17.64	92.4
2	45	6.2	2025	38.44	279.0
3	56	6.8	3136	46.24	380.8
4	80	7.8	6400	60.84	624.0
5	88	9.5	7744	90.25	836.0
6	120	11.0	14400	121.0	1320.0
7	136	12.1	18496	146.41	1645.6
8	152	13.6	23104	184.96	2067.2
$\sum$	699	71.2	75789	705.78	7245.0

解　一般, 年利润随着年产值的增加而增加, 两者之间是线性关系. 作散点图如图 9.2, 可见这些点也基本上在一直线附近波动, 表明该问题用一元线性回归进行分析是可行的.

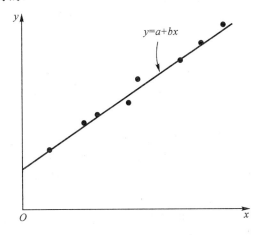

图 9.2

表 9.16 中计算了对应的 x^2, y^2, xy 的值, 并对各列求和, 以便于下面引用. 该例有 $n=8$

$$\overline{x}=699/8=87.375,$$

$$\overline{y}=71.2/8=8.9,$$

经计算得

$$S_{xx}=75789-8\times87.375^2=14713.875,$$

$$S_{yy}=705.78-8\times8.9^2=72.1,$$

$$S_{xy}=7245.0-8\times87.375\times8.9=1023.9,$$

于是，$\hat{b}=S_{xy}/S_{xx}=0.0696,\hat{a}=\overline{y}-\hat{b}\cdot\overline{x}=2.8187$，则年利润 y 关于年产值 x 的一元线性回归方程为

$$\hat{y}=2.8187+0.0696x.$$

二、相关系数和相关性检验

对于任何两个变量，无论它们的相关程度密切与否，只要有一个样本 $(x_i,y_i),i=1,2,\cdots,n$，总可以用最小二乘法求得一个线性回归方程. 显然，如果变量之间的线性关系不显著，求得的线性回归方程就没有多大意义，因为用这个方程对 y 作出的估计与实际观察值相比，其误差可能很大，因此有必要给出一个描述两变量之间线性关系密切程度的指标，这就是相关系数. 在 §4.5 中，已定义了两个随机变量的相关系数为

$$\rho=\mathrm{Cov}(X,Y)/\sqrt{D(X)\cdot D(Y)}.$$

下面我们定义样本相关系数 γ，作为理论相关系数 ρ 的估计，

$$\gamma=\frac{\sum_{i=1}^{n}(x_i-\overline{x})(y_i-\overline{y})}{\sqrt{\sum_{i=1}^{n}(x_i-\overline{x})^2\cdot\sum_{i=1}^{n}(y_i-\overline{y})}}=\frac{S_{xy}}{\sqrt{S_{xx}\cdot S_{yy}}}.$$

可以证明 $|\gamma|\leqslant1$，即 $-1\leqslant\gamma\leqslant1$.

当 $|\gamma|<1$ 时，$|\gamma|$ 越接近 1，表示线性相关程度越紧密，散点图中的样本点散布在回归直线近旁. 反之，$|\gamma|$ 越接近于 0，表示线性相关程度越松散，观察点偏离回归直线而较分散. 当 $\gamma>0$ 时，$\hat{b}>0$，观察值有 y 随 x 增大而增大的趋势，这时称为 x 与 y 正相关；当 $\gamma<0$ 时，$\hat{b}<0$，观察值有 y 随 x 的增大而减小的趋势，这时称为负相关；当 $|\gamma|=1$ 时，$S_e=0$，即所有观察点都在回归直线上，这是高度线性相关的情形；当 $\gamma=0$ 时，表示 x 与 y 不存在线性相关关系，也称为线性无关.

那么，当 $0<|\gamma|<1$ 时，如何确定线性相关的强弱呢？即需要检验假设

$$H_0:\rho=0(x\text{ 与 }y\text{ 不相关}).$$

可以证明，统计量

$$T=\frac{\gamma\sqrt{n-2}}{\sqrt{1-\gamma^2}}\sim t(n-2).$$

由假设检验的思想容易理解,对给定的显著性水平 α,当 $|T|>t_{\alpha/2}(n-2)$ 时,拒绝 H_0,表示 x 与 y 之间有较强的线性相关性,可以建立线性回归方程.反之,则接受 H_0,表示 x 与 y 之间线性相关性不强,建立线性回归方程意义不大.

例 2　在例 4 中,以显著性水平 $\alpha=0.02$ 推断线性相关性的强弱.

解　由 $\hat{b}=0.0696,S_{xx}=14913.875,S_{yy}=72.1$,得 $\gamma=0.9943$,于是

$$|T|=|\gamma \sqrt{n-2}/\sqrt{1-\gamma^2}|=22.7832>t_{0.01}(6)=3.1427,$$

拒绝 H_0,即年产值 x 与年利润 y 之间有较强的线性相关性.

习题 9.5(A)

1. 在温度为 $20℃$ 时,不同密度 x(克/厘米^3)的 H_2SO_4 对应的百分比浓度 y 如下表所示,求 y 对 x 的线性回归,并计算相关系数.

密　　　度	1.01	1.07	1.14	1.22	1.30	1.40	1.50	1.61	1.73	1.81	1.84
百分比浓度	1	10	20	30	40	50	60	70	80	90	98

2. 某厂采用腐蚀刻线工艺在一种金属板上刻线,为了控制刻线深度,对腐蚀时间和刻线深度进行了 10 次试验,得如下数据:

时间(s)	5	10	20	30	40	50	60	80	100	120
深度(μ)	6	8	12	15	17	20	25	29	35	42

试求刻线深度对腐蚀时间的回归方程.

习题 9.5(B)

1. 已知变量 x 和 y 之间具有强线性相关性,并取得了它们的一组样本,用最小二乘法分别求 x 对 y 的回归直线和 y 对 x 的回归直线,问两直线是否重合?为什么?如果不重合,试求两直线的交点坐标,并证明两回归直线的斜率的乘积即为相关系数 γ 的平方.

2. 研究表明,男性的年龄 x 与千人死亡率 y 符合指数 $y=ae^{bx}$ 的关系,对某地区进行调查,得如下结果:

年　　　龄	10	20	30	40	50	60	70
千人死亡率	2.1	3.6	4.1	6.8	11.2	24.4	60.6

试对该地区的男性年龄与千人死亡率拟合上述回归模型.(提示:$y=ae^{bx}$ 两边取对数,化为线性模型)

3. 为校验某温度测定仪的特性,对 14 个标准温度用该温度测定仪进行测定,结果如下:

标准温度 y	33	46	55	61	75	83	92	100	115	121	138	156	173	200
测定温度 x	32	45.5	56	60.3	76.1	82.2	92.4	99.3	110.4	114.3	125.4	135.8	145.3	158.8

经分析发现,标准温度在 100℃ 以下时,测定温度与标准温度呈线性关系,而在 100℃～200℃ 时,由于温度传感器的非线性性而使测定温度与标准温度呈二次函数: $y=a+bx^2$ 的关系.为了开发二次仪表,试用前 8 个样本点拟合线性回归,对后 7 个样本点拟合上述二次函数回归($y=100$ 被试用两次).

4. 下列回归函数如何线性化?

(1) 对数函数 $y=a+b\lg x$;　　　　(2) 三角函数 $y=a+b\sin x$;

(3) 双曲函数 $1/y=a+b/x$;　　　　(4) S 型曲线 $y=1/(a+be^{-x})$.

小　　结

【内容提要】

　　方差分析是生产实际中寻找最优参数的方法之一,本章介绍了单因素和双因素试验的方差分析.双因素分析中,若不考虑各因素各水平之间的交互作用,则不必作重复试验,若要考虑交互作用,则必须作重复试验.要理解偏差平方和的分解,正确计算方差分析表.

　　回归模型是一类重要的模型,在系统辨识、模拟、预测、控制等方面都很有用,在生产、科技、经济、管理、生物、医药等几乎所有领域都有广泛的应用.本章仅介绍"一元""线性"回归模型,它的思想和方法可推广到多元、非线性、自回归、混合回归等其他数学模型.

【重点】

　　偏差平方和的分解,方差分析表.

　　回归系数 a 和 b 的估计,相关性检验.

【深层次问题】

　　交互作用的理解;回归系数的估计精度,利用回归模型的预测和预测精度,可化为线性回归的模型.

附录 概率论与数理统计附表

附表 1 正态分布表

$$\Phi(z) = \int_{-\infty}^{z} \frac{1}{\sqrt{2\pi}} e^{-\frac{u^2}{2}} du = P(Z \leqslant z)$$

x	0	1	2	3	4	5	6	7	8	9
0.0	0.5000	0.5040	0.5080	0.5120	0.5160	0.5199	0.5239	0.5279	0.5319	0.5359
0.1	0.5398	0.5438	0.5478	0.5517	0.5557	0.5596	0.5636	0.5675	0.5714	0.5753
0.2	0.5793	0.5832	0.5871	0.5910	0.5948	0.5987	0.6026	0.6064	0.6103	0.6141
0.3	0.6179	0.6217	0.6255	0.6293	0.6331	0.6368	0.6406	0.6443	0.6480	0.6517
0.4	0.6554	0.6591	0.6628	0.6664	0.6700	0.6736	0.6772	0.6808	0.6844	0.6879
0.5	0.6915	0.6950	0.6985	0.7019	0.7054	0.7088	0.7123	0.7157	0.7190	0.7224
0.6	0.7257	0.7291	0.7324	0.7357	0.7389	0.7422	0.7454	0.7486	0.7517	0.7549
0.7	0.7580	0.7611	0.7642	0.7673	0.7703	0.7734	0.7764	0.7794	0.7823	0.7852
0.8	0.7881	0.7910	0.7939	0.7967	0.7995	0.8023	0.8051	0.8078	0.8106	0.8133
0.9	0.8159	0.8186	0.8212	0.8238	0.8264	0.8289	0.8315	0.8340	0.8365	0.8389
1.0	0.8413	0.8438	0.8461	0.8485	0.8508	0.8531	0.8554	0.8577	0.8599	0.8621
1.1	0.8643	0.8665	0.8686	0.8708	0.8729	0.8749	0.8770	0.8790	0.8810	0.8830
1.2	0.8849	0.8869	0.8888	0.8907	0.8925	0.8944	0.8962	0.8980	0.8997	0.9015
1.3	0.9032	0.9049	0.9066	0.9082	0.9099	0.9115	0.9131	0.9147	0.9162	0.9177
1.4	0.9192	0.9207	0.9222	0.9236	0.9251	0.9265	0.9278	0.9292	0.9306	0.9319
1.5	0.9332	0.9345	0.9357	0.9370	0.9382	0.9394	0.9406	0.9418	0.9430	0.9441
1.6	0.9452	0.9463	0.9474	0.9484	0.9495	0.9505	0.9515	0.9525	0.9535	0.9545
1.7	0.9554	0.9564	0.9573	0.9582	0.9591	0.9599	0.9608	0.9616	0.9625	0.9633
1.8	0.9641	0.9648	0.9656	0.9664	0.9671	0.9678	0.9686	0.9693	0.9700	0.9706
1.9	0.9713	0.9719	0.9726	0.9732	0.9738	0.9744	0.9750	0.9756	0.9762	0.9767
2.0	0.9772	0.9778	0.9783	0.9788	0.9793	0.9798	0.9803	0.9808	0.9812	0.9817
2.1	0.9821	0.9826	0.9830	0.9834	0.9838	0.9842	0.9846	0.9850	0.9854	0.9857
2.2	0.9861	0.9864	0.9868	0.9871	0.9874	0.9878	0.9881	0.9884	0.9887	0.9890
2.3	0.9893	0.9896	0.9898	0.9901	0.9904	0.9906	0.9909	0.9911	0.9913	0.9916
2.4	0.9918	0.9920	0.9922	0.9925	0.9927	0.9929	0.9931	0.9932	0.9934	0.9936
2.5	0.9938	0.9940	0.9941	0.9943	0.9945	0.9946	0.9948	0.9949	0.9951	0.9952
2.6	0.9953	0.9955	0.9956	0.9957	0.9959	0.9960	0.9961	0.9962	0.9963	0.9964
2.7	0.9965	0.9966	0.9967	0.9968	0.9969	0.9970	0.9971	0.9972	0.9973	0.9974
2.8	0.9974	0.9975	0.9976	0.9977	0.9977	0.9978	0.9979	0.9979	0.9980	0.9981
2.9	0.9981	0.9982	0.9982	0.9983	0.9984	0.9984	0.9985	0.9985	0.9986	0.9986
3.	0.9987	0.9990	0.9993	0.9995	0.9997	0.9998	0.9998	0.9999	0.9999	1.0000

附表 2 泊松分布表

$$1 - F(x-1) = \sum_{r=x}^{\infty} \frac{e^{-\lambda}\lambda^r}{r!}$$

x	$\lambda = 0.1$	$\lambda = 0.2$	$\lambda = 0.3$	$\lambda = 0.4$	$\lambda = 0.5$	$\lambda = 0.6$	$\lambda = 0.7$
0	1.0000000	1.0000000	1.0000000	1.0000000	1.0000000	1.0000000	1.0000000
1	0.0951626	0.1812692	0.2591818	0.3296800	0.393469	0.451188	0.503415
2	0.0046788	0.0175231	0.0369363	0.0615519	0.090204	0.121901	0.155805
3	0.0046788	0.0011485	0.0035995	0.0079263	0.014388	0.023115	0.034142
4	0.0000038	0.0000568	0.0002658	0.0007763	0.001752	0.003358	0.005753
5		0.0000023	0.0000158	0.0000612	0.000172	0.000394	0.000786
6		0.0000001	0.0000008	0.0000040	0.000014	0.000039	0.000090
7				0.0000002	0.000001	0.000003	0.000009
8							0.000001

x	$\lambda = 0.8$	$\lambda = 0.9$	$\lambda = 1.0$	$\lambda = 1.2$	$\lambda = 1.4$	$\lambda = 1.6$	$\lambda = 1.8$
0	1.000000	1.000000	1.000000	1.000000	1.000000	1.000000	1.000000
1	0.550671	0.593430	0.632121	0.698806	0.753403	0.798103	0.834701
2	0.191208	0.227518	0.264241	0.337373	0.408167	0.475069	0.537163
3	0.047423	0.062857	0.080301	0.120513	0.166502	0.216642	0.269379
4	0.009080	0.013459	0.018988	0.033769	0.053725	0.078813	0.108708
5	0.001411	0.002344	0.003660	0.007746	0.014253	0.023682	0.036407
6	0.000184	0.000343	0.000594	0.001500	0.003201	0.006040	0.010378
7	0.000021	0.000043	0.000083	0.000251	0.000622	0.001336	0.002569
8	0.000002	0.000005	0.000010	0.000037	0.000107	0.000260	0.000562
9			0.000001	0.000005	0.000016	0.000045	0.000110
10				0.000001	0.000002	0.000007	0.000019
11						0.000001	0.000003

x	$\lambda = 2.0$	$\lambda = 2.5$	$\lambda = 3.0$	$\lambda = 3.5$	$\lambda = 4.0$	$\lambda = 4.5$	$\lambda = 5.0$
0	1.000000	1.000000	1.000000	1.000000	1.000000	1.000000	1.000000
1	0.864665	0.917915	0.950213	0.969803	0.981684	0.988891	0.993262
2	0.593994	0.712703	0.800852	0.864112	0.908422	0.938901	0.959572
3	0.323324	0.456187	0.576810	0.679153	0.761897	0.826422	0.875348
4	0.142877	0.242424	0.352768	0.463367	0.566530	0.657704	0.734974
5	0.052653	0.108822	0.184737	0.274555	0.371163	0.467896	0.559507
6	0.016564	0.042021	0.083918	0.142386	0.214870	0.297070	0.384039
7	0.004534	0.014187	0.033509	0.065288	0.110674	0.168949	0.237817
8	0.001097	0.004247	0.011905	0.026739	0.051134	0.086586	0.133372
9	0.000237	0.001140	0.003803	0.009874	0.021363	0.040257	0.068094
10	0.000046	0.000277	0.001102	0.003315	0.008132	0.017093	0.031828
11	0.000008	0.000062	0.000292	0.001019	0.002840	0.006669	0.013695
12	0.000001	0.000013	0.000071	0.000289	0.000915	0.002404	0.005453
13		0.000002	0.000016	0.000076	0.000274	0.000805	0.002019
14			0.000003	0.000019	0.000076	0.000252	0.000698
15			0.000001	0.000004	0.000020	0.000074	0.000226
16				0.000001	0.000005	0.000020	0.000069
17					0.000001	0.000005	0.000020
18						0.000001	0.000005
19							0.000001

附表 3　t 分布表

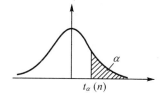

$$P\{t(n) > t_\alpha(n)\} = \alpha$$

n	$\alpha = 0.25$	0.10	0.05	0.025	0.01	0.005
1	1.0000	3.0777	6.3138	12.7062	31.8207	63.6574
2	0.8165	1.8856	2.9200	4.3027	6.9646	9.9248
3	0.7649	1.6377	2.3534	3.1824	4.5407	5.8409
4	0.7407	1.5332	2.1318	2.7764	3.7469	4.6041
5	0.7267	1.4759	2.0150	2.5706	3.3649	4.0322
6	0.7176	1.4398	1.9432	2.4469	3.1427	3.7074
7	0.7111	1.4149	1.8946	2.3646	2.9980	3.4995
8	0.7064	1.3968	1.8595	2.3060	2.8965	3.3554
9	0.7027	1.3830	1.8331	2.2622	2.8214	3.2498
10	0.6998	1.3722	1.8125	2.2281	2.7638	3.1693
11	0.6974	1.3634	1.7959	2.2010	2.7181	3.1058
12	0.6955	1.3562	1.7823	2.1788	2.6810	3.0545
13	0.6938	1.3502	1.7709	2.1604	2.6503	3.0123
14	0.6924	1.3450	1.7613	2.1448	2.6245	2.9768
15	0.6912	1.3406	1.7531	2.1315	2.6025	2.9467
16	0.6901	1.3368	1.7459	2.1199	2.5835	2.9208
17	0.6892	1.3334	1.7396	2.1098	2.5669	2.8982
18	0.6884	1.3304	1.7341	2.1009	2.5524	2.8784
19	0.6876	1.3277	1.7291	2.0930	2.5395	2.8609
20	0.6870	1.3253	1.7247	2.0860	2.5280	2.8453
21	0.6864	1.3232	1.7207	2.0796	2.5177	2.8314
22	0.6858	1.3212	1.7171	2.0739	2.5083	2.8188
23	0.6853	1.3195	1.7139	2.0687	2.4999	2.8073
24	0.6848	1.3178	1.7109	2.0639	2.4922	2.7969
25	0.6844	1.3163	1.7081	2.0595	2.4851	2.7874
26	0.6840	1.3150	1.7056	2.0555	2.4786	2.7787
27	0.6837	1.3137	1.7033	2.0518	2.4727	2.7707
28	0.6834	1.3125	1.7011	2.0484	2.4671	2.7633
29	0.6830	1.3114	1.6991	2.0452	2.4620	2.7564
30	0.6828	1.3104	1.6973	2.0423	2.4573	2.7500
31	0.6825	1.3095	1.6955	2.0395	2.4528	2.7440
32	0.6822	1.3086	1.6939	2.0369	2.4487	2.7385
33	0.6820	1.3077	1.6924	2.0345	2.4448	2.7333
34	0.6818	1.3070	1.6909	2.0322	2.4411	2.7284
35	0.6816	1.3062	1.6896	2.0301	2.4377	2.7238
36	0.6814	1.3055	1.6883	2.0281	2.4345	2.7195
37	0.6812	1.3049	1.6871	2.0262	2.4314	2.7154
38	0.6810	1.3042	1.6860	2.0244	2.4286	2.7116
39	0.6808	1.3036	1.6849	2.0227	2.4258	2.7079
40	0.6807	1.3031	1.6839	2.0211	2.4233	2.7045
41	0.6805	1.3025	1.6829	2.0195	2.4208	2.7012
42	0.6804	1.3020	1.6820	2.0181	2.4185	2.6981
43	0.6802	1.3016	1.6811	2.0167	2.4163	2.6951
44	0.6801	1.3011	1.6802	2.0154	2.4141	2.6923
45	0.6800	1.3006	1.6794	2.0141	2.4121	2.6896

附表 4　χ² 分布表

$$P\{\chi^2(n) > \chi^2_\alpha(n)\} = \alpha$$

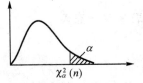

n	$\alpha=$ 0.995	0.99	0.975	0.95	0.90	0.75	0.25	0.10	0.05	0.025	0.01	0.005
1	—	—	0.001	0.004	0.016	0.102	1.323	2.706	3.841	5.024	6.635	7.879
2	0.010	0.020	0.051	0.103	0.211	0.575	2.773	4.605	5.991	7.378	9.210	10.597
3	0.072	0.115	0.216	0.352	0.534	1.213	4.108	6.251	7.815	9.348	11.345	12.838
4	0.207	0.297	0.484	0.711	1.064	1.923	5.385	7.779	9.488	11.143	13.277	14.860
5	0.412	0.554	0.831	1.145	1.610	2.675	6.626	9.236	11.071	12.833	15.086	16.750
6	0.676	0.872	1.237	1.635	2.204	3.455	7.841	10.645	12.592	14.449	16.812	18.548
7	0.989	1.239	1.690	2.167	2.833	4.255	9.037	12.017	14.067	16.013	18.475	20.278
8	1.344	1.646	2.180	2.733	3.490	5.071	10.219	13.362	15.507	17.535	20.090	21.955
9	1.735	2.088	2.700	3.325	4.268	5.899	11.389	14.684	16.919	19.023	21.666	23.589
10	2.156	2.558	3.247	3.940	4.865	6.737	12.549	15.987	18.307	20.483	23.209	25.188
11	2.603	3.053	3.816	4.575	5.578	7.584	13.701	17.275	19.675	21.920	24.725	26.757
12	3.074	3.571	4.404	5.226	6.304	8.438	14.845	18.549	21.026	23.337	26.217	28.299
13	3.565	4.107	5.009	5.892	7.042	9.299	15.984	19.812	22.362	24.736	27.688	29.819
14	4.075	4.660	5.629	6.571	7.790	10.165	17.117	21.064	23.685	26.119	29.141	31.319
15	4.601	5.229	6.262	7.261	8.547	11.037	18.245	22.307	24.996	27.488	30.578	32.801
16	5.142	5.812	6.908	7.962	9.312	11.912	19.369	23.542	26.296	28.845	32.000	34.267
17	5.697	6.408	7.564	8.672	10.085	12.792	20.489	24.769	27.587	30.191	33.409	35.718
18	6.265	7.015	8.231	9.390	10.865	13.675	21.605	25.989	28.869	31.526	34.805	37.156
19	6.844	7.633	8.907	10.117	11.651	14.562	22.718	27.204	30.144	32.852	36.191	38.582
20	7.434	8.260	9.591	10.851	12.443	15.452	23.828	28.412	31.410	34.170	37.566	39.997
21	8.034	8.897	10.283	11.591	13.240	16.344	24.935	29.615	32.671	35.479	38.932	41.401
22	8.643	9.542	10.982	12.338	14.042	17.240	26.039	30.813	33.924	36.781	40.289	42.796
23	9.260	10.196	11.689	13.091	14.848	18.137	27.141	32.007	35.172	38.076	41.638	44.181
24	9.886	10.856	12.401	13.848	15.659	19.037	28.241	33.196	36.415	39.364	42.980	45.559
25	10.520	11.524	13.120	14.611	16.473	19.939	29.339	34.382	37.652	40.646	44.314	46.928
26	11.160	12.198	13.844	15.379	17.292	20.843	30.435	35.563	38.885	41.923	45.642	48.290
27	11.808	12.879	14.573	16.151	18.114	21.749	31.528	36.741	40.113	43.194	46.963	49.645
28	12.461	13.565	15.308	16.928	18.939	22.657	32.620	37.916	41.337	44.461	48.278	50.993
29	13.121	14.257	16.047	17.708	19.768	23.567	33.711	39.087	42.557	45.772	49.588	52.336
30	13.787	14.954	16.791	18.493	20.599	24.478	34.800	40.256	43.773	46.979	50.892	53.672
31	14.458	15.655	17.539	19.281	21.434	25.390	35.887	41.422	44.985	48.232	52.191	55.003
32	15.134	16.362	18.291	20.072	22.271	26.304	36.973	42.585	46.194	49.480	53.486	56.328
33	15.815	17.074	19.047	20.867	23.110	27.219	38.058	43.745	47.400	50.725	54.776	57.648
34	16.501	17.789	19.806	21.664	23.952	28.136	39.141	44.903	48.602	51.966	56.061	58.964
35	17.192	18.509	20.569	22.465	24.797	29.054	40.223	46.059	49.802	53.203	57.342	60.275
36	17.887	19.233	21.386	23.269	25.643	29.973	41.304	47.212	50.998	54.437	58.619	61.581
37	18.586	19.960	22.100	24.075	26.492	30.893	42.383	48.363	52.192	55.668	59.892	62.883
38	19.289	20.691	22.878	24.884	27.343	31.815	43.462	49.513	53.384	56.896	61.162	64.181
39	19.996	21.426	23.654	25.695	28.196	32.737	44.539	50.660	54.572	58.120	62.428	65.476
40	20.707	22.164	24.433	26.509	29.051	33.660	45.616	51.805	55.758	59.342	63.691	66.766
41	21.421	22.906	25.215	27.326	29.907	34.585	46.692	52.949	56.942	60.561	64.950	68.053
42	22.188	23.650	25.999	28.144	30.765	35.510	47.766	54.090	58.124	61.777	66.206	69.336
43	22.859	24.398	26.785	28.965	31.625	36.436	48.840	55.230	59.304	62.990	67.459	70.616
44	23.584	25.148	27.575	29.787	32.487	37.363	49.913	56.369	60.481	64.201	68.710	71.893
45	24.311	25.901	28.366	30.613	33.350	38.291	50.985	57.505	61.656	65.410	69.957	73.166

附表 5　F 分布表

$$P\{F(n_1,n_2) > F_a(n_1,n_2)\} = \alpha$$

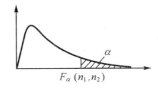

$$\alpha = 0.10$$

n_2 \ n_1	1	2	3	4	5	6	7	8	9	10	12	15	20	24	30	40	60	120	∞
1	39.86	49.50	53.59	55.83	57.24	58.20	58.91	59.44	59.86	60.19	60.71	61.22	61.74	62.00	62.26	62.53	62.79	63.06	63.33
2	8.53	9.00	9.16	9.24	9.29	9.33	9.35	9.37	9.38	9.39	9.41	9.42	9.44	9.45	9.46	9.47	9.47	9.48	9.49
3	5.54	5.46	5.39	5.34	5.31	5.28	5.27	5.25	5.24	5.23	5.22	5.20	5.18	5.18	5.17	5.16	5.15	5.14	5.13
4	4.54	4.32	4.19	4.11	4.05	4.01	3.98	3.95	3.94	3.92	3.90	3.87	3.84	3.83	3.82	3.80	3.79	3.78	3.76
5	4.06	3.78	3.62	3.52	3.45	3.40	3.37	3.34	3.32	3.30	3.27	3.24	3.21	3.19	3.17	3.16	3.14	3.12	3.10
6	3.78	3.46	3.29	3.18	3.11	3.05	3.01	2.98	2.96	2.94	2.90	2.87	2.84	2.82	2.80	2.78	2.76	2.74	2.72
7	3.59	3.26	3.07	2.96	2.88	2.83	2.78	2.75	2.72	2.70	2.67	2.63	2.59	2.58	2.56	2.54	2.51	2.49	2.47
8	3.46	3.11	2.92	2.81	2.73	2.67	2.62	2.59	2.56	2.54	2.50	2.46	2.42	2.40	2.38	2.36	2.34	2.32	2.29
9	3.36	3.01	2.81	2.69	2.61	2.55	2.51	2.47	2.44	2.42	2.38	2.34	2.30	2.28	2.25	2.23	2.21	2.18	2.16
10	3.29	2.92	2.73	2.61	2.52	2.46	2.41	2.38	2.35	2.32	2.28	2.24	2.20	2.18	2.16	2.13	2.11	2.08	2.06
11	3.23	2.86	2.66	2.54	2.45	2.39	2.34	2.30	2.27	2.25	2.21	2.17	2.12	2.10	2.08	2.05	2.03	2.00	1.97
12	3.18	2.81	2.61	2.48	2.39	2.33	2.28	2.24	2.21	2.19	2.15	2.10	2.06	2.04	2.01	1.99	1.96	1.93	1.90
13	3.14	2.76	2.56	2.43	2.35	2.28	2.23	2.20	2.16	2.14	2.10	2.05	2.01	1.98	1.96	1.93	1.90	1.88	1.85
14	3.10	2.73	2.52	2.39	2.31	2.24	2.19	2.15	2.12	2.10	2.05	2.01	1.96	1.94	1.91	1.89	1.86	1.83	1.80
15	3.07	2.70	2.49	2.36	2.27	2.21	2.16	2.12	2.09	2.06	2.02	1.97	1.92	1.90	1.87	1.85	1.82	1.79	1.76
16	3.05	2.67	2.46	2.33	2.24	2.18	2.13	2.09	2.06	2.03	1.99	1.94	1.89	1.87	1.84	1.81	1.78	1.75	1.72
17	3.03	2.64	2.44	2.31	2.22	2.15	2.10	2.06	2.03	2.00	1.96	1.91	1.86	1.84	1.81	1.78	1.75	1.72	1.69
18	3.01	2.62	2.42	2.29	2.20	2.13	2.08	2.04	2.00	1.98	1.93	1.89	1.84	1.81	1.78	1.75	1.72	1.69	1.66
19	2.99	2.61	2.40	2.27	2.18	2.11	2.06	2.02	1.98	1.96	1.91	1.86	1.81	1.79	1.76	1.73	1.70	1.67	1.63
20	2.97	2.59	2.38	2.25	2.16	2.09	2.04	2.00	1.96	1.94	1.89	1.84	1.79	1.77	1.74	1.71	1.68	1.64	1.61
21	2.96	2.57	2.36	2.23	2.14	2.08	2.02	1.98	1.95	1.92	1.87	1.83	1.78	1.75	1.72	1.69	1.66	1.62	1.59
22	2.95	2.56	2.35	2.22	2.13	2.06	2.01	1.97	1.93	1.90	1.86	1.81	1.76	1.73	1.70	1.67	1.64	1.60	1.57
23	2.94	2.55	2.34	2.21	2.11	2.05	1.99	1.95	1.92	1.89	1.84	1.80	1.74	1.72	1.69	1.66	1.62	1.59	1.55
24	2.93	2.54	2.33	2.19	2.10	2.04	1.98	1.94	1.91	1.88	1.83	1.78	1.73	1.70	1.67	1.64	1.61	1.57	1.53
25	2.92	2.53	2.32	2.18	2.09	2.02	1.97	1.93	1.89	1.87	1.82	1.77	1.72	1.69	1.66	1.63	1.59	1.56	1.52
26	2.91	2.52	2.31	2.17	2.08	2.01	1.96	1.92	1.88	1.86	1.81	1.76	1.71	1.68	1.65	1.61	1.58	1.54	1.50
27	2.90	2.51	2.30	2.17	2.07	2.00	1.95	1.91	1.87	1.85	1.80	1.75	1.70	1.67	1.64	1.60	1.57	1.53	1.49
28	2.89	2.50	2.29	2.16	2.06	2.00	1.94	1.90	1.87	1.84	1.79	1.74	1.69	1.66	1.63	1.59	1.56	1.52	1.48
29	2.89	2.50	2.28	2.15	2.06	1.99	1.93	1.89	1.86	1.83	1.78	1.73	1.68	1.65	1.62	1.58	1.55	1.51	1.47
30	2.88	2.49	2.28	2.14	2.05	1.98	1.93	1.88	1.85	1.82	1.77	1.72	1.67	1.64	1.61	1.57	1.54	1.50	1.46
40	2.84	2.44	2.23	2.09	2.00	1.93	1.87	1.83	1.79	1.76	1.71	1.66	1.61	1.57	1.54	1.51	1.47	1.42	1.38
60	2.79	2.39	2.18	2.04	1.95	1.87	1.82	1.77	1.74	1.71	1.66	1.60	1.54	1.51	1.48	1.44	1.40	1.35	1.29
120	2.75	2.35	2.13	1.99	1.90	1.82	1.77	1.72	1.68	1.65	1.60	1.55	1.48	1.45	1.41	1.37	1.32	1.26	1.19
∞	2.71	2.30	2.08	1.94	1.85	1.77	1.72	1.67	1.63	1.60	1.55	1.49	1.42	1.38	1.34	1.30	1.24	1.17	1.00

（续附表 5）

$$\alpha = 0.05$$

n_2 \\ n_1	1	2	3	4	5	6	7	8	9	10	12	15	20	24	30	40	60	120	∞
1	161.4	199.5	215.7	224.6	230.2	234.0	236.8	238.9	240.5	241.9	243.9	245.9	248.0	249.1	250.1	251.1	252.2	253.3	254.3
2	18.51	19.00	19.16	19.25	19.30	19.33	19.35	19.37	19.38	19.40	19.41	19.43	19.45	19.45	19.46	19.47	19.48	19.49	19.50
3	10.13	9.55	9.28	9.12	9.01	8.94	8.89	8.85	8.81	8.79	8.74	8.70	8.66	8.64	8.62	8.59	8.57	8.55	8.53
4	7.71	6.94	6.59	6.39	6.26	6.16	6.09	6.04	6.00	5.96	5.91	5.86	5.80	5.77	5.75	5.72	5.69	5.66	5.63
5	6.61	5.79	5.41	5.19	5.05	4.95	4.88	4.82	4.77	4.74	4.68	4.62	4.56	4.53	4.50	4.46	4.43	4.40	4.36
6	5.99	5.14	4.76	4.53	4.39	4.28	4.21	4.15	4.10	4.06	4.00	3.94	3.87	3.84	3.81	3.77	3.74	3.70	3.67
7	5.59	4.74	4.35	4.12	3.97	3.87	3.79	3.73	3.68	3.64	3.57	3.51	3.44	3.41	3.38	3.34	3.30	3.27	3.23
8	5.32	4.46	4.07	3.84	3.69	3.58	3.50	3.44	3.39	3.35	3.28	3.22	3.15	3.12	3.08	3.04	3.01	2.97	2.93
9	5.12	4.26	3.86	3.63	3.48	3.37	3.29	3.23	3.18	3.14	3.07	3.01	2.94	2.90	2.86	2.83	2.79	2.75	2.71
10	4.96	4.10	3.71	3.48	3.33	3.22	3.14	3.07	3.02	2.98	2.91	2.85	2.77	2.74	2.70	2.66	2.62	2.58	2.54
11	4.84	3.98	3.59	3.36	3.20	3.09	3.01	2.95	2.90	2.85	2.79	2.72	2.65	2.61	2.57	2.53	2.49	2.45	2.40
12	4.75	3.89	3.49	3.26	3.11	3.00	2.91	2.85	2.80	2.75	2.69	2.62	2.54	2.51	2.47	2.43	2.38	2.34	2.30
13	4.67	3.81	3.41	3.18	3.03	2.92	2.83	2.77	2.71	2.67	2.60	2.53	2.46	2.42	2.38	2.34	2.30	2.25	2.21
14	4.60	3.74	3.34	3.11	2.96	2.85	2.76	2.70	2.65	2.60	2.53	2.46	2.39	2.35	2.31	2.27	2.22	2.18	2.13
15	4.54	3.68	3.29	3.06	2.90	2.79	2.71	2.64	2.59	2.54	2.48	2.40	2.33	2.29	2.25	2.20	2.16	2.11	2.07
16	4.49	3.63	3.24	3.01	2.85	2.74	2.66	2.59	2.54	2.49	2.42	2.35	2.28	2.24	2.19	2.15	2.11	2.06	2.01
17	4.45	3.59	3.20	2.96	2.81	2.70	2.61	2.55	2.49	2.45	2.38	2.31	2.23	2.19	2.15	2.10	2.06	2.01	1.96
18	4.41	3.55	3.16	2.93	2.77	2.66	2.58	2.51	2.46	2.41	2.34	2.27	2.19	2.15	2.11	2.06	2.02	1.97	1.92
19	4.38	3.52	3.13	2.90	2.74	2.63	2.54	2.48	2.42	2.38	2.31	2.23	2.16	2.11	2.07	2.03	1.98	1.93	1.88
20	4.35	3.49	3.10	2.87	2.71	2.60	2.51	2.45	2.39	2.35	2.28	2.20	2.12	2.08	2.04	1.99	1.95	1.90	1.84
21	4.32	3.47	3.07	2.84	2.68	2.57	2.49	2.42	2.37	2.32	2.25	2.18	2.10	2.05	2.01	1.96	1.92	1.87	1.81
22	4.30	3.44	3.05	2.82	2.66	2.55	2.46	2.40	2.34	2.30	2.23	2.15	2.07	2.03	1.98	1.94	1.89	1.84	1.78
23	4.28	3.42	3.03	2.80	2.64	2.53	2.44	2.37	2.32	2.27	2.20	2.13	2.05	2.01	1.96	1.91	1.86	1.81	1.76
24	4.26	3.40	3.01	2.78	2.62	2.51	2.42	2.36	2.30	2.25	2.18	2.11	2.03	1.98	1.94	1.89	1.84	1.79	1.73
25	4.24	3.39	2.99	2.76	2.60	2.49	2.40	2.34	2.28	2.24	2.16	2.09	2.01	1.96	1.92	1.87	1.82	1.77	1.71
26	4.23	3.37	2.98	2.74	2.59	2.47	2.39	2.32	2.27	2.22	2.15	2.07	1.99	1.95	1.90	1.85	1.80	1.75	1.69
27	4.21	3.35	2.96	2.73	2.57	2.46	2.37	2.31	2.25	2.20	2.13	2.06	1.97	1.93	1.88	1.84	1.79	1.73	1.67
28	4.20	3.34	2.95	2.71	2.56	2.45	2.36	2.29	2.24	2.19	2.12	2.04	1.96	1.91	1.87	1.82	1.77	1.71	1.65
29	4.18	3.33	2.93	2.70	2.55	2.43	2.35	2.28	2.22	2.18	2.10	2.03	1.94	1.90	1.85	1.81	1.75	1.70	1.64
30	4.17	3.32	2.92	2.69	2.53	2.42	2.33	2.27	2.21	2.16	2.09	2.01	1.93	1.89	1.84	1.79	1.74	1.68	1.62
40	4.08	3.23	2.84	2.61	2.45	2.34	2.25	2.18	2.12	2.08	2.00	1.92	1.84	1.79	1.74	1.69	1.64	1.58	1.51
60	4.00	3.15	2.76	2.53	2.37	2.25	2.17	2.10	2.04	1.99	1.92	1.84	1.75	1.70	1.65	1.59	1.53	1.47	1.39
120	3.92	3.07	2.68	2.45	2.29	2.17	2.09	2.02	1.96	1.91	1.83	1.75	1.66	1.61	1.55	1.50	1.43	1.35	1.25
∞	3.84	3.00	2.60	2.37	2.21	2.10	2.01	1.94	1.88	1.83	1.75	1.67	1.57	1.52	1.46	1.39	1.32	1.22	1.00

（续附表 5）

$$\alpha = 0.025$$

n_2 \ n_1	1	2	3	4	5	6	7	8	9	10	12	15	20	24	30	40	60	120	∞
1	647.8	799.5	864.2	899.6	921.8	937.1	948.2	956.7	963.3	968.6	976.7	984.9	993.1	997.2	1001	1006	1010	1014	1018
2	38.51	39.00	39.17	39.25	39.30	39.33	39.36	39.37	39.39	39.40	39.41	39.43	39.45	39.46	39.46	39.47	39.48	39.49	39.50
3	17.44	16.04	15.44	15.10	14.88	14.73	14.62	14.54	14.47	14.42	14.34	14.25	14.17	14.12	14.08	14.04	13.99	13.95	13.90
4	12.22	10.65	9.98	9.60	9.36	9.20	9.07	8.98	8.90	8.84	8.75	8.66	8.56	8.51	8.46	8.41	8.36	8.31	8.26
5	10.01	8.43	7.76	7.39	7.15	6.98	6.85	6.76	6.68	6.62	6.52	6.43	6.33	6.28	6.23	6.18	6.12	6.07	6.02
6	8.81	7.26	6.60	6.23	5.99	5.82	5.70	5.60	5.52	5.46	5.37	5.27	5.17	5.12	5.07	5.01	4.96	4.90	4.85
7	8.07	6.54	5.89	5.52	5.29	5.12	4.99	4.90	4.82	4.76	4.67	4.57	4.47	4.42	4.36	4.31	4.25	4.20	4.14
8	7.57	6.06	5.42	5.05	4.82	4.65	4.53	4.43	4.36	4.30	4.20	4.10	4.00	3.95	3.89	3.84	3.78	3.73	3.67
9	7.21	5.71	5.08	4.72	4.48	4.32	4.20	4.10	4.03	3.96	3.87	3.77	3.67	3.61	3.56	3.51	3.45	3.39	3.33
10	6.94	5.46	4.83	4.47	4.24	4.07	3.95	3.85	3.78	3.72	3.62	3.52	3.42	3.37	3.31	3.26	3.20	3.14	3.08
11	6.72	5.26	4.63	4.28	4.04	3.88	3.76	3.66	3.59	3.53	3.43	3.33	3.23	3.17	3.12	3.06	3.00	2.94	2.88
12	6.55	5.10	4.47	4.12	3.89	3.73	3.61	3.51	3.44	3.37	3.28	3.18	3.07	3.02	2.96	2.91	2.85	2.79	2.72
13	6.41	4.97	4.35	4.00	3.77	3.60	3.48	3.39	3.31	3.25	3.15	3.05	2.95	2.89	2.84	2.78	2.72	2.66	2.60
14	6.30	4.86	4.24	3.89	3.66	3.50	3.38	3.29	3.21	3.15	3.05	2.95	2.84	2.79	2.73	2.67	2.61	2.55	2.49
15	6.20	4.77	4.15	3.80	3.58	3.41	3.29	3.20	3.12	3.06	2.96	2.86	2.76	2.70	2.64	2.59	2.52	2.46	2.40
16	6.12	4.69	4.08	3.73	3.50	3.34	3.22	3.12	3.05	2.99	2.89	2.79	2.68	2.63	2.57	2.51	2.45	2.38	2.32
17	6.04	4.62	4.01	3.66	3.44	3.28	3.16	3.06	2.98	2.92	2.82	2.72	2.62	2.56	2.50	2.44	2.38	2.32	2.25
18	5.98	4.56	3.95	3.61	3.38	3.22	3.10	3.01	2.93	2.87	2.77	2.67	2.56	2.50	2.44	2.38	2.32	2.26	2.19
19	5.92	4.51	3.90	3.56	3.33	3.17	3.05	2.96	2.88	2.82	2.72	2.62	2.51	2.45	2.39	2.33	2.27	2.20	2.13
20	5.87	4.46	3.86	3.51	3.29	3.13	3.01	2.91	2.84	2.77	2.68	2.57	2.46	2.41	2.35	2.29	2.22	2.16	2.09
21	5.83	4.42	3.82	3.48	3.25	3.09	2.97	2.87	2.80	2.73	2.64	2.53	2.42	2.37	2.31	2.25	2.18	2.11	2.04
22	5.79	4.38	3.78	3.44	3.22	3.05	2.93	2.84	2.76	2.70	2.60	2.50	2.39	2.33	2.27	2.21	2.14	2.08	2.00
23	5.75	4.35	3.75	3.41	3.18	3.02	2.90	2.81	2.73	2.67	2.57	2.47	2.36	2.30	2.24	2.18	2.11	2.04	1.97
24	5.72	4.32	3.72	3.38	3.15	2.99	2.87	2.78	2.70	2.64	2.54	2.44	2.33	2.27	2.21	2.15	2.08	2.01	1.94
25	5.69	4.29	3.69	3.35	3.13	2.97	2.85	2.75	2.68	2.61	2.51	2.41	2.30	2.24	2.18	2.12	2.05	1.98	1.91
26	5.66	4.27	3.67	3.33	3.10	2.94	2.82	2.73	2.65	2.59	2.49	2.39	2.28	2.22	2.16	2.09	2.03	1.95	1.88
27	5.63	4.24	3.65	3.31	3.08	2.92	2.80	2.71	2.63	2.57	2.47	2.36	2.25	2.19	2.13	2.07	2.00	1.93	1.85
28	5.61	4.22	3.63	3.29	3.06	2.90	2.78	2.69	2.61	2.55	2.45	2.34	2.23	2.17	2.11	2.05	1.98	1.91	1.83
29	5.59	4.20	3.61	3.27	3.04	2.88	2.76	2.67	2.59	2.53	2.43	2.32	2.21	2.15	2.09	2.03	1.96	1.89	1.81
30	5.57	4.18	3.59	3.25	3.03	2.87	2.75	2.65	2.57	2.51	2.41	2.31	2.20	2.14	2.07	2.01	1.94	1.87	1.79
40	5.42	4.05	3.46	3.13	2.90	2.74	2.62	2.53	2.45	2.39	2.29	2.18	2.07	2.01	1.94	1.88	1.80	1.72	1.64
60	5.29	3.93	3.34	3.01	2.79	2.63	2.51	2.41	2.33	2.27	2.17	2.06	1.94	1.88	1.82	1.74	1.67	1.58	1.48
120	5.15	3.80	3.23	2.89	2.67	2.52	2.39	2.30	2.22	2.16	2.05	1.94	1.82	1.76	1.69	1.61	1.53	1.43	1.31
∞	5.02	3.69	3.12	2.79	2.57	2.41	2.29	2.19	2.11	2.05	1.94	1.83	1.71	1.64	1.57	1.48	1.39	1.27	1.00

（续附表 5）

$$\alpha = 0.01$$

n_2 \ n_1	1	2	3	4	5	6	7	8	9	10	12	15	20	24	30	40	60	120	∞
1	4052	4999.5	5403	5625	5764	5859	5928	5981	6022	6056	6106	6157	6209	6235	6261	6287	6313	6339	6366
2	98.50	99.00	99.17	99.25	99.30	99.33	99.36	99.37	99.39	99.40	99.42	99.43	99.45	99.46	99.47	99.47	99.48	99.49	99.50
3	34.12	30.82	29.46	28.71	28.24	27.91	27.67	27.49	27.35	27.23	27.05	26.87	26.69	26.60	26.50	26.41	26.32	26.22	26.13
4	21.20	18.00	16.69	15.98	15.52	15.21	14.98	14.80	14.66	14.55	14.37	14.20	14.02	13.93	13.84	13.75	13.65	13.56	13.46
5	16.26	13.27	12.06	11.39	10.97	10.67	10.46	10.29	10.16	10.05	9.89	9.72	9.55	9.47	9.38	9.29	9.20	9.11	9.02
6	13.75	10.92	9.78	9.15	8.75	8.47	8.26	8.10	7.98	7.87	7.72	7.56	7.40	7.31	7.23	7.14	7.06	6.97	6.88
7	12.25	9.55	8.45	7.85	7.46	7.19	6.99	6.84	6.72	6.62	6.47	6.31	6.16	6.07	5.99	5.91	5.82	5.74	5.65
8	11.26	8.65	7.59	7.01	6.63	6.37	6.18	6.03	5.91	5.81	5.67	5.52	5.36	5.28	5.20	5.12	5.03	4.95	4.86
9	10.56	8.02	6.99	6.42	6.06	5.80	5.61	5.47	5.35	5.26	5.11	4.96	4.81	4.73	4.65	4.57	4.48	4.40	4.31
10	10.04	7.56	6.55	5.99	5.64	5.39	5.20	5.06	4.94	4.85	4.71	4.56	4.41	4.33	4.25	4.17	4.08	4.00	3.91
11	9.65	7.21	6.22	5.67	5.32	5.07	4.89	4.74	4.63	4.54	4.40	4.25	4.10	4.02	3.94	3.86	3.78	3.69	3.60
12	9.33	6.93	5.95	5.41	5.06	4.82	4.64	4.50	4.39	4.30	4.16	4.01	3.86	3.78	3.70	3.62	3.54	3.45	3.36
13	9.07	6.70	5.74	5.21	4.86	4.62	4.44	4.30	4.19	4.10	3.96	3.82	3.66	3.59	3.51	3.43	3.34	3.25	3.17
14	8.86	6.51	5.56	5.04	4.69	4.46	4.28	4.14	4.03	3.94	3.80	3.66	3.51	3.43	3.35	3.27	3.18	3.09	3.00
15	8.68	6.36	5.42	4.89	4.56	4.32	4.14	4.00	3.89	3.80	3.67	3.52	3.37	3.29	3.21	3.13	3.05	2.96	2.87
16	8.53	6.23	5.29	4.77	4.44	4.20	4.03	3.89	3.78	3.69	3.55	3.41	3.26	3.18	3.10	3.02	2.93	2.84	2.75
17	8.40	6.11	5.18	4.67	4.34	4.10	3.93	3.79	3.68	3.59	3.46	3.31	3.16	3.08	3.00	2.92	2.83	2.75	2.65
18	8.29	6.01	5.09	4.58	4.25	4.01	3.84	3.71	3.60	3.51	3.37	3.23	3.08	3.00	2.92	2.84	2.75	2.66	2.57
19	8.18	5.93	5.01	4.50	4.17	3.94	3.77	3.63	3.52	3.43	3.30	3.15	3.00	2.92	2.84	2.76	2.67	2.58	2.49
20	8.10	5.85	4.94	4.43	4.10	3.87	3.70	3.56	3.46	3.37	3.23	3.09	2.94	2.86	2.78	2.69	2.61	2.52	2.42
21	8.02	5.78	4.87	4.37	4.04	3.81	3.64	3.51	3.40	3.31	3.17	3.03	2.88	2.80	2.72	2.64	2.55	2.46	2.36
22	7.95	5.72	4.82	4.31	3.99	3.76	3.59	3.45	3.35	3.26	3.12	2.98	2.83	2.75	2.67	2.58	2.50	2.40	2.31
23	7.88	5.66	4.76	4.26	3.94	3.71	3.54	3.41	3.30	3.21	3.07	2.93	2.78	2.70	2.62	2.54	2.45	2.35	2.26
24	7.82	5.61	4.72	4.22	3.90	3.67	3.50	3.36	3.26	3.17	3.03	2.89	2.74	2.66	2.58	2.49	2.40	2.31	2.21
25	7.77	5.57	4.68	4.18	3.85	3.63	3.46	3.32	3.22	3.13	2.99	2.85	2.70	2.62	2.54	2.45	2.36	2.27	2.17
26	7.72	5.53	4.64	4.14	3.82	3.59	3.42	3.29	3.18	3.09	2.96	2.81	2.66	2.58	2.50	2.42	2.33	2.23	2.13
27	7.68	5.49	4.60	4.11	3.78	3.56	3.39	3.26	3.15	3.06	2.93	2.78	2.63	2.55	2.47	2.38	2.29	2.20	2.10
28	7.64	5.45	4.57	4.07	3.75	3.53	3.36	3.23	3.12	3.03	2.90	2.75	2.60	2.52	2.44	2.35	2.26	2.17	2.06
29	7.60	5.42	4.54	4.04	3.73	3.50	3.33	3.20	3.09	3.00	2.87	2.73	2.57	2.49	2.41	2.33	2.23	2.14	2.03
30	7.56	5.39	4.51	4.02	3.70	3.47	3.30	3.17	3.07	2.98	2.84	2.70	2.55	2.47	2.39	2.30	2.21	2.11	2.01
40	7.31	5.18	4.31	3.83	3.51	3.29	3.12	2.99	2.89	2.80	2.66	2.52	2.37	2.29	2.20	2.11	2.02	1.92	1.80
60	7.08	4.98	4.13	3.65	3.34	3.12	2.95	2.82	2.72	2.63	2.50	2.35	2.20	2.12	2.03	1.94	1.84	1.73	1.60
120	6.85	4.79	4.95	3.48	3.17	2.96	2.79	2.66	2.56	2.47	2.34	2.19	2.03	1.95	1.86	1.76	1.66	1.53	1.38
∞	6.63	4.61	3.78	3.32	3.02	2.80	2.64	2.51	2.41	2.32	2.18	2.04	1.88	1.79	1.70	1.59	1.47	1.32	1.00

（续附表 5）

$$\alpha = 0.005$$

n_2 \ n_1	1	2	3	4	5	6	7	8	9	10	12	15	20	24	30	40	60	120	∞
1	16211	20000	21615	22500	23056	23437	23715	23925	24091	24224	24426	24630	24836	24940	25044	25148	25253	25359	25465
2	198.5	199.0	199.2	199.2	199.3	199.3	199.4	199.4	199.4	199.4	199.4	199.4	199.4	199.5	199.5	199.5	199.5	199.5	199.5
3	55.55	49.80	47.47	46.19	45.39	44.84	44.43	44.13	43.88	43.69	43.39	43.08	42.78	42.62	42.47	42.31	42.15	41.99	41.83
4	31.33	26.28	24.26	23.15	22.46	21.97	21.62	21.35	21.14	20.97	20.70	20.44	20.17	20.03	19.89	19.75	19.61	19.47	19.32
5	22.78	18.31	16.53	15.56	14.94	14.51	14.20	13.96	13.77	13.62	13.38	13.15	12.90	12.78	12.66	12.53	12.40	12.27	12.14
6	18.63	14.54	12.92	12.03	11.46	11.07	10.79	10.57	10.39	10.25	10.03	9.81	9.59	9.47	9.36	9.24	9.12	9.00	8.88
7	16.24	12.40	10.88	10.05	9.52	9.16	8.89	8.68	8.51	8.38	8.18	7.97	7.75	7.65	7.53	7.42	7.31	7.19	7.08
8	14.69	11.04	9.60	8.81	8.30	7.95	7.69	7.50	7.34	7.21	7.01	6.81	6.61	6.50	6.40	6.29	6.18	6.06	5.95
9	13.61	10.11	8.72	7.96	7.47	7.13	6.88	6.69	6.54	6.42	6.23	6.03	5.83	5.73	5.62	5.52	5.41	5.30	5.19
10	12.83	9.43	8.08	7.34	6.87	6.54	6.30	6.12	5.97	5.85	5.66	5.47	5.27	5.17	5.07	4.97	4.86	4.75	4.64
11	12.23	8.91	7.60	6.88	6.42	6.10	5.86	5.68	5.54	5.42	5.24	5.05	4.86	4.76	4.65	4.55	4.44	4.34	4.23
12	11.75	8.51	7.23	6.52	6.07	5.76	5.52	5.35	5.20	5.09	4.91	4.72	4.53	4.43	4.33	4.23	4.12	4.01	3.90
13	11.37	8.19	6.93	6.23	5.79	5.48	5.25	5.08	4.94	4.82	4.64	4.46	4.27	4.17	4.07	3.97	3.87	3.76	3.65
14	11.06	7.92	6.68	6.00	5.56	5.26	5.03	4.86	4.72	4.60	4.43	4.25	4.06	3.96	3.86	3.76	3.66	3.55	3.44
15	10.80	7.70	6.48	5.80	5.37	5.07	4.85	4.67	4.54	4.42	4.25	4.07	3.88	3.79	3.69	3.58	3.48	3.37	3.26
16	10.58	7.51	6.30	5.64	5.21	4.91	4.69	4.52	4.38	4.27	4.10	3.92	3.73	3.64	3.54	3.44	3.33	3.22	3.11
17	10.38	7.35	6.16	5.50	5.07	4.78	4.56	4.39	4.25	4.14	3.97	3.79	3.61	3.51	3.41	3.31	3.21	3.10	2.98
18	10.22	7.21	6.03	5.37	4.96	4.66	4.44	4.28	4.14	4.03	3.86	3.68	3.50	3.40	3.30	3.20	3.10	2.99	2.87
19	10.07	7.09	5.92	5.27	4.85	4.56	4.34	4.18	4.04	3.93	3.76	3.59	3.40	3.31	3.21	3.11	3.00	2.89	2.78
20	9.94	6.99	5.82	5.17	4.76	4.47	4.26	4.09	3.96	3.85	3.68	3.50	3.32	3.22	3.12	3.02	2.92	2.81	2.69
21	9.83	6.89	5.73	5.09	4.68	4.39	4.18	4.01	3.88	3.77	3.60	3.43	3.24	3.15	3.05	2.95	2.84	2.73	2.61
22	9.73	6.81	5.65	5.02	4.61	4.32	4.11	3.94	3.81	3.70	3.54	3.36	3.18	3.08	2.98	2.88	2.77	2.66	2.55
23	9.63	6.73	5.58	4.95	4.54	4.26	4.05	3.88	3.75	3.64	3.47	3.30	3.12	3.02	2.92	2.82	2.71	2.60	2.48
24	9.55	6.66	5.52	4.89	4.49	4.20	3.99	3.83	3.69	3.59	3.42	3.25	3.06	2.97	2.87	2.77	2.66	2.55	2.43
25	9.48	6.60	5.46	4.84	4.43	4.15	3.94	3.78	3.64	3.54	3.37	3.20	3.01	2.92	2.82	2.72	2.61	2.50	2.38
26	9.41	6.54	5.41	4.79	4.38	4.10	3.89	3.73	3.60	3.49	3.33	3.15	2.97	2.87	2.77	2.67	2.56	2.45	2.33
27	9.34	6.49	5.36	4.74	4.34	4.06	3.85	3.69	3.56	3.45	3.28	3.11	2.93	2.83	2.73	2.63	2.52	2.41	2.29
28	9.28	6.44	5.32	4.70	4.30	4.02	3.81	3.65	3.52	3.41	3.25	3.07	2.89	2.79	2.69	2.59	2.48	2.37	2.25
29	9.23	6.40	5.28	4.66	4.26	3.98	3.77	3.61	3.48	3.38	3.21	3.04	2.86	2.76	2.66	2.56	2.45	2.33	2.21
30	9.18	6.35	5.24	4.62	4.23	3.95	3.74	3.58	3.45	3.34	3.18	3.01	2.82	2.73	2.63	2.52	2.42	2.30	2.18
40	8.83	6.07	4.98	4.37	3.99	3.71	3.51	3.35	3.22	3.12	2.95	2.78	2.60	2.50	2.40	2.30	2.18	2.06	1.93
60	8.49	5.79	4.73	4.14	3.76	3.49	3.29	3.13	3.01	2.90	2.74	2.57	2.39	2.29	2.19	2.08	1.96	1.83	1.69
120	8.18	5.54	4.50	3.92	3.55	3.28	3.09	2.93	2.81	2.71	2.54	2.37	2.19	2.09	1.98	1.87	1.75	1.61	1.43
∞	7.88	5.30	4.28	3.72	3.35	3.09	2.90	2.74	2.62	2.52	2.36	2.19	2.00	1.90	1.79	1.67	1.53	1.36	1.00

（续附表 5）

$$\alpha = 0.001$$

n_2 \ n_1	1	2	3	4	5	6	7	8	9	10	12	15	20	24	30	40	60	120	∞
1	4053*	5000*	5404*	5625*	5764*	5859*	5929*	5981*	6023*	6056*	6107*	6158*	6209*	6235*	6261*	6287*	6313*	6340*	6366*
2	998.5	999.0	999.2	999.2	999.3	999.3	999.4	999.4	999.4	999.4	999.4	999.4	999.4	999.5	999.5	999.5	999.5	999.5	999.5
3	167.0	148.5	141.1	137.1	134.6	132.8	131.6	130.6	129.9	129.2	128.3	127.4	126.4	125.9	125.4	125.0	124.5	124.0	123.5
4	74.14	61.25	56.18	53.44	51.71	50.53	49.66	49.00	48.47	48.05	47.41	46.76	46.10	45.77	45.43	45.09	44.75	44.40	44.05
5	47.18	37.12	33.20	31.09	29.75	28.84	28.16	27.64	27.24	26.92	26.42	25.91	25.39	25.14	24.87	24.60	24.33	24.06	23.79
6	35.51	27.00	23.70	21.92	20.81	20.03	19.46	19.03	18.69	18.41	17.99	17.56	17.12	16.89	16.67	16.44	16.21	15.99	15.75
7	29.25	21.69	18.77	17.19	16.21	15.52	15.02	14.63	14.33	14.08	13.71	13.32	12.93	12.73	12.53	12.33	12.12	11.91	11.70
8	25.42	18.49	15.83	14.39	13.49	12.86	12.40	12.04	11.77	11.54	11.19	10.84	10.48	10.30	10.11	9.92	9.73	9.53	9.33
9	22.86	16.39	13.90	12.56	11.71	11.13	10.70	10.37	10.11	9.89	9.57	9.24	8.90	8.72	8.55	8.37	8.19	8.00	7.81
10	21.04	14.91	12.55	11.28	10.48	9.92	9.52	9.20	8.96	8.75	8.45	8.13	7.80	7.64	7.47	7.30	7.12	6.94	6.76
11	19.69	13.81	11.56	10.35	9.58	9.05	8.66	8.35	8.12	7.92	7.63	7.32	7.01	6.85	6.68	6.52	6.35	6.17	6.00
12	18.64	12.97	10.80	9.63	8.89	8.38	8.00	7.71	7.48	7.29	7.00	6.71	6.40	6.25	6.09	5.93	5.76	5.59	5.42
13	17.81	12.31	10.21	9.07	8.35	7.86	7.49	7.21	6.98	6.80	6.52	6.23	5.93	5.78	5.63	5.47	5.30	5.14	4.97
14	17.14	11.78	9.73	8.62	7.92	7.43	7.08	6.80	6.58	6.40	6.13	5.85	5.56	5.41	5.25	5.10	4.94	4.77	4.60
15	16.59	11.34	9.34	8.25	7.57	7.09	6.74	6.47	6.26	6.08	5.81	5.54	5.25	5.10	4.95	4.80	4.64	4.47	4.31
16	16.12	10.97	9.00	7.94	7.27	6.81	6.46	6.19	5.98	5.81	5.55	5.27	4.99	4.85	4.70	4.54	4.39	4.23	4.06
17	15.72	10.66	8.73	7.68	7.02	6.56	6.22	5.96	5.75	5.58	5.32	5.05	4.78	4.63	4.48	4.33	4.18	4.02	3.85
18	15.38	10.39	8.49	7.46	6.81	6.35	6.02	5.76	5.56	5.39	5.13	4.87	4.59	4.45	4.30	4.15	4.00	3.84	3.67
19	15.08	10.16	8.28	7.26	6.62	6.18	5.85	5.59	5.39	5.22	4.97	4.70	4.43	4.29	4.14	3.99	3.84	3.68	3.51
20	14.82	9.95	8.10	7.10	6.46	6.02	5.69	5.44	5.24	5.08	4.82	4.56	4.29	4.15	4.00	3.86	3.70	3.54	3.38
21	14.59	9.77	7.94	6.95	6.32	5.88	5.56	5.31	5.11	4.95	4.70	4.44	4.17	4.03	3.88	3.74	3.58	3.42	3.26
22	14.38	9.61	7.80	6.81	6.19	5.76	5.44	5.19	4.99	4.83	4.58	4.33	4.06	3.92	3.78	3.63	3.48	3.32	3.15
23	14.19	9.47	7.67	6.69	6.08	5.65	5.33	5.09	4.89	4.73	4.48	4.23	3.96	3.82	3.68	3.53	3.38	3.22	3.05
24	14.03	9.34	7.55	6.59	5.98	5.55	5.23	4.99	4.80	4.64	4.39	4.14	3.87	3.74	3.59	3.45	3.29	3.14	2.97
25	13.88	9.22	7.45	6.49	5.88	5.46	5.15	4.91	4.71	4.56	4.31	4.06	3.79	3.66	3.52	3.37	3.22	3.06	2.89
26	13.74	9.12	7.36	6.41	5.80	5.38	5.07	4.83	4.64	4.48	4.24	3.99	3.72	3.59	3.44	3.30	3.15	2.99	2.82
27	13.61	9.02	7.27	6.33	5.73	5.31	5.00	4.76	4.57	4.41	4.17	3.92	3.66	3.52	3.38	3.23	3.08	2.92	2.75
28	13.50	8.93	7.19	6.25	5.66	5.24	4.93	4.69	4.50	4.35	4.11	3.86	3.60	3.46	3.32	3.18	3.02	2.86	2.69
29	13.39	8.85	7.12	6.19	5.59	5.18	4.87	4.64	4.45	4.29	4.05	3.80	3.54	3.41	3.27	3.12	2.97	2.81	2.64
30	13.29	8.77	7.05	6.12	5.53	5.12	4.82	4.58	4.39	4.24	4.00	3.75	3.49	3.36	3.22	3.07	2.92	2.76	2.59
40	12.61	8.25	6.60	5.70	5.13	4.73	4.44	4.21	4.02	3.87	3.64	3.40	3.15	3.01	2.87	2.73	2.57	2.41	2.23
60	11.97	7.76	6.17	5.31	4.76	4.37	4.09	3.87	3.69	3.54	3.31	3.08	2.83	2.69	2.55	2.41	2.25	2.08	1.89
120	11.38	7.32	5.79	4.95	4.42	4.04	3.77	3.55	3.38	3.24	3.02	2.78	2.53	2.40	2.26	2.11	1.95	1.76	1.54
∞	10.83	6.91	5.42	4.62	4.10	3.74	3.47	3.27	3.10	2.96	2.74	2.51	2.27	2.13	1.99	1.84	1.66	1.45	1.00

注：* 表示要将所列数乘以 100.

习题答案

习题 1.1(A)

1. (1) $S = \{HHH, HHT, HTH, THH, HTT, THT, TTH, TTT\}$；

    (2) $S = \{0, 1, 2, 3\}$；

    (3) $S = \{(1,2), (1,3), (2,3)\}$；

    (4) $S = \{(1,2), (1,3), (2,1), (2,3), (3,1), (3,2)\}$；

    (5) $S = \{2, 3, 4, 5, 6, 7, 8, 9, 10, 11, 12\}$；

    (6) $S = \{(1,1), (1,2), (1,3), (1,4), (1,5), (1,6),$

    $(2,1), (2,2), (2,3), (2,4), (2,5), (2,6),$

    $(3,1), (3,2), (3,3), (3,4), (3,5), (3,6),$

    $(4,1), (4,2), (4,3), (4,4), (4,5), (4,6),$

    $(5,1), (5,2), (5,3), (5,4), (5,5), (5,6),$

    $(6,1), (6,2), (6,3), (6,4), (6,5), (6,6)\}$

2. (1) $A = \{1, 3, 5\}$, $B = \{3, 4, 5, 6\}$；

    (2) $A = \{正正, 正反\}$， $B = \{正正, 反反\}$， $C = \{正正, 正反, 反正\}$；

    (3) $A = \{(1,2), (2,1), (2,4), (4,2)\}$,

    $B = \{(1,1), (1,3), (3,1), (3,3), (2,2), (2,4), (4,2), (4,4)\}$；

    (4) $A = \{5\ 正, 4\ 正\ 1\ 次, 3\ 正\ 2\ 次\}$， $B = \varnothing$

习题 1.1(B)

1. $S = \{0, 1, 2, 3, 4, \cdots\}$,

    $A = \{0, 1, 2, 3, 4, 5, 6, 7, 8, 9, 10\}$, $B = \{1, 3, 5, \cdots\}$

2. $S = \{00, 010, 100, 0110, 1010, 1100, 0111, 1011, 1101, 1110, 1111\}$,

    $A = \{00, 010, 100\}$, $B = \{0111, 1011, 1101, 1110\}$

3. $S = \{(x, y) : x^2 + y^2 < 1\}$,

    $A = \{(x, y) : x^2 + y^2 < 1, x > 0, y > 0\}$, $B = \varnothing$

习题 1.2(A)

1. (1) $\overline{A}\,\overline{B}\,\overline{C}$； (2) $AB\overline{C}$； (3) $\overline{A}\,\overline{B}C$； (4) $\overline{A} \cup \overline{B} \cup \overline{C}$；

    (5) $AB \cup AC \cup BC$； (6) $\overline{A}\,\overline{B} \cup \overline{A}\,\overline{C} \cup \overline{B}\,\overline{C}$

2. (1) $A \cup B = \{x : 1 < x < 4\}$； (2) $AB = \{x : 2 \leqslant x \leqslant 3\}$；

    (3) $\overline{A}B = \{x : 3 < x < 4\}$； (4) $\overline{A} \cup B = \{x : 0 \leqslant x \leqslant 1\ 或\ 2 \leqslant x \leqslant 5\}$；

(5) $\overline{A}\,\overline{B}=\{\,x:1<x<4\}$

3. (4)

习题 1.2(B)

1. (1) $\checkmark$ (2)$\checkmark$ (3)$\times$ (4)$\times$ (5)$\checkmark$ (6)$\checkmark$ (7)$\times$ (8)$\checkmark$ (9)$\times$ (10)$\times$

2. (1) 选到一名是一年级男生,且不是计算机专业

(2) 计算机专业只有一年级,且全是男生

(3) 计算机专业只有一年级

(4) 全校女生都是一年级,且一年级都是女生

习题 1.3(A)

1. (1) $P(AB)=P(A)+P(B)-P(A\cup B)=0.5+0.6-0.8=0.3$;

(2) $P(\overline{A}\,\overline{B})=P(\overline{A\cup B})=1-P(A\cup B)=1-0.8=0.2$;

(3) $P(\overline{A}\cup\overline{B})=P(\overline{AB})=1-P(AB)=1-0.3=0.7$

2. $A=AB\cup A\overline{B}$, AB 与 $A\overline{B}$ 互不相容,

$P(A)=P(AB)+P(A\overline{B})$,

$P(A\overline{B})=P(A)-P(AB)=0.7-0.3=0.4$

3. (1) $P(\overline{A})=1-P(A)=1-0.3=0.7$;

(2) $P(A\cup B)=P(B)=0.5$;

(3) $P(AB)=P(A)=0.3$;

(4) $P(\overline{A}B)=P(B-A)=P(B)-P(A)=0.5-0.3=0.2$;

(5) $A-B=\varnothing$,$P(A-B)=0$

4. 由 $A\supset C$,得 $P(C)=P(A)-P(A-C)=0.7-0.4=0.3$,

又 $B\supset C$,得 $AB\supset C$,于是

$P(AB-C)=P(AB)-P(C)=0.5-0.3=0.2$

习题 1.3(B)

1. $P(\overline{A}\,\overline{B})=P(\overline{A})+P(\overline{B})-P(\overline{A}\cup\overline{B})=1-P(A)+1-P(B)-P(\overline{AB})$

$=2-P(A)-P(B)-1+P(AB)$,

由 $P(\overline{A}\,\overline{B})=P(AB)$,得 $P(B)=1-P(A)=1-r$

2. $P(\overline{A}\,\overline{B}\,\overline{C})=P(\overline{A\cup B\cup C})=1-P(A\cup B\cup C)$

$=1-[P(A)+P(B)+P(C)-P(AB)-P(AC)-P(BC)+P(ABC)]$

$=1-(0.4+0.4+0.4-0-0.1-0.2+0)=0.1$

3. 当 $A\subset B$ 时,$P(AB)$ 有最大值:$P(AB)=P(A)=0.6$,

当 $A\cup B=S$ 时,$P(AB)$ 有最小值:

$P(AB)=P(A)+P(B)-P(A\cup B)=0.6+0.7-1=0.3$

4. $P(A-B)=P(A-AB)=P(A)-P(AB)$,得 $P(AB)=0.8-0.7=0.1$,

$P(\overline{A}\cup\overline{B})=1-P(AB)=1-0.1=0.9$

5. $P\{(\overline{A}\cup B)(A\cup B)(\overline{A}\cup\overline{B})(A\cup\overline{B})\}=P(\varnothing)=0$

6. (1) 0.30;   (2) 0.07;   (3) 0.73;   (4) 0.14;   (5) 0.90;   (6) 0.10;   (7) 0.83

7. （1）$P(\bar{A}\cup\bar{B})=1-r$；　（2）$P(\bar{A}B)=q-r$；

（3）$P(\bar{A}\cup B)=1-p+r$；　（4）$P(\bar{A}\ \bar{B})=1-p-q+r$

8. $x=1/4$　9. （4）

习题 1.4（A）

1. （1）$C_8^2 C_{22}^8 / C_{30}^{10}$；　（2）$(C_{22}^{10}+C_8^1 C_{22}^9+C_8^2 C_{22}^8)/C_{30}^{10}$；　（3）$1-(C_{22}^{10}+C_8^1 C_{22}^9)/C_{30}^{10}$

2. $n=C_{52}^{13}C_{39}^{13}C_{26}^{13}$，$k=C_{48}^{13}C_{35}^{13}C_{22}^{13}$，$p=k/n$　3. （4）　4. （2）　5. $A_4^3/4^3$

习题 1.4（B）

1. 1/3（提示：相当于随机地取 2 个球放入一盒中）.

2. （1）$(A_9^3+C_4^1(A_9^3-A_8^2))/A_{10}^4$（提示：分末位是 0 和非 0 偶数，在末位是非 0 偶数时，再考虑首位是 0 和非 0）；

（2）$9\times 10\times 10\times 5/10^4$

3. $(C_n^2+C_n^2)/C_{2n}^2$　4. $\dfrac{3}{10}\cdot\dfrac{2}{10}+\dfrac{5}{10}\cdot\dfrac{6}{10}+\dfrac{2}{10}\cdot\dfrac{2}{10}=\dfrac{4}{10}$

5. 11/130　6. 1/12，1/20　7. $A_4^3/4^3$，$C_3^2 A_4^2/4^3$，$C_4^1/4^3$

8. （1）$\dfrac{83}{2000}$；　（2）1/4（提示：$2000\div 6=333\cdots 2$，$2000\div 8=250$，$2000\div 24=83\cdots 8$）

9. $\left(\dfrac{5}{6}\right)^n-\left(\dfrac{4}{6}\right)^n$　10. $P(A)=n!/m^n$，$P(B)=A_m^n/m^n$，$P(C)=C_n^k(m-1)^{n-k}/m^n$

11. $(3-\ln 4)/4$　12. $\dfrac{1}{2}+\dfrac{1}{\pi}$

习题 1.5（A）

1. （1）1/9；　（2）2/9；　（3）8/9；　（4）7/9　2. 2/6　3. 0.18　4. 1/3

5. （1）$\dfrac{2}{10}\dfrac{1}{9}$；　（2）$\dfrac{8}{10}\dfrac{7}{9}$；　（3）$\dfrac{2}{10}\dfrac{8}{9}+\dfrac{8}{10}\dfrac{2}{9}$

习题 1.5（B）

1. 7/12　2. 3/5　3. 1/2　4. 3/10；3/5　5. 0.23　6. 1/4　7. 1/2　8. 33/50

9. 1/5　10. $0.9\times 0.3+0.9\times 0.7\times 0.6\times 0.5$　11. （2）

习题 1.6（A）

1. 设 A 表示第一人"中"，则 $P(A)=2/10$，

设 B 表示第二人"中"，则 $P(B)=P(A)P(B|A)+P(\bar{A})P(B|\bar{A})$

$$=\dfrac{2}{10}\cdot\dfrac{1}{9}+\dfrac{8}{10}\cdot\dfrac{2}{9}=\dfrac{2}{10},$$

两人抽"中"的概率相同，与先后次序无关

2. $p=80\%\times 90\%+10\%\times 70\%+10\%\times 50\%=84\%$

3. 随机地取一盒，则每一盒取到的概率都是 0.5，所求概率为：

$$p=0.5\times 0.4+0.5\times 0.5=0.45$$

4. 设 R_1 表示第一次取到红球，R_2 表示第二次取到红球，则

$$P(R_1)=\dfrac{4}{10},\quad P(\bar{R}_1)=\dfrac{6}{10},\quad P(R_2|R_1)=\dfrac{6}{10},\quad P(R_2|\bar{R}_1)=\dfrac{4}{12},$$

$$P(R_2)=P(R_1)P(R_2|R_1)+P(\bar{R}_1)P(R_2|\bar{R}_1)=\dfrac{2}{5}$$

5. $p = 0.92 \times (1-0.05) + (1-0.92) \times 0.1 = 0.882$

6. $p = \dfrac{9}{15} \times 1\% + \dfrac{3}{15} \times 2\% + \dfrac{2}{15} \times 3\% + \dfrac{1}{15} \times 1\% = \dfrac{22}{1500}$

习题 1.6(B)

1. $p = \dfrac{n}{n+m} \times \dfrac{N+1}{N+M+1} + \dfrac{m}{n+m} \times \dfrac{N}{N+M+1}$

2. $p = \dfrac{3}{6} \times \dfrac{3}{5} + \dfrac{1}{6} \times \dfrac{2}{5} + \dfrac{2}{6} \times \dfrac{1}{5} = \dfrac{13}{30}$

3. 用 A,B,C, 分别表示箱中有 $0,1,2$ 个次品, D 表示买下, 则

$P(A)=0.8, \quad P(B)=0.1, \quad P(C)=0.1,$

$P(D|A)=1, \quad P(D|B)=C_9^2/C_{10}^2 = \dfrac{36}{45}, \quad P(D|C)=C_8^2/C_{10}^2 = \dfrac{28}{45},$

则 $P(D)=0.8 \times 1 + 0.1 \times 36/45 + 0.1 \times 28/45 = 0.942$

4. 设 A 表示第一次和为 5, B 表示第一次和为 7, C 表示第一次非 5 非 7, D 表示 5 在 7 之前, 则 $P(A)=4/36$, $P(B)=6/36$, $P(C)=26/36$, $P(D|A)=1$, $P(D|B)=0$,

可以理解, 第一次与第二次无关 (即独立), 当第一次非 5 非 7 时, 第二次看做从头开始, 因此, $P(D|C)=P(D)$, 于是

$P(D)=P(A)P(D|A)+P(B)P(D|B)+P(C)P(D|C)$

$\qquad = 4/36 \times 1 + 6/36 \times 0 + 26/36 \times P(D),$

得 $\quad P(D)=2/5$

5. 设 A_i 表示第 i 次出现正面, 则 $P(A_1)=c$, $P(A_i|A_{i-1})=p$, $P(A_i|\overline{A_{i-1}})=1-p$, 由题意,

$P(A_n)=P(A_{n-1})P(A_n|A_{n-1})+P(\overline{A_{n-1}})P(A_n|\overline{A_{n-1}})$

$\qquad = P(A_{n-1}) \cdot p + [1-P(A_{n-1})] \cdot (1-p)$

$\qquad = (1-p) + (2p-1)P(A_{n-1}),$

$P(A_{n-1})=P(A_{n-2})P(A_{n-1}|A_{n-2})+P(\overline{A_{n-2}})P(A_{n-1}|\overline{A_{n-2}})$

$\qquad = P(A_{n-2}) \cdot p + [1-P(A_{n-2})] \cdot (1-p)$

$\qquad = (1-p) + (2p-1)P(A_{n-2}),$

……

$P(A_2)=P(A_1)P(A_2|A_1)+P(\overline{A_1})P(A_2|\overline{A_1})$

$\qquad = P(A_1) \cdot p + [1-P(A_1)] \cdot (1-p)$

$\qquad = (1-p) + (2p-1)P(A_1)$

$\qquad = (1-p) + (2p-1) \cdot c,$

由此递推得

$P(A_n)=(1-p)+(2p-1)P(A_{n-1})$

$\qquad = (1-p) + (2p-1)[(1-p)+(2p-1)P(A_{n-2})]$

$\qquad = (1-p) + (1-p)(2p-1) + (2p-1)^2 P(A_{n-2})$

……

$\qquad = (1-p) + (1-p)(2p-1) + \cdots + (1-p)(2p-1)^{k-1} + (2p-1)^k P(A_{n-k})$

......

$$= (1-p)\sum_{i=0}^{n-2}(2p-1)^i + (2p-1)^{n-1} \cdot c$$

$$= \frac{1}{2}[1-(2p-1)^{n-1}] + (2p-1)^{n-1} \cdot c,$$

当 $n \to +\infty$ 时，$P(A_n) \to \frac{1}{2}$

习题 1.7(A)

1. A——需经调试，$\overline{A}$——不需调试，B——出厂，

则 $P(A)=30\%$，$P(\overline{A})=70\%$，$P(B|A)=80\%$，$P(B|\overline{A})=1$，

(1) 由全概率公式：$P(B)=P(A)\cdot P(B|A) + P(\overline{A})\cdot P(B|\overline{A})$
$$= 30\% \times 80\% + 70\% \times 1 = 94\%;$$

(2) 由贝叶斯公式：$P(\overline{A}|B) = \dfrac{P(\overline{A}B)}{P(B)} = \dfrac{P(\overline{A})\cdot P(B|\overline{A})}{94\%} = \dfrac{70}{94}$

2. 迟到的概率：$\dfrac{3}{10} \times 0.1 + \dfrac{1}{5} \times 0.2 + \dfrac{1}{2} \times 0 = 0.07$，

迟到了，乘火车的可能性：$\dfrac{3}{10} \times 0.1/0.07 = \dfrac{3}{7}$，

迟到了，乘汽车的可能性：$\dfrac{1}{5} \times 0.2/0.07 = \dfrac{4}{7}$，

乘汽车的可能性最大

3. 由贝叶斯公式，所求概率为：
$$p = \frac{0.6 \times (1-0.02)}{0.6 \times (1-0.02) + 0.4 \times 0.01} = 0.993$$

4. 由贝叶斯公式，所求概率为：
$$p = \frac{0.5 \times 5\%}{0.5 \times 5\% + 0.5 \times 0.25\%} = \frac{20}{21}$$

5. 所求概率为：$p = \dfrac{0.3 \times 0.5}{0.3 \times 0.5 + (1-0.3) \times 0.4} = \dfrac{15}{43}$

6. 所求概率为：$p = \dfrac{0.8 \times (1-0.9)}{0.8 \times (1-0.9) + (1-0.8) \times (1-0.4)} = \dfrac{2}{5}$

习题 1.7(B)

1. $4:1$

2. (1) 由全概率公式：$\dfrac{1}{6}\left(\dfrac{4}{10} + \dfrac{C_4^2}{C_{10}^2} + \dfrac{C_4^3}{C_{10}^3} + \dfrac{C_4^4}{C_{10}^4}\right) = \dfrac{2}{21}$;

(2) 由贝叶斯公式：$\dfrac{1}{6} \times \dfrac{C_4^3}{C_{10}^3} \div \dfrac{2}{21} = \dfrac{7}{120}$

3. 先取走的 2 件分为 2 件正品，1 正 1 次，2 件次品三种情形，分别用 A,B,C 表示，则 $P(A)=\dfrac{105}{190}$，$P(B)=\dfrac{75}{190}$，$P(C)=\dfrac{10}{190}$，用 D 表示后取的一件是正品，则

$$P(D|A)=13/18, \quad P(D|B)=14/18, \quad P(D|C)=15/18,$$

(1) 由全概率公式：
$$P(D) = \frac{105}{190} \times \frac{13}{18} + \frac{75}{190} \times \frac{14}{18} + \frac{10}{190} \times \frac{15}{18} = \frac{2565}{3420} = 0.75;$$

(2) 由贝叶斯公式: $P(A|D) = \dfrac{105 \times 13}{2565} \approx 0.532$,

同理, $\dot{P}(B|D) = \dfrac{75 \times 14}{2565} \approx 0.409$, $P(C|D) = \dfrac{10 \times 15}{2565} \approx 0.059$

4. (1) 由全概率公式: $0.5 \times \dfrac{2}{10} + 0.5 \times \dfrac{4}{9} = \dfrac{29}{90}$;

(2) 由全概率公式: $0.5 \left(\dfrac{2}{10} \cdot \dfrac{1}{9} + \dfrac{8}{10} \cdot \dfrac{2}{9} \right) + 0.5 \left(\dfrac{4}{9} \cdot \dfrac{3}{8} + \dfrac{5}{9} \cdot \dfrac{4}{8} \right) = \dfrac{29}{90}$;

(3) 由贝叶斯公式:

$0.5 \times \dfrac{2}{10} \cdot \dfrac{1}{9} \div \left(\dfrac{2}{10} \cdot \dfrac{1}{9} + \dfrac{8}{10} \cdot \dfrac{2}{9} \right) + 0.5 \times \dfrac{4}{9} \cdot \dfrac{3}{8} \div \left(\dfrac{4}{9} \cdot \dfrac{3}{8} + \dfrac{5}{9} \cdot \dfrac{4}{8} \right) = \dfrac{35}{144}$

5. 由全概率公式: $0.4 \times 0 + 0.3 \times \dfrac{C_9^2}{C_{10}^3} + 0.2 \times \dfrac{C_2^1 C_8^2}{C_{10}^3} + 0.1 \times \dfrac{C_3^1 C_7^2}{C_{10}^3} = \dfrac{283}{1200}$,

由贝叶斯公式: $\left(0.2 \times \dfrac{C_2^1 C_8^2}{C_{10}^3} + 0.1 \times \dfrac{C_3^1 C_7^2}{C_{10}^3} \right) \Big/ \dfrac{283}{1200} = \dfrac{175}{283} \approx 0.62$

习题 1.8(A)

1. 样本空间为: $S = \{HH, HT, TH, TT\}$.

$P(A) = \dfrac{2}{4} = \dfrac{1}{2}$, $P(B) = \dfrac{2}{4} = \dfrac{1}{2}$, $P(B|A) = \dfrac{1}{2}$, $P(AB) = \dfrac{1}{4}$,

则 $P(AB) = P(A)P(B)$, A 与 B 相互独立

2. $0.\dot{9}$, 0.7, 0.6

3. 用 A, B, C, D 表示开关闭合, 于是 $T = AB \cup CD$, 从而, 由概率的性质及 A, B, C, D 的相互独立性

$P(T) = P(AB) + P(CD) - P(ABCD)$

$\qquad = P(A)P(B) + P(C)P(D) - P(A)P(B)P(C)P(D)$

$\qquad = p^2 + p^2 - p^4 = 2p^2 - p^4$

4. (1) $0.4 \times (1-0.5) \times (1-0.6) + (1-0.4) \times 0.5 \times (1-0.6) + (1-0.4) \times (1-0.5) \times 0.6$
$\quad = 0.38$;

(2) $1 - (1-0.4)(1-0.5)(1-0.6) = 0.88$

5. (4)

习题 1.8(B)

1. $A = AB \cup A\overline{B}$, $P(A) = P(AB) + P(A\overline{B}) = P(A)P(B) + P(A\overline{B})$,

$P(A\overline{B}) = P(A) - P(A)P(B) = P(A)\{1 - P(B)\} = P(A)P(\overline{B})$,

$\overline{A}$ 与 B, $\overline{A}$ 与 $\overline{B}$ 的独立性类似可证

2. (3)   3. (4)   4. (4)

5. 独立. 由题意 $P(A|B) = 1 - P(\overline{A}|B)$, 又 $P(A|\overline{B}) = 1 - P(\overline{A}|\overline{B})$,

则 $P(A|B) = P(A|\overline{B})$, 即 $\dfrac{P(AB)}{P(B)} = \dfrac{P(A\overline{B})}{P(\overline{B})}$,

$P(AB)\{1 - P(B)\} = P(B)\{P(A) - P(AB)\}$.

于是 $P(AB) = P(A)P(B)$

6. A, B, C 全不发生表示为: $\overline{A}\,\overline{B}\,\overline{C}$, 由对偶律及概率的性质

$$P(\overline{A}\ \overline{B}\ \overline{C})=P(\overline{A\bigcup B\bigcup C})=1-P(A\bigcup B\bigcup C)$$

$$=1-\{P(A)+P(B)+P(C)-P(AB)-P(AC)-P(BC)+P(ABC)\}$$

$$=1-(0.3+0.3+0.3-0.3\times0.3-0-0.3\times0.5+0)$$

$$=0.34$$

7. A 表示甲命中,B 表示乙命中,由条件概率和概率性质

$$P(A|A\bigcup B)=\frac{P\{A(A\bigcup B)\}}{P(A\bigcup B)}=\frac{P(A)}{P(A)+P(B)-P(A)P(B)}$$

$$=\frac{0.5}{0.5+0.4-0.5\times0.4}=\frac{5}{7}$$

8. 设以 $H_i(i=1,2,3)$ 表示事件"目标命中 i 次",以 A 表示"目标被破坏".

于是由独立性:

$$P(H_1)=0.4\times(1-0.5)\times(1-0.6)+(1-0.4)\times0.5\times(1-0.6)+(1-0.4)\times(1-0.5)$$
$$\times0.6$$
$$=0.38,$$

$$P(H_2)=0.4\times0.5\times(1-0.6)+0.4\times(1-0.5)\times0.6+(1-0.4)\times0.5\times0.6$$
$$=0.38,$$

$$P(H_3)=0.4\times0.5\times0.6=0.12,$$

(1) 由全概率公式

$$P(A)=\sum_{i=1}^{3}P(A|H_i)P(H_i)=0.38\times0.2+0.38\times0.5+0.12\times0.8=0.362;$$

(2) 由贝叶斯公式

$$P(H_1|A)=\frac{P(H_1)P(A|H_1)}{P(A)}=\frac{0.38\times0.2}{0.362}=0.21$$

注:H_1,H_2,H_3 不是 S 的一个划分,连同 H_0 才是 S 的一个划分.

9. 设以 $H_i(i=0,1,2,3)$ 表示事件"随机地取出 3 件产品,其中恰有 i 件不合格",H_0,H_1,H_2,H_3 是 S 的一个划分. 以 A 表示事件"这批产品被接收".

于是有:

$$P(A|H_0)=(1-0.01)^3,\qquad P(A|H_1)=(1-0.01)^2\times0.05,$$

$$P(A|H_2)=(1-0.01)\times0.05^2,\quad P(A|H_3)=0.05^3,$$

而

$$P(H_0)=\frac{C_6^3}{C_{10}^3}=\frac{1}{6},\qquad\qquad P(H_1)=\frac{C_4^1C_6^2}{C_{10}^3}=\frac{1}{2},$$

$$P(H_2)=\frac{C_4^2C_6^1}{C_{10}^3}=\frac{3}{10},\qquad\qquad P(H_3)=\frac{C_4^3}{C_{10}^3}=\frac{1}{30}.$$

由全概率公式

$$P(A)=\sum_{i=0}^{3}P(A|H_i)P(H_i)$$

$$=(1-0.01)^3\times\frac{1}{6}+(1-0.01)^2\times0.05\times\frac{1}{2}+(1-0.01)\times0.05^2\times\frac{3}{10}+0.05^3\times\frac{1}{30}$$

$$=0.187$$

习题 2.1(A)

1. (1)

X	0	1	2	3	4
p_i	0.304	0.439	0.213	0.041	0.003

;

(2)

X	3	4	5
p_i	0.1	0.3	0.6

;

(3)

X	1	2	3	4	5
p_i	0.4	0.24	0.144	0.0864	0.1296

;

(4) $P(X=k)=\left(\dfrac{5}{6}\right)^{k-1}\dfrac{1}{6}$, $k=1,2,3,\cdots$,

  $P(X=k)=C_{k-1}^1\left(\dfrac{5}{6}\right)^{k-2}\left(\dfrac{1}{6}\right)^2$, $k=2,3,4,\cdots$

2. $a=1$ 3. $c=\dfrac{1}{3}\left(c=\dfrac{2}{3}\text{不合题意}\right)$

4. (1) 1/5； (2) 2/5； (3) 1/15； (4) 0； (5) 1/5； (6) 1

习题 2.1(B)

1.

X	1	2	3	4	5	6
p_i	$\dfrac{1}{36}$	$\dfrac{3}{36}$	$\dfrac{5}{36}$	$\dfrac{7}{36}$	$\dfrac{9}{36}$	$\dfrac{11}{36}$

2. (1)

X	3	4	5	6	7
p_i	$\dfrac{1}{6}$	$\dfrac{1}{6}$	$\dfrac{2}{6}$	$\dfrac{1}{6}$	$\dfrac{1}{6}$

;

(2)

X	2	3	4	5	6	7	8
p_i	$\dfrac{1}{16}$	$\dfrac{2}{16}$	$\dfrac{3}{16}$	$\dfrac{4}{16}$	$\dfrac{3}{16}$	$\dfrac{2}{16}$	$\dfrac{1}{16}$

3. $P(X=4)=\dfrac{1}{4^3}$, $P(X=3)=\dfrac{2^3-1}{4^3}$, $P(X=2)=\dfrac{3^2-2^3}{4^3}$,

  $P(X=1)=1-\dfrac{3^3}{4^3}$

4.

X	0	1	2	3	4
p_i	p	$(1-p)p$	$(1-p)^2p$	$(1-p)^3p$	$(1-p)^4$

5. $a=e^{-\lambda}$ 6. $\dfrac{5}{6}$（由条件概率公式）

7. (1) $\dfrac{27}{150}$（由全概率公式）； (2) $\dfrac{1}{3}$（由贝叶斯公式）

习题 2.2(A)

1. (1) $P(X=1)=P(X\geqslant1)-P(X\geqslant2)=0.981684-0.908422=0.073262$；

  (2) $P(X\geqslant1)=0.981684$； (3) $P(X\leqslant1)=1-P(X\geqslant2)=1-0.908422=0.091578$

2. (1) $P(X=5)=P(X\geqslant5)-P(X\geqslant6)=0.559507-0.384039=0.175468$；

  (2) $P(5\leqslant X\leqslant7)=P(X\geqslant5)-P(X\geqslant8)=0.559507-0.133372=0.426135$

3. (1) $X\sim\pi(1),P(X=1)=e^{-1}$； (2) $X\sim\pi(3),P(X\geqslant1)=0.950213$

习题 2.2(B)

1. 设月初必须进货 k 个单位，$P(X \leqslant k) = 0.9989$，即 $1 - P(X \geqslant k+1) = 0.9989$，$P(X \geqslant k+1)$ $= 0.0011$，反过来查泊松分布表，得 $k+1 = 10$，即 $k = 9$

2. 设 $A = (X \geqslant 1)$，$B = (X \geqslant 2)$，由泊松分布：$P(A) = 1 - e^{-1}$， $P(B) = 1 - 2e^{-1}$

   由条件概率公式：$P(B|A) = \dfrac{P(AB)}{P(A)} = \dfrac{P(X \geqslant 1, X \geqslant 2)}{P(X \geqslant 1)} = \dfrac{P(X \geqslant 2)}{P(X \geqslant 1)} = \dfrac{1 - 2e^{-1}}{1 - e^{-1}}$

3. (1) 由乘法公式：

   $$P(X=2, Y \leqslant 2) = P(X=2) \cdot P(Y \leqslant 2 | X=2)$$
   $$= 0.4 \times (e^{-2} + 2e^{-2} + 2e^{-2}) = 2e^{-2};$$

   (2) 由全概率公式：

   $$P(Y \leqslant 2) = P(X=2) \cdot P(Y \leqslant 2 | X=2) + P(X=3) \cdot P(Y \leqslant 2 | X=3)$$
   $$= 0.4 \times 5e^{-2} + 0.6 \times \frac{17}{2} e^{-3} = 0.27067 + 0.25391 = 0.52458;$$

   (3) 由贝叶斯公式：

   $$P(X=2 | Y \leqslant 2) = \frac{P(X=2, Y \leqslant 2)}{P(Y \leqslant 2)} = \frac{0.27067}{0.52458} = 0.516$$

4. 设 X 为一年中患感冒的次数，A 表示有效，由贝叶斯公式：

   $$P(A | X=2) = \frac{P(A)P(X=2|A)}{P(A)P(X=2|A) + P(\overline{A})P(X=2|\overline{A})}$$
   $$= \frac{75\% \times 3^2 e^{-3}/2!}{75\% \times 3^2 e^{-3}/2! + 25\% \times 5^2 e^{-5}/2!} = 0.8887$$

习题 2.3(A)

1. 设 X 表示被使用的台数，则 $X \sim B(5, 0.6)$，

   (1) $P(X=2) = C_5^2 \times 0.6^2 \times 0.4^3$；

   (2) $P(X \geqslant 3) = C_5^3 \times 0.6^3 \times 0.4^2 + C_5^4 \times 0.6^4 \times 0.4 + 0.6^5$；

   (3) $P(X \leqslant 4) = 1 - P(X=5) = 1 - 0.6^5$；

   (4) $P(X \geqslant 1) = 1 - P(X=0) = 1 - 0.4^5$.

2. 设 X 表示在 4 次中取到红球的次数，则 $X \sim B(4, 0.2)$，

   $P(X=2) = C_4^2 \times 0.2^2 \times (1-0.2)^2 = 0.1536$

3. 设 X 表示在 3 次射击中命中的次数，则 $X \sim B(3, p)$，已知 $0.973 = P(X \geqslant 1) = 1 - P(X=0) = 1 - q^3$，得 $q = 0.3$，于是 $P(X=1) = C_3^1 \times 0.7 \times 0.3^2 = 0.189$

4. 设至少必须进行 n 次独立射击，X 表示 n 次中命中的次数，则 $X \sim B(n, 0.2)$，由已知，$P(X \geqslant 1) = 1 - (1-0.2)^n > 0.9$，即 $0.8^n \leqslant 0.1$，两边取对数，得 $n \geqslant \lg 0.1/\lg 0.8 = 10.32$，即至少必须进行 11 次独立射击.

5. X 表示 5 天中发生故障的天数，$X \sim B(5, 0.2)$，

   $P(Y=10) = P(X=0) = 0.32768$， $P(Y=5) = P(X=1) = 0.4096$，

   $P(Y=0) = P(X=2) = 0.2048$， $P(Y=-2) = P(X \geqslant 3) = 0.05792$

习题 2.3(B)

1. (1) 0.321；   (2) 0.243   2. $\dfrac{1}{2} \left(1 - C_{20}^{10} \left(\dfrac{1}{2} \right)^{20} \right)$ 3. $\lambda = -\ln 0.288$

4. 设 A 表示 4 个发动机的飞机能正常飞行，B 表示 2 个发动机的飞机能正常飞行，则
$$P(A)=C_4^2 p^2 q^2+C_4^3 p^3 q+p^4=6p^2(1-p)^2+4p^3(1-p)+p^4,$$
$$P(B)=C_2^1 pq+p^2=2p(1-p)+p^2,$$
为使 $P(A)>P(B)$，有 $p>2/3$

5. (1) 设 X 表示 5 人中生日在 12 月份的人数，则 $X \sim B\left(5, \frac{1}{12}\right)$，
$$P(X=2)=C_5^2\left(\frac{1}{12}\right)^2\left(\frac{11}{12}\right)^3;$$

(2) 设 Y 表示 5 人中生日在下半年的人数，则 $X \sim B\left(5, \frac{1}{2}\right)$，
$$P(Y=5)=\left(\frac{1}{2}\right)^5$$

6. A 表示至少有 1 颗点数为 1，B 表示恰有 1 颗点数为 1，则

(1) $P(A)=1-\left(\frac{5}{6}\right)^3=0.4213$；

(2) $P(B)=C_3^1 \times \frac{1}{6} \times \left(\frac{5}{6}\right)^2=0.3472$，

由条件概率公式：
$$P(B|A)=\frac{P(AB)}{P(A)}=\frac{P(B)}{P(A)}=\frac{0.3472}{0.4213}=0.8242$$

7. 设 A,B,C 分别表示飞机被命中 1,2,3 次，D 表示飞机被击落，则
$$P(A)=C_3^1 \times 0.4 \times 0.6^2=0.432, \quad P(B)=C_3^2 \times 0.4^2 \times 0.6=0.288,$$
$$P(C)=0.4^3=0.064,$$
由全概率公式：$P(D)=0.432 \times 0.2+0.288 \times 0.5+0.064 \times 0.8=0.2816$，
由贝叶斯公式：$P(A|D)=\dfrac{0.432 \times 0.2}{0.2816}=0.3$

8. 设 Y 表示对 X 的 4 次独立观察中 $X \geqslant 1$ 的次数，$P(X \geqslant 1)=1-e^{-3}$，
则 $Y \sim B(4,1-e^{-3})$, $\quad P(Y \geqslant 1)=1-(1-e^{-3})^4$

习题 2.4(A)

1. $F(x)=\begin{cases} 0 & x<0 \\ q & 0 \leqslant x<1 \\ 1 & x \geqslant 1 \end{cases}$

2. (1) $P(X \leqslant 0)=F(0)=0.5$,
$P(0<X \leqslant 1)=F(1)-F(0)=1-0.5=0.5$,
$P(X \geqslant 1)=1-P(X \leqslant 1)+P(X=1)=1-1+0.5=0.5$；

(2) X 的分布律为：

X	-1	1
p_i	0.5	0.5

3.
X	0	1	2
p_i	0.3	0.6	0.1

$F(x)=\begin{cases} 0 & x<0 \\ 0.3 & 0 \leqslant x<1 \\ 0.9 & 1 \leqslant x<2 \\ 1 & x \geqslant 2 \end{cases}$

4. 当 $x<1$ 时 $F(x)=0$；当 $x>6$ 时，$F(x)=1$；当 $1<x<6$ 时，$F(x)=\dfrac{1}{21}\sum_{k=1}^{n}k$ (n 为小于 x 的最大整数）

习题 2.4(B)

1. (1) $1=\lim\limits_{x\to+\infty}F(x)=\lim\limits_{x\to+\infty}\dfrac{Ax}{1+x}=A$，$A=1$；

   (2) $P(1<X\leqslant 2)=F(2)-(1)=\dfrac{2}{3}-\dfrac{1}{2}=\dfrac{1}{6}$

2. (1) $1=\lim\limits_{x\to+\infty}F(x)=\lim\limits_{x\to+\infty}(A+Be^{-x})=A$，即 $A=1$，

   $0=\lim\limits_{x\to 0}F(x)=\lim\limits_{x\to 0}(1+Be^{-x})=1+B$，即 $B=-1$；

   (2) $P(-1<X\leqslant 1)=F(1)-F(-1)=1-e^{-1}$

3. (3)

习题 2.5(A)

1. (1) $1=\displaystyle\int_{-\infty}^{+\infty}f(x)\mathrm{d}x=\int_{0}^{1}kx\mathrm{d}x=\dfrac{k}{2}$，$k=2$；

   (2) 当 $x<0$ 时，$F(x)=\displaystyle\int_{-\infty}^{x}0\mathrm{d}t=0$，

   当 $0\leqslant x<1$ 时，$F(x)=\displaystyle\int_{-\infty}^{0}0\mathrm{d}t+\int_{0}^{x}2t\mathrm{d}t=x^2$，

   当 $x\geqslant 1$ 时，$F(x)=\displaystyle\int_{-\infty}^{0}0\mathrm{d}t+\int_{0}^{1}2t\mathrm{d}t+\int_{1}^{x}0\mathrm{d}t=1$；

   (3) $P(-0.5<X<0.5)=\displaystyle\int_{-0.5}^{0.5}f(x)\mathrm{d}x=\int_{-0.5}^{0}0\mathrm{d}x+\int_{0}^{0.5}2x\mathrm{d}x=\dfrac{1}{4}$，

   或 $=F(0.5)-F(-0.5)=\dfrac{1}{4}-0=\dfrac{1}{4}$

2. (1) 当 $x<0$ 时，$F(x)=\displaystyle\int_{-\infty}^{x}0\mathrm{d}t=0$，

   当 $0\leqslant x<1$ 时，$F(x)=\displaystyle\int_{-\infty}^{0}0\mathrm{d}t+\int_{0}^{x}t\mathrm{d}t=\dfrac{1}{2}x^2$，

   当 $1\leqslant x<2$ 时，$F(x)=\displaystyle\int_{-\infty}^{0}0\mathrm{d}t+\int_{0}^{1}t\mathrm{d}t+\int_{1}^{x}(2-t)\mathrm{d}t$

   $=-1+2x-\dfrac{1}{2}x^2$，

   当 $x\geqslant 2$ 时，$F(x)=\displaystyle\int_{-\infty}^{0}0\mathrm{d}t+\int_{0}^{1}t\mathrm{d}t+\int_{1}^{2}(2-t)\mathrm{d}t+\int_{2}^{x}0\mathrm{d}t=1$；

   (2) $P(0.5<X<1.5)=\displaystyle\int_{0.5}^{1.5}f(x)\mathrm{d}t=\int_{0.5}^{1}x\mathrm{d}x+\int_{1}^{1.5}(2-x)\mathrm{d}x=\dfrac{2}{3}$，

   或 $=F(1.5)-F(0.5)=\dfrac{7}{8}-\dfrac{1}{8}=\dfrac{2}{3}$

3. (1) $f(x)=\begin{cases}\dfrac{1}{x} & 1<x<e \\ 0 & \text{其他}\end{cases}$；

   (2) $P(X>2)=1-F(2)=1-\ln 2$，

   或 $=\displaystyle\int_{2}^{e}1/x\mathrm{d}x=1-\ln 2$

4. 0.0272，0.0037　5. (2)

6. (1) $A=\dfrac{1}{2}$，$B=\dfrac{1}{\pi}$；　(2) 0.5；　(3) $f(x)=\dfrac{1}{\pi(1+x^2)}$　$-\infty<x<+\infty$

习题 2.5(B)

1. $A=1$，$P(|X|<\dfrac{\pi}{6})=1/2$　2. (4)

3. $P(X>0.5)=\displaystyle\int_{0.5}^1 2x\mathrm{d}x=0.75$，

设 Y 表示 3 次中 "$X>0.5$" 的次数，则 $Y\sim B(3,0.75)$，于是

$P(Y\geqslant1)=1-P(Y=0)=1-(1-0.75)^3=63/64$

4. $P(A)=P(B)=\displaystyle\int_a^2 \dfrac{3}{8}x^2\mathrm{d}x=1-\dfrac{1}{8}a^3$

$P(A\bigcup B)=P(A)+P(B)-P(A)P(B)=\dfrac{3}{4}$，得 $P(A)=1/2$，$a=\sqrt[3]{4}$

5. (1) $P(X>1500)=1-\displaystyle\int_{1000}^{1500}\dfrac{1000}{x^2}\mathrm{d}x=\dfrac{2}{3}$；

(2) 设 3 个元件中寿命大于 1500 的个数是 Y，则 $Y\sim B(5,\dfrac{2}{3})$，

$P(Y=1)=\mathrm{C}_3^1\times\dfrac{2}{3}\times\left(1-\dfrac{2}{3}\right)^2=\dfrac{2}{9}$；

(3) $P(X>2000|X>1500)=\dfrac{P(X>2000,X>1500)}{P(X>1500)}$

$=\dfrac{P(X>2000)}{P(X>1500)}=\dfrac{1/2}{2/3}=\dfrac{3}{4}$

6. (3)

习题 2.6(A)

1. $f(x)=\begin{cases}1 & 0<x<1 \\ 0 & \text{其他}\end{cases}$，　$F(x)=\begin{cases}0 & x<0 \\ x & 0\leqslant x<1 \\ 1 & x\geqslant1\end{cases}$

2. $\Delta=16K^2-4\times4(K+2)\geqslant0$，$K\geqslant2$，或 $K\leqslant-1$

$P(K\leqslant-1)+P(K\geqslant2)=0+\displaystyle\int_2^5\dfrac{1}{5}\mathrm{d}x=\dfrac{3}{5}$

3.
Y	0	1	2
p_i	$\dfrac{1}{4}$	$\dfrac{1}{2}$	$\dfrac{1}{4}$

4. (1) $P(X>10)=\mathrm{e}^{-2}$；　(2) $P(10<X<20)=\mathrm{e}^{-2}-\mathrm{e}^{-4}$

5. (1) $P(X<1000)=\displaystyle\int_0^{1000}0.001\mathrm{e}^{-0.001x}\mathrm{d}x=1-\mathrm{e}^{-1}$；

(2) $P(X<2000)=\displaystyle\int_{2000}^{+\infty}0.001\mathrm{e}^{-0.001x}\mathrm{d}x=\mathrm{e}^{-2}$；

(3) $(1-\mathrm{e}^{-1})\mathrm{e}^{-2}$；　(4) $2(1-\mathrm{e}^{-1})\mathrm{e}^{-2}$

习题 2.6(B)

1. (1) $P(X>10)=1-\displaystyle\int_0^{10}0.1\mathrm{e}^{-0.1x}\mathrm{d}x=\mathrm{e}^{-1}$；

(2) 设 3 个元件中寿命大于 10 的个数是 Y，则 $Y \sim B(3, \mathrm{e}^{-1})$，

　　$P(Y = 1) = C_3^1 \mathrm{e}^{-1}(1 - \mathrm{e}^{-1})^2$；

(3) $P(X > 20 | X > 10) = \dfrac{P(X > 20, X > 10)}{P(X > 10)} = \dfrac{P(X > 20)}{P(X > 10)} = \dfrac{\mathrm{e}^{-2}}{\mathrm{e}^{-1}} = \mathrm{e}^{-1}$

2.

X	0	1
p_i	$1 - \mathrm{e}^{-1}$	e^{-1}

3. (1) $a = 2$，$b = 6$，$f(x) = \begin{cases} \dfrac{1}{4} & 2 < x < 4 \\ 0 & \text{其他} \end{cases}$；

(2) $P(0 < X < 3) = P(2 < X < 3) = \dfrac{1}{4}$

4. (1) 由全概率公式：$P(Y < 0.5) = \dfrac{1}{6} \times \dfrac{1}{2} + \dfrac{1}{3} \times \dfrac{1}{4} + \dfrac{1}{2} \times \dfrac{1}{6} = \dfrac{1}{4}$；

(2) 由贝叶斯公式：$P(X = 1 | Y < 0.5) = \dfrac{1/12}{1/4} = \dfrac{1}{3}$

5. (1) 当 $t < 0$ 时，$F(t) = 0$；当 $t \geq 0$ 时，$T > t$ 等价于 $N(t) = 0$，

　　$F(t) = P(T \leq t) = 1 - P(T > t) = 1 - P(N(t) = 0) = 1 - \mathrm{e}^{\lambda t}$，

　　即 T 服从参数为 λ 的指数分布；

(2) $P(T \geq 16 | T \geq 8) = \dfrac{P(T \geq 16)}{P(Y \geq 8)} = \dfrac{\mathrm{e}^{-16\lambda}}{\mathrm{e}^{-8\lambda}} = \mathrm{e}^{-8\lambda}$

习题 2.7(A)

1. (1) 0.4821；　(2) 0.4838；　(3) 0.1105

2. (1) 0.5328, 0.9996, 0.6977, 0.5；　(2) $c = 3$

3. (1) 0.9236；　(2) $x \geq 57.57$　4. $\sigma \leq 31.25$　5. (2)　6. 0.2

习题 2.7(B)

1. (1) $k = \sqrt{2/\pi}$；　(2) $k = \dfrac{1}{\sqrt{2\pi \mathrm{e}}}$　2. (1)　3. (1)

4. 设 A——电压正常，C——次品

$$P(A) = P(210 \leq V \leq 230) = \Phi\left(\dfrac{230 - 220}{5}\right) - \Phi\left(\dfrac{210 - 220}{5}\right)$$

$$= \Phi(2) - \Phi(-2) = 2\Phi(2) - 1 = 2 \times 0.9772 - 1 = 0.9544,$$

$$P(\overline{A}) = 1 - 0.9544 = 0.0456,$$

$$P(C | A) = 2\%, \quad P(C | \overline{A}) = 10\%,$$

(1) $P(C) = P(A) \cdot P(C | A) + P(\overline{A}) \cdot P(C | \overline{A})$

　　　$= 0.9544 \times 2\% + 0.0456 \times 10\% = 0.02365$；

(2) $P(A | C) = \dfrac{P(A) \cdot P(C | A)}{P(C)} \approx 0.807$；

(3) X 表示 5 只中次品只数，则 $X \sim B(5, 0.02365)$，

　　　$P(X \leq 4) = 1 - P(X = 5)$

　　　　　　$= 1 - 0.02365^5$（至少一只合格，即最多 4 只不合格）

5. (1) 0.5^5；　(2) 0.1701；　(3) 0.9950　6. 0.7152

习题 2.8(A)

1.

Y	-1	1	3
p_i	0.3	0.4	0.3

2. (1) $f_Y(y)=\begin{cases} \dfrac{2}{3}\left(1-\dfrac{y}{3}\right) & 0<x<3 \\ 0 & \text{其他} \end{cases}$ ；

  (2) $f_Y(y)=\begin{cases} 2(y-2) & 2<y<3 \\ 0 & \text{其他} \end{cases}$ ；

  (3) $f_Y(y)=\begin{cases} \dfrac{1}{\sqrt{y}}(1-\sqrt{y}) & 0<y<1 \\ 0 & \text{其他} \end{cases}$

3. (1) $f_Y(y)=\begin{cases} \dfrac{1}{(1-y)^2} & 0<y<\dfrac{1}{2} \\ 0 & \text{其他} \end{cases}$ ； (2) $f_Y(y)=\begin{cases} \dfrac{1}{2}\mathrm{e}^{-y/2} & y>0 \\ 0 & y\leqslant0 \end{cases}$

4. $f_Y(y)=\begin{cases} \dfrac{1}{\sqrt{2\pi y}}\mathrm{e}^{-y/2} & y>0 \\ 0 & y\leqslant0 \end{cases}$

5. $f_Y(y)=\dfrac{1}{\sqrt{2\pi}}\mathrm{e}^{-y^2/2} \quad -\infty<y<+\infty$

习题 2.8(B)

1. $F_Y(y)=\begin{cases} 0 & y<-1 \\ \dfrac{2}{\pi}\arctan y & -1\leqslant y<1, \\ 1 & y\geqslant1 \end{cases}$ $f_Y(y)=\begin{cases} \dfrac{2}{\pi(1+y^2)} & -1\leqslant y<1 \\ 0 & \text{其他} \end{cases}$

2. (1) $Y\sim U\left(-\dfrac{\pi}{2},\dfrac{\pi}{2}\right)$ ； (2) $f_Y(y)=\dfrac{3(1-y)^2}{\pi[1+(1-y)^6]}$

3. $f_Y(y)=\begin{cases} \dfrac{2}{3} & 0<y<1 \\ \dfrac{1}{3} & 1\leqslant y<2 \\ 0 & \text{其他} \end{cases}$

4. $f_Y(y)=\dfrac{2\mathrm{e}^y}{\pi(\mathrm{e}^{2y}+1)}$ ， $-\infty<y<+\infty$ 5. (1) $X\sim U(0,1)$

习题 3.1(A)

1.

X \ Y	0	1	2
0	0.1	0.2	0.1
1	0.3	0	0.3

X	0	1
p_i	0.4	0.6

Y	0	1	2
p_i	0.4	0.2	0.4

2. (1)

X＼Y	0	1	
0	0.4×0.4	0.4×0.6	0.4
1	0.6×0.4	0.6×0.6	0.6
	0.4	0.6	

　；

(2)

X＼Y	0	1	
0	$\frac{4}{10}\cdot\frac{3}{9}$	$\frac{4}{10}\cdot\frac{6}{9}$	0.4
1	$\frac{6}{10}\cdot\frac{4}{9}$	$\frac{6}{10}\cdot\frac{5}{9}$	0.6
	0.4	0.6	

3. (1) $a=0.1$，$b=0.3$；　(2) $a=0.2$，$b=0.2$；　(3) $a=0.3$，$b=0.1$

习题 3.1(B)

1.

X＼Y	0	1	2	
0	0	0	0.1	0.1
1	0	0.4	0.2	0.6
2	0.1	0.2	0	0.3
	0.1	0.6	0.3	1

2. (1)

Y＼X	0	1	2	3	
1	0	3/8	3/8	0	6/8
3	1/8	0	0	1/8	2/8
	1/8	3/8	3/8	1/8	1

　；

(2) $P(Y=1|X\leqslant2)=\frac{6}{7}$；

(3)

$X=k$	1	2
$P(X=k|Y=1)$	$\frac{1}{2}$	$\frac{1}{2}$

3. 0.8

4. (1)

Y＼Z	0	1	
0	$1-e^{-1}$	0	$1-e^{-1}$
1	$e^{-1}-e^{-2}$	e^{-2}	e^{-1}
	$1-e^{-2}$	e^{-2}	1

　；

(2)

$Z=k$	0	1
$P(Z=k|Y=1)$	$1-e^{-1}$	e^{-1}

　；

(3) $F_{Z|Y}(z|1)=\begin{cases} 0 & z<0 \\ 1-e^{-1} & 0\leqslant z<1 \\ 1 & z\geqslant1 \end{cases}$

习题 3. 2(A)

1. (1) 0.3;　(2) 0.7

2. (1) $k=1$；　(2) $P(X<1/2,Y<1/2)=1/8$；　(3) $P(X+Y<1)=1/3$；

(4) $P(X<1/2)=3/8$

3. (1) $k=8$；　(2) $P(X+Y<1)=1/6$；　(3) $P(X<1/2)=1/16$

4. $2e^{-1/2}-e^{-1}$　5. $1-e^{-1/2}$

习题 3. 2(B)

1. (1) $k=1/\pi^2$；　(2) $P(0<X<1,0<Y<1)=1/16$；

(3) $F(x,y)=(\arctan x+\dfrac{\pi}{2})(\arctan y+\dfrac{\pi}{2})/\pi^2$

2. (1) $k=4$；　(2) $\dfrac{5}{6}$；　(3) $F(x,y)=\begin{cases}0 & x<0 \text{ 或 } y<0 \\ x^2y^2 & 0\leqslant x<1,0\leqslant y<1 \\ x^2 & 0<x<1,y\geqslant 1 \\ y^2 & 0<y<1,x\geqslant 1 \\ 1 & x\geqslant 1 \text{ 且 } y\geqslant 1\end{cases}$

3. (1) $A=4/\pi^2$　(2) $f(x,y)=\begin{cases}\dfrac{4}{\pi^2(1+x^2)(1+y^2)} & x\geqslant 0,y\geqslant 0 \\ 0 & \text{其他}\end{cases}$；　(3) $\dfrac{1}{4}$

4. $\dfrac{5}{8}$

习题 3. 3(A)

1. $f_X(x)=\displaystyle\int_{-\infty}^{+\infty}\dfrac{1}{\pi^2(1+x^2)(1+y^2)}\mathrm{d}y=\dfrac{1}{\pi(1+x^2)}\quad -\infty<x<+\infty,$

$f_Y(y)=\displaystyle\int_{-\infty}^{+\infty}\dfrac{1}{\pi^2(1+x^2)(1+y^2)}\mathrm{d}x=\dfrac{1}{\pi(1+y^2)}\quad -\infty<y<+\infty$

2. $f_X(x)=\begin{cases}x+\dfrac{1}{2} & 0<x<1 \\ 0 & \text{其他}\end{cases}$,　$f_Y(y)=\begin{cases}y+\dfrac{1}{2} & 0<y<1 \\ 0 & \text{其他}\end{cases}$

3. $f_X(x)=\begin{cases}\dfrac{2}{x^3} & x>1 \\ 0 & x\leqslant 1\end{cases}$,　$f_Y(y)=\begin{cases}e^{-y+1} & y>1 \\ 0 & y\leqslant 1\end{cases}$

4. $f_X(x)=\begin{cases}xe^{-x} & x>0 \\ 0 & x\leqslant 0\end{cases}$,　$f_Y(y)=\begin{cases}e^{-y} & y>0 \\ 0 & y\leqslant 0\end{cases}$

5. (1) $f(x,y)=\begin{cases}3 & 0<x<1,0<y<x^2 \\ 0 & \text{其他}\end{cases}$；

(2) $f_X(x)=\begin{cases}3x^2 & 0<x<1 \\ 0 & \text{其他}\end{cases}$,　$f_Y(y)=\begin{cases}3(1-\sqrt{y}) & 0<y<1 \\ 0 & \text{其他}\end{cases}$

习题 3. 3(B)

1. 当 $0<y<1$ 时，$f_{X|Y}(x|y)=\begin{cases}(x+y)/(y+\dfrac{1}{2}) & 0<x<1 \\ 0 & \text{其他}\end{cases}$,

当 $0 < x < 1$ 时，$f_{Y|X}(y|x) = \begin{cases} (x+y)/(x+\dfrac{1}{2}) & 0 < y < 1 \\ 0 & \text{其他} \end{cases}$

2. 当 $-1 < y < 1$ 时，$f_{X|Y}(x|y) = \begin{cases} \dfrac{1}{2\sqrt{1-y^2}} & -\sqrt{1-y^2} < x < \sqrt{1-y^2} \\ 0 & \text{其他} \end{cases}$,

当 $-1 < x < 1$ 时，$f_{Y|X}(y|x) = \begin{cases} \dfrac{1}{2\sqrt{1-x^2}} & -\sqrt{1-x^2} < y < \sqrt{1-x^2} \\ 0 & \text{其他} \end{cases}$,

$f_{X|Y}(x|\dfrac{3}{5}) = \begin{cases} \dfrac{5}{8} & -\dfrac{4}{5} < x < \dfrac{4}{5} \\ 0 & \text{其他} \end{cases}$, $f_{Y|X}(y|\dfrac{1}{2}) = \begin{cases} \dfrac{1}{\sqrt{3}} & -\dfrac{\sqrt{3}}{2} < y < \dfrac{\sqrt{3}}{2} \\ 0 & \text{其他} \end{cases}$

3. (1) $f_X(x) = \begin{cases} x & 0 < x < 1 \\ 2-x & 1 \leqslant x < 2 \\ 0 & \text{其他} \end{cases}$, $f_Y(y) = \begin{cases} 2(1-y) & 0 < y < 1 \\ 0 & \text{其他} \end{cases}$;

(2) 当 $0 < x < 1$ 时，$f_{Y|X}(y|x) = \begin{cases} \dfrac{1}{x} & 0 < y < x \\ 0 & \text{其他} \end{cases}$,

当 $1 < x < 2$ 时，$f_{Y|X}(y|x) = \begin{cases} \dfrac{1}{2-x} & 0 < y < 2-x \\ 0 & \text{其他} \end{cases}$,

当 $0 < y < 1$ 时，$f_{X|Y}(x|y) = \begin{cases} \dfrac{1}{2(1-y)} & y < x < 2-y \\ 0 & \text{其他} \end{cases}$;

(3) $P(X^2 + Y^2 < 1) = \dfrac{\pi}{8}$

4. (1) 当 $0 < x < 1$ 时，$f_{Y|X}(y|x) = \begin{cases} \dfrac{1}{x} & 0 < y < x \\ 0 & \text{其他} \end{cases}$;

(2) $f(x,y) = \begin{cases} \dfrac{1}{x} & 0 < x < 1, 0 < y < x \\ 0 & \text{其他} \end{cases}$; (3) $f_Y(y) = \begin{cases} -\ln y & 0 < y < 1 \\ 0 & \text{其他} \end{cases}$

5. (1) $f_{Y|X}(y|3) = \begin{cases} \dfrac{1}{3} & 0 < y < 3 \\ 0 & \text{其他} \end{cases}$; (2) $P(Y \leqslant \dfrac{1}{2} | X=3) = \int_0^{\frac{1}{2}} \dfrac{1}{3} dy = \dfrac{1}{6}$;

(3) 由概率公式得：$P(Y \leqslant \dfrac{1}{2}) = \dfrac{1}{4}$; (4) 由贝叶斯公式得：$P(X=3 | Y \leqslant \dfrac{1}{2}) = \dfrac{1}{3}$

习题 3.4(A)

1. (1) $a = \dfrac{1}{6}, b = \dfrac{7}{18}$; (2) $a = \dfrac{1}{9}, b = \dfrac{4}{9}$; (3) $a = \dfrac{1}{3}, b = \dfrac{2}{9}$

2. $c = 6$, X 与 Y 相互独立

3. (1) $c = 6$;

(2) $f_X(x)=\begin{cases}6x(1-x) & 0<x<1 \\ 0 & \text{其他}\end{cases}$, $f_Y(y)=\begin{cases}3y^2 & 0<y<1 \\ 0 & \text{其他}\end{cases}$;

(3) X 与 Y 不独立

4. X 与 Y 独立 5. $P\left(XY\leqslant\dfrac{1}{4}\right)=1-\displaystyle\int_{1/4}^1\left(\int_{1/x}^1 1\mathrm{d}y\right)\mathrm{d}x=\dfrac{1}{4}(1-\ln4)$

习题 3.4(B)

1. 0.2922 2. $\alpha=2$

3. (1)

U \ V	0	1
0	$\frac{1}{4}$	$\frac{1}{4}$
1	$\frac{1}{4}$	$\frac{1}{4}$

; (2)

U	0	1
p_i	$\frac{1}{2}$	$\frac{1}{2}$

,

V	0	1
p_i	$\frac{1}{2}$	$\frac{1}{2}$

;

(3) U 与 V 独立 4. (3)

习题 3.5(A)

1. (1)

Z	-1	0	1	2
p_i	0.1	0.6	0.1	0.2

; (2)

Z	1	2	4	5
p_i	0.2	0.2	0.4	0.2

2. $f_Z(z)=\begin{cases}2z & 0<z<1 \\ 0 & \text{其他}\end{cases}$ 3. $f_Z(z)=\begin{cases}1/2 & 0<z<1 \\ \dfrac{1}{2z^2} & z\geqslant1 \\ 0 & \text{其他}\end{cases}$

习题 3.5(B)

1. (1) $f_Z(z)=\begin{cases}\mathrm{e}^{-z/2}-\mathrm{e}^{-z} & z\geqslant0 \\ 0 & z<0\end{cases}$; (2) $f_Z(z)=\begin{cases}\dfrac{1}{\sqrt{z}}-1 & 0<z\leqslant1 \\ 0 & \text{其他}\end{cases}$

2. (1) $f_Z(z)=\dfrac{1}{\pi(1+z^2)}$ $-\infty<z<+\infty$;

(2) $f_Z(z)=\begin{cases}z\mathrm{e}^{-z^2/2} & z\geqslant0 \\ 0 & z<0\end{cases}$; (3) $f_Z(z)=\begin{cases}\dfrac{1}{\sqrt{\pi}}\mathrm{e}^{-z^2/4} & z\geqslant0 \\ 0 & z<0\end{cases}$

习题 3.6(A)

1. (1)

U	0	1	2
p_i	0.1	0.6	0.3

,

V	0	1
p_i	0.5	0.5

;

(2)

V \ U	0	1	2
0	0.1	0.3	0.1
1	0	0.3	0.2

2. (1) 0.25; (2) 0.75

3. (1) $f_Z(z)=\begin{cases}4z^3 & 0<z<1 \\ 0 & \text{其他}\end{cases}$; (2) $f_Z(z)=\begin{cases}4(1-z)^3 & 0<z<1 \\ 0 & \text{其他}\end{cases}$

4. $f_Z(z)=\begin{cases}1-e^{-z} & 0<z<1\\ e^{-z}(1-e^{-z}) & z\geqslant 1\\ 0 & 其他\end{cases}$

习题 3.6(B)

1. $f_Z(z)=\begin{cases}z & 0<z<1\\ 1-z & 1\leqslant z<2\\ 0 & 其他\end{cases}$ 2. $f_Z(z)=\begin{cases}2(z-1+e^{-z}) & 0\leqslant z<1\\ 2e^{-z} & z\geqslant 1\\ 0 & z<0\end{cases}$

3. (1)

Z_1	0	1
p_i	q^4	$1-q^4$

;   (2)

Z_2	0	1
p_i	$1-p^4$	p^4

;

(3)

$Z_1 \diagdown Z_2$	0	1
0	q^4	0
1	$1-q^4-p^4$	p^4

;   (4) $Z_3 \sim B(4,p)$;

(5)

Z_4	-1	0	1
p_i	$2pq^3+p^2q^2$	$1-4pq^3-2p^2q^2$	$2pq^3+p^2q^2$

习题 4.1(A)

1. 1.2   2. 甲比乙好   3. $\dfrac{3}{2}$; 2; $\dfrac{3}{4}$; $\dfrac{37}{64}$ 4. $a=0.4$, $b=1.2$ 5. 4.3; 1.6

6. $a=0.15$, $b=0.25$ 7. 2/3; 4/3; 17/9   8. 0; $\dfrac{1}{3}$; $\dfrac{1}{3}$; 0

习题 4.1(B)

1. 3.2   2. 33.64 元   3. (4)   4. (1) $a=1/4$, $b=-1/4$, $c=1$; (2) $\dfrac{1}{4}(e^2-1)^2$

5. 70/6   6. $1-e^{-2}$

习题 4.2(A)

1. 4   2. $-7/2$ 3. 17/9

4. $E(XY)=E(X)\cdot E(Y)=0\times\dfrac{5}{7}=0$,但 $f(x,y)\neq f_X(x)\cdot f_Y(y)$

5. $E(U)=\dfrac{4}{5}$; $E(V)=\dfrac{1}{5}$

习题 4.2(B)

1. $\dfrac{8}{\ln 3}+1$ 2. $E(X)=10(1-0.9^{20})$ 3. 1/2

4. $a=\dfrac{E(XY)E(Y^2)}{E(X^2)E(Y^2)+E(XY)E(XY)}$, $b=\dfrac{E(XY)E(XY)}{E(X^2)E(Y^2)+E(XY)E(XY)}$ (提示:期望展开,对 a,b 求偏导数)

5. $E(X)=2$ (提示:级数 $1+x+x^2+\cdots+x^k+\cdots=\dfrac{1}{1-x}$,两边求导数)

习题 4.3(A)

1. $E(X)=7/2$, $D(X)=35/12$ 2. $D(X)=11/36$ 3. $\sqrt{D(X)}=ab$ 4. 149/60.

5. $E(X)=0$, $D(X)=2$

6. (1) $E(X)=1.3, D(X)=0.41$； (2) $E(X)=1, D(X)=\dfrac{1}{6}$ 7. $\dfrac{8}{9}$ 8. $\dfrac{7}{144}$

习题 4.3(B)

1. 0，1 2. (1) a；(2) b^2/n 3. 1/3，8/9 4. $E(X)=1.9, D(X)=0.65$

习题 4.4(A)

1. $-1.6, 4.88$ 2. 1 3. 0.288 4. 1，7 5. -1，3 6. $\lambda=1$ 7. $(2+\alpha)/\alpha^2$

8. $f_Z(z)=\dfrac{1}{\sqrt{6}\sqrt{2\pi}}e^{-(Z+1)^2/12}$ 9. $p=\dfrac{1}{2}$ 时，$D(X)$ 有最大值 $\dfrac{n}{4}$

10. $E(\overline{X})=\mu, D(\overline{X})=\sigma^2/n, f(\overline{x})=\dfrac{\sqrt{n}}{\sqrt{2\pi}\sigma}e^{-\frac{n(\overline{x}-\mu)^2}{2\sigma^2}}$

11. (1) 98，4； (2) 0.8413 12. 102

习题 4.4(B)

1. (1) 1/3；(2) $e^{1/4}-1$ 2. $a=12, b=-12, c=3$ 3. n/N

4. (1) p； (2) $(1-p)^{n-1}$ 5. $E(|X-Y|)=\sqrt{\dfrac{2}{\pi}}, D(|X-Y|)=1-\dfrac{2}{\pi}$

6. $X\sim B(12,e^{-1}), E(X)=12e^{-1}$

习题 4.5(A)

1. 0.2，0.563 2. $-1/144, -1/11$ 4. -0.325 5. 13

习题 4.5(B)

1. (1) $D(X+Y+Z)=D(X)+D(Y)+D(Z)+2\text{Cov}(X,Y)+2\text{Cov}(X,Z)+2\text{Cov}(Y,Z)$；
   (2) 3

2. $\dfrac{7}{6}, \dfrac{37}{36}, \dfrac{5}{6}$ 3. -1

4. (1)

X_1 \ X_2	0	1
0	0.1	0.4
1	0.5	0

； (2) $\rho=-\sqrt{6}/3$ 5. (1) $\dfrac{1}{2}$；(2) 0

6. (1) $a=0.2, b=0.1$ 或 $a=0, b=0.3$； (2) $a=0.25, b=0.05$

习题 4.6(A)

1. (3) 2. (3) 3. (3) 4. (1) 5. (4)

6. X 与 Y 不相关，但 X 与 Y 不相互独立 8. $(a^2-b^2)/(a^2+b^2)$

习题 4.6(B)

1. X 与 Y 相互独立 2. $\dfrac{7}{25}$ 3. $a=-4$

4. (1)

U \ V	0	1
0	$\dfrac{1}{4}$	$\dfrac{1}{4}$
1	$\dfrac{1}{4}$	$\dfrac{1}{4}$

；

(2) U 与 V 不相关，独立

5. (1)

Z	0	1
p_i	$2pq$	p^2+q^2

; (2)

X ＼ Z	0	1
0	pq	q^2
1	pq	p^2

;

(3) $\mathrm{Cov}(X,Z)=(-2p^2+3p-1)p$；

(4) $p=\dfrac{1}{2}$ 时，X 与 Z 不相关，X 与 Z 独立

6. 提示：设 (X,Y) 的联合分布律为：

X ＼ Y	0	1
0	p_{11}	p_{12}
1	p_{21}	p_{22}

习题 5.1(B)

1. $\dfrac{1}{9}$　2. $\dfrac{19}{20}$　4. (1) 80；(2) 16

习题 5.2(A)

1. 0.1814　2. 0.1788　3. 0.889，0.841　4. 0.65　5. 0.01

习题 5.2(B)

1. 0.1587　2. 63

3. (1)

X	0	1	2	3
p_i	$\dfrac{1}{12}$	$\dfrac{5}{12}$	$\dfrac{5}{12}$	$\dfrac{1}{12}$

，$E(X)=\dfrac{3}{2}$，$D(X)=\dfrac{7}{12}$；(2)0.1587

习题 6.1(A)

1. $\bar{x}=1.57$，$s=0.254$，$s^2=0.0646$

习题 6.1(B)

1. $N(0,\sigma^2/2)$　2. (1) 0.2628；(2) 0.2923；(3) 0.5785　3. $1/\sqrt{n}$　4. $\dfrac{1}{2}$

习题 6.2(A)

1. (1) 1.645，1.96，-1.29；　(2) 9.236，1.610，12.833，0.831；

(3) 1.8125，2.2281；　(4) 2.52，0.3030，4.24，0.1511

2. (3)　3. (1) $E(\overline{X})=m$，$D(\overline{X})=2m/n$；　(2) $\chi^2(m\cdot n)$

习题 6.2(B)

1. (1) $\chi^2(9)$；(2) $t(9)$　3. $F(n,m)$，$F(m,n)$

习题 6.3(A)

1. (1) 0.8556；(2) 0.8　2. 0.95

习题 6.3(B)

1. σ^2，$\mu\sigma^2$，$\dfrac{2\sigma^4}{n-1}$　2. (1) $\chi^2(n)$；(2) 0.94

3. $a=26.105$　4. $n=42$　5. $\sigma=17.16$　6. (2)

习题 6.4(A)

1. (1) 0.9108; (2) 0.9 2. $P\left(\dfrac{\sigma_2^2}{\sigma_1^2}>1\right)=P\left(\dfrac{S_1^2}{S_2^2}\cdot\dfrac{\sigma_2^2}{\sigma_1^2}>\dfrac{4.88}{2}\right)$, $F_{0.1}(9,9)=2.44$

习题 7.1(A)

1. $3\overline{X}$, 1.8 2. $\left(\dfrac{\overline{X}}{1-\overline{X}}\right)^2$ 3. $2\overline{X}-1$ 4. (1) $\hat{a}=0.625$; (2) $\hat{a}=0.588$ 5. $\hat{p}=k/n$

习题 7.1(B)

1. $\hat{a}=\overline{X}-\sqrt{3(A_2-\overline{X}^2)}$, $\hat{b}=\overline{X}+\sqrt{3(A_2-\overline{X}^2)}$

2. $(2-\overline{X})/4$,

X	0	1	2
p_i	0.3	0.6	0.1

3. $\hat{\mu}=\overline{X}$, $\hat{\sigma}^2=\dfrac{1}{n}\displaystyle\sum_{i=1}^{n}(X_i-\overline{X})^2$

4. $\hat{E}(X)=\overline{X}$, $\hat{D}(X)=A_2-\overline{X}^2=\dfrac{1}{n}\displaystyle\sum_{i=1}^{n}(X_i-\overline{X})^2$. 5. 5, 4.97

习题 7.2(A)

1. $\dfrac{-n}{\sum\limits_{i=1}^{n}\ln x_i}$ 2. $\left(\dfrac{n}{\sum\limits_{i=1}^{n}\ln x_i}+1\right)^2$ 3. $\hat{p}=\overline{x}$

4. p 的矩估计和极大似然估计都是 0.52 5. $\hat{\theta}=\min(x_1,x_2,\cdots,x_n)$

习题 7.2(B)

1. (1) $\hat{\theta}=\overline{X}/(\overline{X}-c)$, $\hat{\theta}=\dfrac{n}{\sum\limits_{i=1}^{n}\ln X_i-n\ln c}$; (2) $\hat{c}=\min(X_1,X_2,\cdots,X_n)$

2. $\hat{\lambda}=\dfrac{1}{\overline{X}}$, $\hat{a}=\dfrac{-n}{\sum\limits_{i=1}^{n}\ln X_i}$ 3. $\hat{\theta}=X_1$, $\hat{\theta}=\dfrac{3}{2}X_1$

4. 矩估计: $\hat{\theta}=\sqrt{\dfrac{1}{n}\displaystyle\sum_{i=1}^{n}(X_i-\overline{X})^2}$, $\hat{\mu}=\overline{X}-\hat{\theta}$;

   极大似然估计: $\hat{\theta}=\overline{X}-\hat{\mu}$, $\hat{\mu}=\max(X_1,\cdots,X_n)$

5. r 的矩估计为 $2-\sqrt{2}$, 极大似然估计为 0.6

习题 7.3(A)

2. $\hat{a}_1$ 和 $\hat{a}_2$ 是 a 的无偏估计, $\hat{a}_1$ 比 $\hat{a}_2$ 有效 3. (1) $k_1+k_2=1$; (2) $k_1=k_2=\dfrac{1}{2}$

习题 7.3(B)

2. (1) $k_1+k_2=1$; (2) $k_1=\dfrac{n_1}{n_1+n_2}$, $k_2=\dfrac{n_2}{n_1+n_2}$ 3. (2) $k=\dfrac{1}{2(n-1)}$

习题 7.4(A)

1. (1) (1.377,1.439); (2) (1.346,1.454)

2. (1) (184.7,225.3); (2) (177.6,232.4)

3. (1) $(0.0013, 0.0058)$； (2) $(0.036, 0.076)$ 4. $n = \left(\dfrac{2\sigma}{L} Z_{a/2}\right)^2$

习题 7.4(B)

1. $n=16$ 2. $(10.48, 12.52)$ 3. (1) $(0.1779, 4.0959)$； (2) $(0.4218, 2.0238)$

4. $\left[\dfrac{\sqrt{2n}-Z_{a/2}}{\sqrt{2n}S}, \dfrac{\sqrt{2n}+Z_{a/2}}{\sqrt{2n}S}\right]$ 5. $\left(\dfrac{\chi_{1-a/2}^2(2n)}{2n\overline{X}}, \dfrac{\chi_{a/2}^2(2n)}{2n\overline{X}}\right)$

6. (1) $E(X)=e^{\mu+0.5}$； (2) $(-0.98, 0.98)$； (3) $(e^{-0.48}, e^{1.48})$

习题 7.5(A)

1. $(1.5, 6.5)$ 2. $(0.09, 0.35)$ 3. $(0.235, 7.640)$

习题 7.6(A)

1. 1.37 2. 39.26 3. 1.944

4. $\left(\dfrac{1}{2n}(2n\overline{X}+Z_{a/2}^2 - \sqrt{4n\overline{X}Z_{a/2}^2+Z_{a/2}^4}), \dfrac{1}{2n}(2n\overline{X}+Z_{a/2}^2 + \sqrt{4n\overline{X}Z_{a/2}^2+Z_{a/2}^4})\right)$

5. (1) $(0.8596, 1.1952)$； (2) 0.8794

习题 8.1(A)

1. 拒绝 $H_0:\mu=1000$ 2. 接受 $H_0:\mu=1000$ 3. 拒绝 H_0

4. $\dfrac{\chi_{1-a/2}^2(2n)}{2n\lambda_0} < \overline{X} < \dfrac{\chi_{a/2}^2(2n)}{2n\lambda_0}$

习题 8.2(A)

1. (4)   2. (2)

习题 8.2(B)

1. 0.484 2. 0.1 3. (1) 0.033；(2) 0.125 4. 0.91

习题 8.3(A)

1. 接受 H_0 2. 拒绝 H_0 3. 拒绝 H_0 4. 接受 H_0 5. 接受 H_0 6. 接受 H_0

习题 8.3(B)

1. (3)   2. (1)   3. (1) $\chi_{1-a/2}^2(n)<T<\chi_{a/2}^2(n)$；(2) $T>\chi_{1-a}^2(n)$；(3) $T<\chi_a^2(n)$

4. (1) $\mu-\sqrt{\dfrac{\pi}{2n}}\sigma Z_{a/2}<\widetilde{X}<\mu_0+\sqrt{\dfrac{\pi}{2n}}\sigma Z_{a/2}$；(2) $\widetilde{X}>\mu_0-\sqrt{\dfrac{\pi}{2n}}\sigma Z_a$

   (3) $\widetilde{X}<\mu_0+\sqrt{\dfrac{\pi}{2n}}\sigma Z_a$

习题 8.4(A)

1. 拒绝 H_0 2. 接受 H_0 3. 接受 H_0 4. (1) 接受 H_0；(2) 拒绝 H_0

5. (1) 接受 H_0；(2) 接受 H_0

习题 8.4(B)

1. (1) $U=(\overline{X}-2\overline{Y})/\sqrt{\sigma_1^2/n_1+\sigma_2^2/n_2}\sim N(0,1), |U|<Z_{a/2}$；

   (2) $U=(\overline{X}-\overline{Y}-a)/\sqrt{\sigma_1^2/n_1+\sigma_2^2/n_2}\sim N(0,1), U>-Z_a$

2. $\dfrac{S_1^2}{aS_2^2}\sim F(n_1-1,n_2-1), \dfrac{S_1^2}{aS_2^2}<F_a(n_1-1,n_2-1)$

习题 **8.5(A)**

1. 接受 H_0 2. 拒绝 H_0 3. 接受 H_0 4. 不能接受   5. 接受 H_0

习题 **9.2(A)**

1. 接受 H_0 2. 拒绝 H_0

习题 **9.3(A)**

1. 接受 H_{01}，拒绝 H_{02}

习题 **9.4(A)**

1. 接受 H_{01}，H_{03}，拒绝 H_{02}

习题 **9.5(A)**

1. $\hat{y}=-105.3117+109.2412x$，$\gamma=0.9967$ 2. $\hat{y}=5.236+0.304x$

习题 **9.5(B)**

1. 不重合，$(\bar{x},\bar{y})$ 2. $\hat{y}=1.0204e^{0.0533x}$ 3. $\hat{y}=0.6122+0.9932x$，$\hat{y}=35.9321+0.0065x^2$

4. (1) 令 $x'=\lg x$；   (2) 令 $x'=\sin x$；   (3) 令 $y'=1/y, x'=1/x$；

   (4) 令 $y'=1/y, x'=e^{-x}$